柑橘轻简化栽培实用技术

江才伦 主编

化学工业出版社
·北京·

本书重点阐述了柑橘轻便省力和简单易操作生产技术，其中前部分园址与品种的选择、建园前的规划设计和土壤改良、砧木的选择、砧木与主栽品种的组合和苗木栽植，是实施轻简化栽培的基础；后部分土壤管理与杂草控制、营养与施肥、需水规律与水分调控、简化整形修剪、花果调控、病虫害防治、高接换种技术、老果园改造技术等，都是轻便省力和简单易操作的实用技术，很多内容为编者首创，对果树科研工作者以及生产一线的果树种植者，都有参考借鉴意义。

图书在版编目（CIP）数据

柑橘轻简化栽培实用技术 / 江才伦主编．—北京：化学工业出版社，2020.1
ISBN 978-7-122-35410-5

Ⅰ．①柑…　Ⅱ．①江…　Ⅲ．①柑桔类－果树园艺
Ⅳ．① S666

中国版本图书馆 CIP 数据核字（2019）第 231217 号

责任编辑：张林爽　　　　装帧设计：刘丽华
责任校对：王素芹

出版发行：化学工业出版社
（北京市东城区青年湖南街 13 号　邮政编码 100011）
印　　装：北京华联印刷有限公司
880mm×1230mm　1/32　印张 8　字数 248 千字
2020 年 1 月北京第 1 版第 1 次印刷

购书咨询：010-64518888　　　　售后服务：010-64518899
网　　址：http://www.cip.com.cn
凡购买本书，如有缺损质量问题，本社销售中心负责调换。

定　　价：58.00 元

编写人员名单

主　编　江才伦

副主编　冉　春

编　者　江才伦　冉　春
　　　　李帮秀　李鸿筠

前言

柑橘在我国种植面积广，有19个省市区生产柑橘。柑橘是我国产量第二大水果，也是我国南方农业的骨干支柱产业之一，在我国苹果栽培面积萎缩的情况下，柑橘栽培面积高速增长，我国已成为全球第一大柑橘生产国。

我国柑橘产业带分布明显，主产区优势地位也明显。栽培品种主要以宽皮柑橘类为主，其次是甜橙，柚类、杂柑和其他柑橘类品种占比较小。我国柑橘主要产区集中在南方地区，其中广西、湖南、广东、湖北、四川、福建、江西、重庆、浙江总产量占全国产区总产量的90%以上，其他省市规模小，占比不足10%。主产区除四川和重庆外，其他柑橘产区都面临黄龙病的威胁，同时，溃疡病也在整个柑橘产区都有不同程度的发现。

在黄龙病和溃疡病区发展柑橘，要实现轻简化栽培，必须要有好的隔离条件。在选择具有隔离条件的园址的情况下，结合先进的栽培管理技术，科学用药，减少农药的使用次数和使用剂量，控制黄龙病对柑橘园造成的危害。

品种和砧木是柑橘生长结果的基础，也是实现轻简化栽培必不可少的条件。有的品种栽培管理容易，有的品种栽培管理技术性强；品种和砧木的亲和性又决定了其生长的速度、产量的高低和寿命的长短。这就要求选择品种时一定要因地制宜，因需要、技术条件选择适宜发展的品种和与之亲和力好、适宜当地气候的砧木，切忌盲目跟风发展。

土壤改良对柑橘轻简化栽培非常重要，要实现轻简化栽培，就必须在栽植前进行土壤改良。土壤改良除翻地、改善土壤排水通气状况、将坡地改为台地外，更重要的是改善土壤营养状况。改良土壤需要在土壤中加入一定量的、经过发酵腐熟的有机肥料和土壤缺少的各类营养元素。加入的营养元素根据土壤的营养诊断确定加入量，而有机肥则有利于增加土壤有机质含量，改善土壤结构，促进苗木快速生长，实现高产优质，所以在建园改土时尽量多加一些有机肥料，应保证土壤的有机质含量在2%以上，最好大于5%。

在传统的柑橘栽培中，从苗木定植后就开始进行拉枝、摘心、定干、短剪等整形修剪工作，而轻简化栽培认为树的枝叶越多生长越快，提倡在幼树期不进行较重修剪，可采用摘心、拉枝等简单的修剪方法，以保留枝叶、节省人工、尽快让树形成树冠，减少生产成本，同时尽量保留树冠下部和内膛的枝，因为在很多柑橘产区幼树都是在下部枝和内膛枝结果。

在病虫害防控方面，轻简化栽培提出柑橘的病害都是以预防为主的，在防控时尽量将同一时期的病害和各种虫害结合进行综合防治，用药时最好选择一种药防治多种病虫害或多种药同时使用防治同一时间的不同病虫害。

本书围绕上述内容进行阐述，提倡采取简单易操作、省工省成本的技术措施对柑橘进行栽培管理，还对柑橘园选址及规划建园、苗木栽植、土壤管理、施肥、灌水、花果调控、高接换种和衰老树更新等内容进行了详细介绍。全书理论与实践结合，通俗易懂，为广大生产管理者提供参考。

本书柑橘病虫害防治部分内容由冉春和李鸿筠编写，其余部分内容由江才伦和李帮秀编写，由于编者水平有限，文中难免有疏漏和不妥之处，敬请广大读者批评指正！

编　者

2019年8月

目录

第一章

柑橘园址选择

选好地址是柑橘轻简化栽培技术能否实现的关键。柑橘是多年生常绿植物，喜欢冬无严寒冻害、夏无高温酷暑、一年四季阳光充足、降雨充沛、温暖湿润、昼夜温差大的气候区域。果园自然条件中的土、肥、光、热、水、气等是柑橘园高产优质的基础，也是柑橘轻简化栽培的最基本条件，除此之外，果园的土壤条件、交通条件、水源条件、海拔高度与坡度，以及果园的隔离条件等因素，也是实现柑橘轻简化栽培必不可少的条件，在果园选址时必须详尽考虑。

一、气候条件

总体来讲，柑橘栽培适宜的平均温度为16 ～ 22℃，非设施栽培的早熟品种绝对最低温度在–5℃以上也能栽种，因为在低温来临前柑橘果实已经采收，即使低温冻伤或冻坏枝叶，但对当年产量没影响，而且，有的柑橘品种的枝叶还比较耐低温，在低温情况下也不会被冻坏；对于中晚熟柑橘品种，绝对最低温度最好在0℃以上，因为如果温度在0℃以下，果实会因结冰冻坏而没有食用价值，当然也就没有商品价值了。除此之外，柑橘园址所在位置要求1月平均温度≥5℃，≥10℃的年有效积温5000℃以上，年光照时数1000小时以上，年降雨量1000毫米左右。花期以空气湿度低为宜，一般以相对湿度65% ～ 75%为好，无连续阴雨、高温和急剧天气变化。花期至果实成熟期无冰雹、霜、雪、台风等严重自然灾害。果实成熟期，降雨少、空气湿度小、昼夜温差大时生产的果实品质好；如果实成熟期降雨多、空气湿度大、昼夜温差小，则果实品质差。

正常情况下，光照时数高的区域，柑橘树生长快、结果早、产量和品质高、果实比光照时间少的区域果实大，但果实易浮皮、果肉松、酸低、糖酸比高。光照时数低的区域，果实产量和品质会低一些，个头也比光照时数高的区域要小，但果皮包裹较紧、果肉紧凑结实、酸度略高，易留树贮藏延迟采收上市。一些需要光照多的品种，年日照时数要达到1500小时以上才能获得丰产，如福本脐橙等；一些需要光照少的品种，成熟期温度太高则品质差，如春见橘橙等；一些高糖高酸的品种，在积温较高的地方，其品质反而得不到较好体现，甚至不能食用，如不知火橘橙等；像海南这种气温较高的种植区，果实成熟后虽然肉质较好，但果皮颜色因高温不能褪色而保持绿色，所以，通常成熟的果实果皮是绿的，如海南“绿橙”（实际为红江橙）。

昼夜温差的大小是影响柑橘果实品质的一个重要因素。昼夜温差越大，越有利于果实糖的积累，果实品质越好；昼夜温差越小，越不利于果实糖的积累，果实品质越差。

宽皮柑橘类，以及和宽皮柑橘类杂交获得的类似宽皮柑橘的杂柑类，抗低温能力大都比较强，一般枝干可抵抗–9 ～ –7℃的低温。柑橘种植区北缘地带种植的柑橘品种，大多为宽皮柑橘类。甜橙类和柚类耐低温的能力次于宽皮柑橘类，枝干能短时间抵抗–7 ～ –5℃。柠檬是柑橘类果树中最不耐低温的种类，最适于在我国热带或南亚热带种植，–2℃就会造成大量落叶落果。这里说的能抵抗零下多少度的温度，并不是说这样低的温度栽培这些品种就没有问题。通常在这样低的温度下，这些品种的果实都会因受冻结冰冻伤果肉而失去食用价值。之所以说能抵抗这样低的温度，主要是指在这样低的温度下，这些品种树的干、枝、叶等不致全部冻死，枝、干在遭遇低温后还能恢复生长，但如果年年在果实成熟期和生长期都有这样的低温，就不能获得能体现生产价值的果实，那么，这样的栽培就没有实际意义了。同时，果实需要越冬的晚熟柑橘品种，冬季低温会引起严重落果，这类品种果园选址时，应特别注意其冬季最低温应在0℃以上，也不能在低洼的山坳中种植。

有的地方因为自然气候限制而不能露地种植柑橘，所以在生产中出现了设施栽培（盖大棚、覆盖薄膜等）。在设施栽培的条件下，很多自然条件不适宜种植柑橘的地方都可以进行适度种植，这当然要对产出与生产投入进行比较，有效益则种，无效益则放弃。

每一个柑橘品种（品系），都有其最适宜的气候区域，只有在最适宜的气候区域种植，才能实现真正的轻简化栽培，也才能获得丰产和优质，才能体现优良品种的真正价值。因此，必须了解所选品种对气候条件的要求，不能盲目跟风发展。

二、交通条件

柑橘园交通条件在柑橘生产管理过程中起着非常重要的作用。果园选址的人进出需要道路，果园建设中用于改土的车辆等进出需要道路，建园栽植的苗木、果园生产管理中使用的肥料农药的运输需要道路，喷药、灌溉等农机具进出需要道路。更重要的是，果实成熟采收后运输果实的车辆也需要道路。如果是一个观光柑橘园，进出果园道路的长短、路况和果园内的人行便道情况等，都直接影响观光者数量和观光人的心情，进而影响柑橘园的效益。因此，柑橘园选址时，应该尽量选择在交通方便、道路较宽（或能扩宽）和路面质量较好的地方，如果是采摘观光园，离城区的距离最好不要超过1小时车程。在远离公路（双车道，宽7～8米）或机耕道（单车道，宽3～4米）的地方，如果因地势、建筑等影响不能新建道路至果园，则不宜建大型柑橘园。

三、土地条件

柑橘对土壤的适应性强，除了高盐碱和受严重污染的土壤外，各种类型的土壤都能种植柑橘。但是，不同的土壤栽种柑橘，柑橘树的生长速度、生产的果实的产量和品质是不一样的。同时，土壤类型不同，土壤的pH不同，要求苗木的砧木不同。因此，柑橘栽培要获得高产、稳产和优质，就要求土壤达到一定的条件。土壤质地不适宜和肥力较差的，应进行改良后再栽种柑橘，最适宜柑橘生长的土壤是壤土和砂壤土。直接可以栽种柑橘的土壤，或通过改良可以栽种柑橘的土壤，一般要求疏松肥沃，土壤有机质含量在2.0%以上；土壤活土层40厘米以上，最好大于60厘米；土壤以微酸性为好，pH值为5.5～6.5；由于柑橘根系对土壤水分比较敏感，土壤过干或过湿都会对柑橘根系造成严重伤害，尤以土壤过湿对柑橘根系的伤害最大，严重时会造成根系的腐烂、死亡，因此种植柑橘的地块要求地下水位不得低于80厘米，最好在1米以上，同时要做好果园的排水工作。

四、水源

柑橘为常绿果树，喜湿润土壤，干旱不利于柑橘的生长结果。虽然我国大部分柑橘产区年降雨量在1000毫米以上，从雨量来讲，基本能满足柑橘生长结果的需要，但由于降雨时间和降雨量分布不均，有时降雨量过大而出现涝害，有时则无降雨出现季节性干旱。防涝害需做好排水，干旱时则需灌水。在干旱季节，尤其在干热河谷地区，水能否跟上是柑橘能否高产优质的一个非常重要的因素。因此，园地选择时，必须要保证有充足的灌溉水源。

对于干旱季节柑橘灌溉量的确定，目前没有统一的标准。根据国内多数柑橘产区的生产实践，在干旱季节，以滴灌和微喷灌效果较好，微喷灌溉水量高于滴灌，所以微喷需要的水源必须充足。根据当地气候条件下蒸发量的大小和干旱的程度，一般每天每株树灌溉3小时左右，灌水量以15～30升/（天·株）为宜，可3～7天灌溉一次。

对灌溉水源的要求如下。一是要考虑灌溉水源的位置，用于灌溉的水源最好高于果园地，如果在园区高处没有适合的灌溉水源而需要提灌，那么提灌扬程越小越好，以降低生产成本；二是水质问题，柑橘属于忌盐果树，对灌溉水中的盐分敏感，尤其是水中的硼和氯等离子，一般要求灌溉水中的硼离子含量小于0.5×10^{-6}，氯离子含量小于1.5×10^{-4}，对于工业废水灌溉水源，要在确认安全的情况下才能使用；三是干旱季节的水量必须能够满足园区的灌溉需要。

五、海拔与地势

海拔高度对气温的影响很大，通常情况下，海拔高度每上升100米，气温下降0.6～0.7℃。柑橘的生长、开花、结果以及产量和果实品质都与气温有关。在温度比较低，原本就可能出现冻害的地方，海拔高度的增加，果实和树体受冻的可能性增大，整个物候期推迟，树生长相对慢一些，成熟延后，果实含酸量增加，但果实着色会早会好一些，因为适度的低温（3～10℃）有利于柑橘果实的着色，超过20℃的温度则不利于柑橘果实的着色，同时也可以增加果实挂树贮藏时间。

果园的地势（地形和地貌）对柑橘的生长、开花和结果影响也比较大。不同的地形地貌，其生长、开花和结果有差异。果园地形地貌主要是指园地的坡度、坡向、丘陵地的位置等。柑橘园园地以浅丘缓坡为好，其土壤排水性好，树体通风透光能力强，病害发生率低，但易水土流失；平地通风透光不好，空气湿度大，排水不易，容易积水烂根，病虫害发生率高，但水土不易流失；坡度较大的园地，通风透光能力强，排水较好，但由于坡度大，管理人员行走和物资运输不方便，且易水土流失，要建台地后才宜种植，因此建园成本高。一般来说，柑橘的种植地最好为10度以下的缓坡地或平地，但目前受土地资源限制，10度以下的缓坡地或平地大多用来种大田作物、蔬菜等，所以我国大部分柑橘园都在10度以上的坡地。根据不同生产地区的土地资源，结合考虑生产作业和水土保持，柑橘园的坡度在15度以下为宜，最好不要超过25度。坡度15度以下的园地可不建筑水平台地进行栽种，15度以上的坡地必须建筑台地后再种植。

山地的坡度是果园选址必须考虑的一个重要因素。不同坡向的光照、温度和风力都不一样，通常以南坡光照强、温度高，北坡光照弱、温度低。在有冻害的地方，最易出现冻害的是北坡和西坡，南坡相对好一些，同时北坡的光照不及其他方向的坡，所以在光照少的地方北坡不适种植柑橘，但在光照充足、太阳辐射比较强的热带和南亚热带，南坡种植柑橘往往容易产生日灼，而北坡产生日灼较轻，所以在这些区域北坡更适种植柑橘。

六、其他

除上述因素外，柑橘园园地选择还应考虑附近是否有工厂污染、周围风力大小、与黄龙病区和溃疡病区的隔离条件、农村院落等。

柑橘园不宜建在空气容易被污染的水泥厂、农药厂、化工厂、砖瓦厂、钢铁厂和炼油厂等附近。

微风和小风既有利于柑橘园内的空气流动，增强柑橘树的光合作用，降低空气湿度，又可以减少冬季和早春的霜冻，减少高温对树的伤害，同时减少病虫害的发生；但大风会减弱光合作用，加剧土壤水分和叶片水分蒸发，造成干旱，更为严重的是大风致使果面擦伤，甚至吹断枝干，加速溃疡病、黄龙病等病虫害的传播，同时在高温时的大风会加速果实、叶片的日灼，甚至造成全树受“火风”而死亡。

黄龙病和溃疡病是柑橘栽培中的两大不治之症。所以，为了避免柑橘黄龙病和溃疡病的传染，在柑橘园园址选择时，一定要注意远离黄龙病和溃疡病区。一般园地要离溃疡病区3～5公里以上，离黄龙病区10公里以上。

第二章

柑橘园规划设计

一个规划设计良好的柑橘园，苗木栽种后生产管理容易、方便，树体生长健壮、结果早，产量高，品质好，生产管理成本相对较低，效益好。

柑橘园规划设计是针对选定柑橘园址的地形地貌、交通、水源和土壤等条件，从有利于柑橘园的水土保持、有利于土壤改良和培肥地力、有利于灌溉和排水，以及有利于园区的交通运输等出发，对园地的道路系统、排水和蓄水系统（简称排蓄系统）、土壤改良、栽植方向和栽植密度，以及园地的附属建筑、防护林和绿篱等进行统一规划设计，使柑橘园的山、水、园、林、路成为一个统一的有机整体，同时也使规划设计后的柑橘园尽可能满足柑橘树生长结果所需要的水、肥、气、热条件，让果树在轻简化栽培条件下，树冠形成快、丰产稳产、质优色优。

柑橘园的规划设计，必须做到科学合理、经济适用、安全稳固，并充分考虑当地柑橘产业发展规划、当地政府及种植者的要求，以及柑橘园建设的资金投入等。

第一节　道路系统规划设计

除观光采摘柑橘园的道路系统根据特殊需要进行规划设计外，一个完整的柑橘园的道路系统由干道（双车道）、支路（单车道或机耕道）、作业道（三轮车道）和人行便道组成。干道和支路为运输骨架，称为骨干道路。柑橘园通过骨干道路与作业道和人行便道连接，组成完整的交通运输网络，方便农药、肥料等生产物资和果实的运输，方便管理人员从事农事管理。

一、骨干道路（干道和支路）

干道一般是1000亩（1亩≈667平方米）以上大型柑橘园内的运输主路，园外与公路相连，园内与支路相连，也是园内作业道和人行便道的出口。主干道应能同时通过2辆大卡车，一般路基宽8米，路面宽7米，路肩宽0.5米，其他技术参数按四级公路标准设计。主干道要么两端和柑橘园外公路相连，要么一端与柑橘园外公路相连，另一端在柑橘园内形成闭合线路贯穿全园。

支路在1000亩以上大型柑橘园有规划，是大型柑橘园内与干道相连接的运输道路，也是1000亩以下中小型柑橘园内运输的主要道路系统。支路无论在大型柑橘园还是在中、小型柑橘园内，都是与作业道和人行便道相连接的纽带。支路以单车道设计，通常路基宽4.5米，路面宽3.5米，路肩宽0.5米，要求能通过一辆大卡车。同时，为了方便错车，在视线良好的路段每隔300～500米范围内要设置一错车道。错车道路基宽度不小于6.5米，特殊路段可减为5.5米，有效长度一般不小于10米，相邻错车道之间应尽可能通视。

原则上果园内任何一点到最近的干道、支路之间的直线距离不超过200米，特殊地段控制在250～300米，也就是说，柑橘园内的干道和支路两条路相互间的距离一般不超过400米，特殊情况下不超过500～600米。

柑橘园内的干道和支路在园区内的线路规划应科学合理、安全稳固，一般不应规划在园区边缘，应尽量兼顾全园，在能满足园区运输的情况下，以少建少占耕地为好。同时，园区的干道和支路尽量采用闭合线路，如果支路实在不能修建为闭合道路时，必须在道路末端修建回车场。

干道和支路的线路走向尽可能避开需要修建桥梁、大型涵洞和大型堡坎的地段。为了安全稳固，干道和支路路基必须压实，压实度不小于90%，路拱排水坡度3%～5%，尽量铺设成泥结石路面或混凝土硬化路。除山脊上的干道和支路外，其余干道和支路均需在道路的一边或两边设置路边沟。路边沟的尺寸由上方的集雨面大小或排水系统确定。道路通过较大的排水沟时设置涵洞。

二、作业道

柑橘园区作业道主要是供三轮车在园区通行而修建的道路。为了园区交通运输方便，同时不会因修建道路而减少土地的利用率，在一些没有条件修支路而又需要机械运输的地方，可以在地势比较平缓的果树行间根据位置情况修建作业道。

作业道路面宽2.0米，用石板或预制混凝土路板铺筑，可直接推土建设，也可以在主排水沟上铺带钢筋的混凝土路板建成暗沟作业道。

柑橘园区的作业道最好两端都与骨干道路相连形成闭合道路，如果实在无法两端与骨干道路相连，则必须一端与骨干道路相连，另一端在道路尽头修建回车场以便车辆返回。

三、人行便道

人行便道是为了柑橘园管理方便，同时也是为了观光采摘方便而修建的简易道路。人行便道可与柑橘园区内的骨干道路相连，也可以和柑橘园区内的作业道和邻近的人行便道相连。

人行便道可根据不同的要求进行规划设计，一般路面宽1.0～1.5米，最好建为混凝土硬化路面，也可为土路面。人行便道走向的确定：坡度小于10度的可直上直下修建，坡度为10～15度的斜向走，坡度在15度以上的按“之”字形修建。人行便道纵坡应小于8%，如用混凝土硬化斜坡道必须做防滑齿，纵坡超过8%的应修成梯级。

为了提高土壤利用率和不影响栽植后的视线效果，行间人行便道直接设在两行树间，株间人行道则需要减栽一株树。如果是采取方格网放线栽植，相邻人行便道之间，或相邻人行便道与骨干道路和作业道之间的距离与种植的行距或株距必须成倍数。

人行便道可根据需要设置相应密度。人行便道之间的距离、人行便道与骨干道路的距离、人行便道与作业道之间的距离根据地形而定，一般果园内任何一点到最近的道路之间的直线距离在75米以下，特殊地段控制在100米左右，也就是说，果园内两条路之间的距离在150～200米以内。

丘陵山地柑橘园道路系统规划实例如图2-1所示。

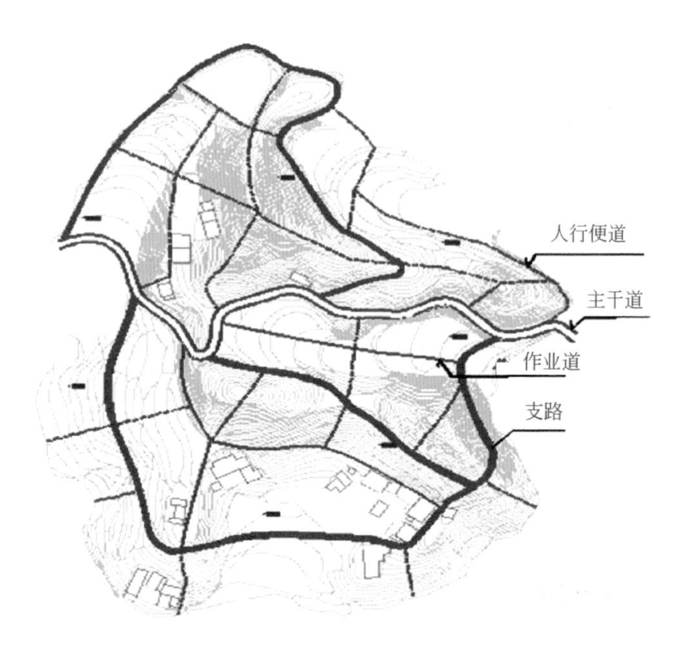

■图2-1　丘陵山地柑橘园道路系统规划实例（重庆开县）

第二节　水利系统规划设计

柑橘园的水利系统由排水系统和蓄水灌溉系统组成。排水系统由拦山沟、排洪沟、田间排水沟、梯地背沟、沉沙凼和路边沟等组成。蓄水灌溉系统由水塘水库、蓄水池和灌溉管网组成。

一、排水系统规划设计

1.拦洪沟

山地或丘陵柑橘园，园地上方汇水面较大时，如遇暴雨、大雨或连续降雨就容易形成洪水冲毁柑橘园，需要在柑橘园上方开挖拦洪沟以拦截洪水冲入柑橘园，或通过拦洪沟将洪水引入大型蓄水池、水塘或水库进行蓄积。

拦洪沟的建设要求根据汇水面的大小决定。汇水面大时拦洪沟宽而深，汇水面小时拦洪沟窄而浅。拦洪沟断面按梯形修建，一般深0.8～1.0米，上宽0.8～1.0米，下宽0.5～0.8米，易冲毁的地方用石料砌成，或用水泥建做。拦洪沟大体沿等高线修建，但应保持3‰～5‰的比降，其出口与排洪沟相连，引水出柑橘园。

2. 排洪沟

排洪沟贯通整个柑橘园，上与拦洪沟相连，下与田间排水沟、背沟和路边沟相连，将来水引入水库、水塘、大型蓄水池，或柑橘园外排洪沟、沟渠、河流。排洪沟为梯形断面，其深、宽和修建比降必须根据聚集的水量确定，确保排水畅通。排洪沟一定要注意消能和沉沙，并注意与田间主排水沟深度尺寸的匹配。

3. 田间排水沟

柑橘是怕涝的果树，积水很容易烂根死亡，因此，凡是柑橘园内积水的地块都必须开挖田间排水沟进行开沟排水。

田间排水沟可分为田间主排水沟和一般排水沟。田间有排洪沟的柑橘园，排洪沟也兼有主排水沟的作用，顺田间株向或行向的排水沟也可称之为厢沟。

田间顺行向或株向的主排水沟（图2-2）一般每2～8行设一沟。稻田改良后做柑橘园的，一般两行一沟，积水严重的也可一行一沟；不易积水的地块，可根据位置和排水情况4～8行一沟。田间主排水沟为梯形断面，上宽0.7～0.6米，下宽0.5～0.6米，深≥0.8米，比降3‰～5‰。容易积水的地块，应在地块四周挖田间主排水沟，其开挖规格和要求与田间顺行向或株向的主排水沟相同，但注意与彼此间的衔接。

田间一般排水沟根据情况开挖，旱地呈弧形，稻田地呈梯形，上宽0.5～0.6米，下宽0.4～0.5米，深≥0.5米，比降3‰～5‰。

■图2-2 田间主排水沟

4.梯地背沟

梯田在梯壁下离梯壁0.3～0.5米处设背沟，背沟与种植的柑橘树树干的距离在1米以上。短背沟在两端设沉沙凼，长背沟除在两端设沉沙凼外，在背沟中间可修建为竹节沟（图2-3）。旱地背沟弧形，上宽0.3～0.4米，底宽0.2～0.3米，深0.3～0.4米，比降1‰～3‰；梯田背沟梯形，上宽0.4～0.5米，底宽0.3～0.4米，深0.3～0.4米，比降3‰～5‰；低洼梯田背沟梯形，上宽0.5～0.6米，底宽0.4～0.5米，深0.8米以上。

5.沉沙凼

沉沙凼设在沟旁、蓄水池旁或长沟中间，其大小和深度由沟的大小决定（图2-4）。一般沉沙凼比沟宽0.4～0.6米，比沟深0.3～0.5米。为了增强沉沙效果，沉沙凼的进水口和出水口错开，不要排在一条直线上。沉沙凼要经常清理淤泥。

6.路边沟

包括根据需要修建的主干道排水沟、支路排水沟、作业道排水沟和人行便道排水沟。

干道和支路路边排水沟，梯形，一般上宽0.6～0.8米，下宽0.4～0.5米，深0.5～0.6米，易积水地块深0.8米以上，宽度适当加大，并注意与排洪沟和田间主排水沟尺寸匹配。易冲毁的沟段，用石料砌筑，但必须留水缝，同时，沿道路走向在适当位置应设沉沙凼。

作业道及人行便道排水沟均为梯形，土沟，上宽0.3～0.4米，下宽0.2～0.3米，深0.3～0.4米。

■图2-3　竹节背沟

■图2-4　水池及沉沙凼

二、灌溉方式规划设计

柑橘园的灌溉方式可分为普通灌溉和管网灌溉两大类。普通灌溉包括沟灌、漫灌和浇灌等方式。普通灌溉方式根据果园的地势，利用蓄水条件，修建简单的沟渠即可，建设成本低，容易维护管理，维护管理的成本低，但灌溉效果差，树体受水量差异较大，受水量大的树根受影响较大，掌握不好可能会导致根系受损，甚至根会受涝腐烂。管网灌溉包括滴灌、喷灌、微喷灌溉和地下管网节水灌溉等，主要是通过在果园田间布置灌溉管网，将灌溉管网与稳定的水源相连，并通过管网将水输送到田间输送到树。管网灌溉要有稳定和充足的水源、水池（水塘、水库等）、灌溉管网和管理房等，建设成本较高，而且需要专人维护，管网等的维修维护管理成本较高，但管网灌溉水的利用率高，灌溉效果好，树体间差异较小，同时由于灌溉管网的存在，果园的施肥、喷药系统可与之相结合，在灌溉、施肥、喷药方面会更省人工，果园管理效果好得多。如果要实施柑橘园轻简化栽培，管网灌溉是必需的措施之一。

三、蓄水系统规划设计

水是柑橘园实现轻简化栽培的重要保证。柑橘园的水，一是必须满足柑橘树生长结果需要，二是满足果园防虫治病和施肥需要，三是满足干旱季节抗旱保果促生长需要。为了充分满足柑橘树对水的需要，柑橘园必须要有足够的水源或蓄水量。无论是普通灌溉还是管网灌溉，都应有蓄水系统，对于管网灌溉，蓄水系统尤为重要。

1. 原有水库和大型水塘

柑橘园地如有水库和大型水塘，则可作为柑橘园灌溉用水的主要蓄水地，必须保证其能正常蓄水，不能正常蓄水的应进行修缮，如果仅通过修缮不能满足果园用水需要的，则必须将原有水库和大型水塘进行扩建。

2. 新建蓄水池

对于柑橘园来说，非干旱期柑橘园的蓄水只要满足喷药和施肥用水即可，但在干旱季节，柑橘园的蓄水除满足喷药和施肥用水外，还必须蓄有用于抗旱的水。

一般来说，在干旱季节，一亩柑橘园用于抗旱灌溉的水量为每次3～5吨。保水能力差的果园，土壤通透性好，水分流失快，3～5天灌溉一次；保水能力好的果园，土壤水分流失较慢，5～7天灌溉一次。因此，柑橘园如果没有稳定的、足够的水源，又没有可利用的水库和水塘的，应修建蓄水池。为了提高园地的土地利用率，柑橘园内新建蓄水池不宜多，以每100亩地修建一个蓄水池为宜，每个蓄水池蓄水量不低于300吨。新建的蓄水池要求要有足够的汇水面以蓄足水，其建设地点最好在果园最高位置处，其次为果园的中间位置，休闲观赏园可以修建在果园中方便休息观光的较低位置以供休闲垂钓。

第三节　主要土壤类型特点及改良

我国的土壤类型很多，有的可以直接用于种植柑橘树，有的由于土壤有机质含量低、营养元素缺乏、酸碱度不适宜、地下水位高等，必须经过改良才能种植柑橘树，才能取得好的产量和获得好的果实品质。

柑橘园土壤的改良，除了针对不同的土壤类型采取不同的改良措施以外，最主要的还是增加土壤中的有机质。因为柑橘是多年生果树，在栽树前多施有机肥对以后树的生长有利，也可以减少栽后有机肥的施肥次数，而且操作方便，施肥成本低。如果是柑橘树栽好后再补施有机肥，则必须是在树冠滴水线附近开沟施，对树的根存在一定的损伤，而且一次施肥量小，得年年开沟施肥，大大提高生产成本。通过生产实践，如果建园资金没有问题，可以在建园改土时开40～60厘米的沟，每亩地将5～6吨发酵腐熟的牛粪、鸡粪等有机肥施于沟内与土混匀，这样在柑橘树结果的前5～7年，甚至更长时间内都可以不再施有机肥。

一、红壤

红壤是我国分布面积最大的土壤类型，总面积379.3万公顷，是种植柑橘的良好土壤。红壤在我国主要分布在北纬25°～31°之间的长江以南的低山丘陵区，包括江西、湖南两省的大部分，云南的南部，湖北的东南部，广东、福建北部及贵州、四川、浙江、安徽、江苏等的一部分，以及西藏南部等地。

红壤的形成以富铁和铝过程为基础，以生物小循环为肥力发展的前提，这两个过程构成了红壤特殊的形状和剖面特征（图2-5）。红壤自上而下包括腐殖质层、淋溶淀积层（均质红土层）和母质层三个基本的发生层次。腐殖质层是在自然植被下，一般厚20厘米左右，暗棕色，有机质含量10～60克/千克不等，但在部分红壤地区自然植被受到破坏，加之水土流失严重，腐殖质层越来越薄，严重者已不存在；淋溶淀积层一般厚0.5～2.0米，呈均匀的红色或红棕色，紧密黏重，呈块状结构，常有大小不等的铁锰结核出现，具有明显铁胶膜或铁离子层或铁锰层；母质层包括红色风化壳和各种岩石的风化物。红壤的基本特性如下。

■图2-5　红壤剖面图

1.土层较深，耕作层浅

发育于不同成土母质的红壤，由于脱硅、富铁、富铝化作用，土层均较深。发育于第四纪红色黏土上的红壤，土层可深达10米多；发育于第三纪红沙岩上土层较浅的红壤，土层也有50～60厘米。但在我国大部分柑橘产区的红壤，质地受母质影响较大，大部分红壤是发育在板质岩、石灰岩及第四纪红黏土母质上，质地较黏，多为黏壤至黏土，含黏粒40%～60%，高者可达70%～80%，黏土矿物以高岭石为主，土壤熟化程度低，耕作层浅薄，不利于耕作和柑橘根系的伸展。

2.酸性强，养分缺乏且易淋失

红壤酸性较强，一是由于土壤中含有较多氢离子，二是由于红壤脱硅、富铁、富铝化作用的结果，使土壤中氧化铁和氧化铝增多，大量聚积的活性铝水解后增加了土壤溶液中的酸性物质而导致红壤酸性强。据测定，红壤土壤pH值一般为4.0～6.0。

红壤的酸性环境虽然有利于活化土壤中的铁、锰等柑橘所需要的营养元素，但也会加速矿物质和有机质的分解和淋溶，土质变得很瘠薄，有机质含量一般仅为1%～1.5%，全氮多在0.06%以下，全磷为0.04%～0.06%。

3. 土壤黏重，耕作性差

红壤黏粒含量高，有机质含量较少，而且矿质化作用占优势，腐殖质形成少，不易积累。因此红壤质地黏重易板结，结构性差，遇水很快呈糊状，影响水分下渗，干燥后极易板结成硬块，“干时一块铜，湿时一包脓”，土壤不利于耕作，也不利于柑橘根系伸展。

4. 易遭干旱

红壤地区虽然雨量充沛，但受季风影响，雨量分布不均，旱季明显，而且土壤大多分布于丘陵坡地，地形起伏，土黏难渗，水分极易流失，地表径流量大，水土流失严重，土壤中的无效水分多，有效水分少，柑橘难以吸收利用而易受干旱。

红壤改良方法如下。

1. 全面规划，综合治土

平整土地，修建等高水平梯地，在山上部果园种地前挖拦洪沟拦截洪水，沿丘陵山脚挖环山沟防洪水浸蚀，是保持红壤水土的最有效措施。同时，与治山、治水、种树与种草相结合，并采取旱地培地埂、垄作、沟种，冬季深耕、夏季浅耕、春季不耕等耕作措施，减少水土流失。修建灌溉渠系，发展中小型山塘、水库以及果园蓄水池，保证有足够的灌溉水源。

2. 合理施肥，培肥土壤

（1）合理种植绿肥　绿肥是富含有机质和氮、磷、钾等养分的完全肥料，特别是有根瘤菌能固定空气中的氮的豆科绿肥，植物体内氮素很丰富，一般新鲜绿色体中含有机质10%～15%，氮素0.4%～0.8%，磷素0.1%～0.2%，钾素0.3%～0.5%。同时，绝大多数绿肥作物吸肥能力很强，能将肥料中不能利用的养分吸收，从而能使养分得到活化和集中，翻压后不但能补充红壤的矿质营养，而且可以提高土壤有机质。在云南，翻压苕子后，红壤耕层有机质由0.78%提高到1.09%，全氮由0.057%提高到0.091%，速效磷由1.0%提高到1.3%；在江西红壤丘陵连续种三年绿肥后，耕层有机质、全氮、全磷分别由0.64%、0.04%、0.04%提高到1.21%、

0.07%、0.07%，因此，种好绿肥是解决红壤有机肥源的可靠途径之一，也对红壤的改良有显著的效果。根据大量试验，通过种植和压埋绿肥作物能把用地和养地结合起来，一般平地红壤柑橘园每667米^{2}翻压绿肥1000千克左右，旱地红壤柑橘园每667米^{2}翻压绿肥2000千克左右为宜。

适宜红壤地区种植的绿肥很多，可因地、因时选择适于当地自然条件、抗逆力强、生长速度快、覆盖度大、产量和肥效都比较高的绿肥种类和品种。适宜红壤冬季种植的绿肥植物有油菜、紫云英、肥田萝卜、蚕豆、箭舌豌豆、苕子、苜蓿等，适宜春夏季种植的绿肥植物有田菁、豇豆、绿豆等，多年生绿肥植物和牧草有紫穗槐、热带苜蓿、木豆等。

（2）增施有机肥　施用有机肥不仅可以直接提高红壤中的有机质含量，增加土壤中氮、磷、钾等养分，改善土壤结构，提高土壤保水保肥能力，而且，有机肥中有大量腐殖酸类物质，可以中和土壤中的游离氧化铁，减少铁、铝对柑橘的危害。施肥的效果因季节、作物和土壤而不同，一般夏季施用效果高于冬季。生物有机肥、腐熟的人畜粪、杂草、作物秸秆、树枝、淤泥等，都是有机肥的主要来源。有机肥的施用量一般每667米^{2}2000千克。有机肥一定要分层压埋，并且和泥土要相混，同时压埋有机肥施肥穴（沟）时，应在晴天进行，一定要见到须根压埋，尽可能少伤大根，而且，根系不能在外暴露太久。

（3）合理施用磷肥和氮肥　红壤磷含量很低，有效磷更缺乏，所以在红壤上施用磷肥的效果很显著。目前在柑橘生产上施用的磷肥有钙镁磷肥、过磷酸钙、磷矿粉、骨粉等，每667米^{2}施100千克左右为宜。钙镁磷肥呈微碱性，不易于溶解，但施在酸性的红壤上有利于提高这种磷肥的有效性，也有利于增加红壤的磷含量；在新开垦的红壤荒地、低产旱地和低产水田中施用磷矿粉、过磷酸钙、骨粉等，效果也非常显著。施用磷肥时，最好与有机肥配合使用，减少磷素与土壤的直接接触，有利于提高磷肥的肥效，同时，施用磷肥时必须将磷肥深埋于柑橘根系附近，以利于柑橘根系的有效吸收。对于豆科绿肥施用磷肥，还能“以磷增氮”。

红壤不仅缺磷，也缺氮。红壤施用氮肥，初期效果虽不如施磷肥显著，但能解决土壤缺氮的问题，而且能促进磷肥效果的发挥。红壤中钼、硼、锌、镁和铜等微量元素，虽然在酸性条件下可以提高其有效度，但由于受到强烈的淋溶，绝对含量低，施用微量元素一般都有好的效果。

3. 合理施用石灰

强酸性是红壤的一个重要特性，而且土壤熟化程度越低，酸性越强，铝离子也越多。所以，在红壤上施用石灰，可以中和土壤酸度，提高土壤pH值，消除铝离子对柑橘的毒害，增加土壤的钙素，加强有益微生物活动，加速有机质的分解，减少磷被活性铁、铝固定，改良土壤结构和改变土壤黏、板、酸、瘦等不良性状。一般每亩施用量0.5～0.75吨。马嘉伟等研究表明，添加竹炭也可以提高土壤pH值；朱宏斌等研究表明，施用石灰可以提高土壤pH值两个单位，土壤活性铝含量降低1/3～2/3。

4. 合理耕作

红壤旱地耕作层浅，不能满足作物根系的伸展及正常生长发育所需的良好环境和营养范围，进行合理耕作，目的在于创造一个深厚、均一和肥沃的耕作层。研究证明，深耕可以改善甘蔗的品质，含糖量略有提高。江西都昌、丰城等县根据当地春雨夏旱的特点，创造了“冬深耕、夏浅耕、春不耕”的经验，同时，采取雨后中耕、畦面盖草、表土埋草等措施，吸蓄雨水、减少蒸发、稳定水热动态。

二、黄壤

黄壤是我国南方山区主要土壤之一，也是柑橘主要的栽培土壤之一，广泛分布于南亚热带与热带的山地上，以四川、贵州、重庆为主，在云南、广西、广东、福建、湖南、湖北、江西、浙江和台湾诸省（地区）也有相当面积。在湿润条件下，黄壤的垂直带带辐较宽，一般在800～1600米，低者在50米左右，高者1800米左右，而云南高原山地在2200米以上。在各个山地的垂直带谱中，黄壤一般在红壤的上部。

黄壤发育于亚热带湿润山地或高原常绿阔叶林下的高温高湿地区，热量条件比同纬度地带的红壤略低，雾日比红壤地区多，日照较红壤地区少，夏无酷暑，冬无严寒，干湿季节不明显，所以湿度比红壤高。黄壤在形成过程中与红壤一样，同样包含富铝化作用和氧化铁的水化作用两个过程，只是富铝化作用比红壤弱，黏土矿物以蛭石、高岭石为主，加之在长期湿润条件下，游离氧化铁遭受水化，因褐铁矿、心土层含的大量针铁矿及多水氧化铁而呈黄色得名。

■图2-6 黄壤剖面图

黄壤酸性强，自然黄土可分为淋溶层—沉积层—母质层，淋溶层包含未分解或半分解的枯枝落叶及腐殖质厚10～30厘米；沉积层黏重、紧实，以黄、红杂色为主，块状结构，具有明显的铁胶膜或铁离子层；母质层为岩石碎石的半风化体。耕作土壤剖面构型为耕作层—心土层—母质层（图2-6）。黄壤的有机质随植被类型而异。在自然土中，由于腐殖质层存在，有机质含量可高达5%以上，但在心土层则迅速降低，耕作黄壤随熟化程度提高而有机质含量增加。黄壤的主要特性如下。

1.发育于不同母质的黄壤特点各异

发育于花岗岩、砂岩残积和坡积物上的黄壤，土层较厚，质地偏沙，渗透性强，淋溶作用较明显，在森林植被下，地表有较厚的枯枝落叶层，腐殖质层较厚，表土为强酸性，因酸性淋溶作用而可见灰化现象；发育于页岩上的黄壤，质地较黏重；发育于紫色砂页岩上的黄壤，心土黄色，底土逐渐过渡为紫红色，多为壤土，渗透性好；发育于第四纪红色黏土上的黄壤，土层深厚，富铝化作用较强，心土为棕黄色，以下逐渐转为棕红色或紫红色，质地黏重，渗透性差。

2.土层较薄，酸性强

黄壤旱地土壤，大多分布在山坡地上，植被破坏后，水土容易流失，尤其是在板页岩残积物上发育的土壤，土质疏松，地表径流容易将细粒带走，使土层变浅薄，甚至完全失去肥沃土层，出现过黏、过沙、过酸三大特点，pH值一般在4.0～6.0，耕作土壤具有瘦、冷、湿和板结的共性。

3.土壤养分较少

由于水分流失的结果，大部分黄壤有机质含量仅1%～2%。土壤特别缺磷，绝大部分黄壤速效磷低于10毫克/千克，是典型的缺磷土壤之一。氮、钾含量均属中等水平。由于黄壤植被被破坏，水土流失严重，土层多显贫瘠。

4. 土黏易干旱

由于黄壤土质较黏重，黏粒含量高达40%以上，结构不良，通透性差，干时坚硬，湿时糊烂，保水保肥力弱，加之地形起伏、水分极易流失，在部分地块缺乏灌溉水源，易受干旱危害。

黄壤与红壤通常是交织在一起的，黄壤的改良特别应注意通过深挖压埋植物秸秆、腐熟人畜粪等，加深耕作层，增强土壤透性；合理轮作，增加土壤有机质；土施石灰，降低土壤酸性等，改良利用措施与红壤大致相同，不再赘述。

三、紫色土

紫色土主要分布于我国亚热带地区，以四川盆地分布面积最广，云南、贵州、湖南、江西、浙江、安徽、广东、广西等省（自治区）也有分布。

紫色土发育于亚热带地区不同地质时期富含碳酸钙的白垩纪和第三纪的紫红色页岩、砂页岩或砂砾岩和砂岩，也有少部分三叠纪紫灰岩母质风化发育成土，分石灰性、中性及酸性三种。紫色土全剖面上下呈均一的紫色或紫红色、紫红棕色、紫暗棕色，也有紫黑棕色，土壤分层不明显（图2-7）。紫色土的基本特性如下。

1. 土层浅薄，含砾岩多

紫色土由于风化迅速，所处地形多为坡地，极易受到冲刷，水土流失较严重，剖面发育不明显，没有显著的腐殖质层，表层以下即为母质层。耕作后，表层为耕作层，有时也出现犁底层，所以土层深浅不一，浅者几厘米，深者30～50厘米，通常不到50厘米，超过1米者甚少；土中夹大量半风化的母岩碎片及砾石，含量达40%～50%，由沙土至轻黏土，以粉壤土为主，土质粗糙，孔隙度良好，土壤通透性好，抗蚀力低，漏水漏肥，

■图2-7　紫色土剖面

抗旱保水力弱，蓄水能力和保肥能力差，施肥后易发生水肥流失，土壤肥力低；土壤吸热性强，白天土温容易上升，夜间降温也快，高温时节容易发生干旱。

2. 土壤有机质较缺乏，养分含量不平衡

紫色土由于土层浅薄，岩片砾多，水土流失严重，植物覆盖稀疏，土壤有机质含量少，一般少于1.0%，含氮量也低，大多低于0.1%，在长期耕作施肥条件下，有机质可达1%以上，但土壤中磷、钾含量较丰富，一般含全磷0.1%左右，含全钾2% ～ 3%或更高。由于成土母质的原因，土壤差异较大，养分含量不平衡，管理措施跟不上时会严重影响柑橘生长结果。

3. 酸碱性不一

紫色土分为酸性紫色土、中性紫色土和石灰性紫色土。酸性紫色土分布在长江以南和四川盆地广大低山丘陵，碳酸钙含量少于1%，土壤呈酸性，pH值小于6.5，土壤有机质、全氮含量相对较高，磷、钾含量稍低，指示植物有松树、蕨类、映山红和芒萁等；中性紫色土主要分布在四川、重庆、云南，碳酸钙含量1% ～ 3%，pH值6.5 ～ 7.5，肥力水平较高，但有机质、氮、磷含量稍显不足；石灰性紫色土主要分布在四川盆地及滇中等地，土壤的碳酸钙含量大于3%，pH值大于7.5，土质疏松，土壤有机质在10克/千克左右，氮、磷低，锌、硼严重缺乏，土体浅薄，保水抗旱能力差，指示植物有刺槐、臭椿、苦楝、白榆、桑树、紫穗槐、白蜡树等。

4. 土壤蓄水量少，调温能力差

由于土层较浅，土壤渗透性极好，蓄水量极低，加之紫色土吸热性强，导热性大，白天土壤温度受气温影响极大，土壤温度的上升和下降都极快，稳定性也差。所以，在夏秋季节往往因水分不足、温度过高而导致柑橘根系死亡，在冬季又会因温度过低而导致根系受冻。

紫色土改良方法如下。

1. 深挖改土

紫色土土层浅，因此在建柑橘园时应进行深挖改土增加土壤厚度。深挖方式有两种：一是大穴深挖，二是壕沟式深挖。大穴深挖时，穴为圆

■图2-8　紫色土栽植穴

■图2-9　紫色土栽植壕沟

■图2-10　紫色土分层压埋有机肥

形，直径1.5米以上，深1米以上（图2-8）；壕沟深挖时，壕沟上宽1.5米以上，下宽1.2米以上，深1米以上（图2-9）。两种方式中，以壕沟式深挖为好。深挖改土时，最好在深挖的穴或沟内分层填入植物秸秆、杂草和鸡粪等制作的有机肥，其填入量为压实后占穴或沟深度的1/3左右（图2-10）。回填时将埋入的有机肥与土相混，并将已熟化的表土埋于底层，新挖出的未风化的新土置于表层，同时，开挖时一定要做到穴或沟能很好地排水。

2.种植绿肥，增施肥料

由于紫色土土壤熟化程度不高，有机质含量低，肥力不高，在建园前应先种植豆类、花生、玉米、油菜等作物熟化土壤，然后将植物秸秆等埋于土中，加速土壤的熟化、增加土壤有机质、改良土壤结构。在改良土壤时，在多施人畜粪、堆肥、生物有机肥等的同时，应配合施用氮素肥料，对酸性紫色土施用适量石灰，对碱性紫色土施用硫酸钾等酸性肥料，以调节土壤酸碱度。

3.生草栽培，合理间作套种，保持水土

在栽树前或栽树后，保留果园内的浅根杂草以保持水土，并缓和土壤温度变化，进而促进柑橘根系生长。

四、海涂土壤

中国海涂面积较大的地区主要分布在长江、黄河、珠江、海河等大河入海处。海涂土壤是在平原海岸的边缘地区由淤泥质或沙质河海相沉积物组成的海岸滩地，是海水平均高潮线与平均低潮线之间的地带。

海涂土壤的基本特性如下。

1. 土壤盐分较高

这类土壤土层深厚，富含钾、钠、钙、镁等矿质元素，但地势较低，地下水位高。在干旱季节，随着土壤水分的蒸发，土壤底层盐分随水上升，土壤表面含盐量较高，而且盐分不易排洗。

2. 酸碱度南北不同

海涂土壤由北向南酸碱性不一样，长江以北地区的海涂土壤多数偏碱性，pH值为7.5 ～ 8.5，高者可以达到9.0 ～ 10.0；长江以南的海涂土壤偏酸性，pH值为4.0 ～ 6.0。

3. 土壤有机质含量少

在盐碱土上，由于植物种类和数量少，留在土里的植物残体少，土壤的有机质含量也少，加之泥沙比较黏细，呈粥状或粉糊状，结构较差。而且滩面较平整，保水保肥能力差，土壤中的微生物，特别是固氮菌和根瘤菌等有益微生物的活动受到抑制，不利于土壤养分的增加与活化，降低了土壤的供肥能力。

4. 怕旱怕涝怕小雨

干旱季节，土壤水分强烈蒸发，土壤水分特别是有效水分含量迅速减少，盐分浓度相应增加。到了雨季，土壤水分增加，盐分得以淋洗，但由于海涂土所处的地势低平，又常常积涝成灾。

海涂地改良方法如下。

1. 筑堤建闸，杜绝海水侵入

在开垦种植前，做好防潮堤坝，防止海水对土壤的冲刷，在已做好堤坝的地区，让海涂土壤与海水隔绝，杜绝海水侵入。

2. 降低地下水位，排水洗盐

开沟排水，降低地下水位，是降低海涂土壤盐分的主要方法。沟开得越深越密，盐分就排除得越快。为保证柑橘根系的正常生长，开挖沟的深度最好在1.5米以上，间距200～300米以内。中国农业科学院农田灌溉研究所等研究表明，开挖田间排水沟，连续两次降水214毫米的情况下，每平方公里排出水量3.6万立方米，每平方公里排盐量为150吨，1米土层无排水沟的平均脱盐率为25%，而有排水沟的平均脱盐率为50%。

3. 种好绿肥，降低盐分

开沟排水后至建园前，可在海涂土壤上种植一些耐盐和吸盐力强的作物，如咸青、咸草等，建园后，也可在行间种植绿肥，这样有茂密的枝叶覆盖地面，可以减少地表水分蒸发，抑制土壤返盐，加之庞大的根系大量吸收水分，经叶片蒸腾作用使地下水位下降，从而有效地防止土壤盐分向地表积累，不仅熟化土壤，而且能增加土壤有机质。山西省农业科学院土壤肥料研究所报道，种植三年紫花苜蓿，可降低地下水位0.9米，可加大土壤脱盐率，土壤容重比夏闲地减少0.11克/厘米^3，孔隙率增加3.2%，团聚体增加5%以上。

4. 增施有机肥

在海涂果园增施有机肥是增加土壤有机质的一个重要来源，如厩肥、土杂肥、人畜粪发酵肥等。

5. 合理耕作

建园植树时，栽植行应起垄，实行起垄栽培。耕作时不宜在土壤过湿或过干时进行，而应该在适宜的湿度条件下进行耕作。深耕深翻，可以疏松耕作层，打破原来的犁底层，切断毛细管，提高土壤透水保水性能，加速淋盐和防止返盐。深耕深度一般为25～30厘米，可逐年加深耕作深度。深翻将含盐重的表土埋到底层，而将底层的淤泥、夹黏层或黑土翻到表层，一般深40～50厘米。

6. 选择适宜砧木

种植柑橘时，在海涂地上，应选择比较耐盐碱的砧木，如酸橙、香橙和酸橘等。

五、水稻土

水稻土在我国分布很广，占全国耕地面积的1/5，主要分布在秦岭—淮河一线以南的平原、河谷之中，尤以长江中下游平原最为集中，是在人类生产活动中形成的一种特殊土壤，是我国一种重要的土地资源。

■图2-11　水稻田剖面

水稻土是发育于各种自然土壤之上，经过人为水耕熟化和自然成土因素的双重作用而形成的耕作土壤。这种土壤由于长期处于水淹的缺氧状态，土壤中的氧化铁被还原成易溶于水的氧化亚铁，并随水在土壤中移动，当土壤排水后或受稻根的影响，氧化亚铁又被氧化成氧化铁沉淀，形成锈斑、锈线，形成特有的水耕熟化层（耕作层）—犁底层—渗育层—水耕淀积层—潜育层水稻土的剖面构型（图2-11），土壤下层较为黏重而硬，透气性特差。水稻土中有机质、氮、铁、锰含量较高，磷、钾缺乏。硫虽然丰富，但85%～94%为有机态，当通气状态不好时易还原为硫化氢（H_2S）而使植物中毒。水稻土pH值均向中性变化，pH值4.6～7.5。

地势低洼、积水难排和冬季冷空气易沉积难排出的深峡谷水田地段不适宜种植柑橘，而其他适宜种植柑橘的水稻田，应进行土壤改良。其措施如下。

1.深沟改土

水稻田因长期耕作、蓄水，土粒高度分散，耕作层浅，而且在耕作层下沉积了一层不渗透的犁底层。犁底层保水性能好，通透性极差，柑橘根系很难穿过犁底层往下扎，也很容易使地面积水产生涝害，所以对改种柑橘的水稻田在建园时一定要深挖栽植壕沟打破犁底层。栽植壕沟应顺排水坡方向施工，沟呈梯形，深0.8～1.0米，上宽1.5～2.0米，下宽1.2～1.5米，比降不低于1‰。沟挖好后，最好在沟底部填一层厚20～40厘米的石块或较粗大的树枝等以利于排水，同时在回填时应埋入有机肥，而且有机肥必须与水稻土相混。

■图2-12　水稻田排灌沟

■图2-13　起垄栽培

2.建立完整的排灌沟系

水稻田土层较浅，土质黏重，地下水位高，雨季易积水，土壤孔隙的空气含量减少，造成土壤氧气缺乏，导致根系生长停止甚至腐烂枯死，而引起柑橘涝害，因此水稻田种植柑橘必须修好排灌沟系（图2-12）。排灌沟系包括主排灌沟、背沟和厢沟。主排灌沟比降1‰以上，深1.0～1.2米，宽0.4～0.6米；背沟和厢沟深0.8～1.0米，宽0.3～0.4米。

3.起垄栽培，增施有机肥

水稻田种植柑橘时，为降低地下水位，避免产生积水涝害，可采用起垄栽培方式（图2-13）。但不论是哪种栽培方式，在栽植沟（穴）挖好后一定要备足有机肥，并按规范分层埋肥。回填后的栽植沟或栽植穴应高于原土面0.4～0.5米，呈龟背形起垄。

第四节　苗木栽植方式与栽植密度

柑橘苗木的栽植方式主要有两种，一是等高栽植，二是坐标方格网栽植。至于是采用等高栽植还是采用坐标方格网栽植，主要考虑土地的坡度、坡向、地势条件、水土保持、栽培管理习惯等。一般来说，平地果园和坡度在5度以下的新规划果园，水土不易流失，栽培管理也比较方便，道路规划建设也比较容易，这类地块最好采用坐标方格网栽植（图2-14）；

■ 图2-14 平地坐标方格网栽植（重庆忠县）

■ 图2-15 坡地等高栽植（云南普洱）

对于坡度在5度以上15度以下坡向比较一致的、水土容易保持、管理相对比较方便的新规划果园，也可以采用坐标方格网栽植；坡度在5度以上15度以下坡向比较复杂、水土容易流失、管理不方便的新规划果园，最好采用等高栽植（图2-15）。

不管是等高栽植还是坐标方格网栽植，其栽植密度要考虑栽植品种及砧木的生长结果特性、栽植地的光热条件、土壤类型及土壤土层厚度、栽培管理水平及栽培管理习惯等。在以坐标方格网方式栽植的新规划柑橘园，生长势强旺、枝梢粗长、树冠高大的品种，如柚、葡萄柚、血橙类、夏橙类及部分杂柑品种等，其栽种密度应小一些，一般株行距以（3～5）米×（4～6）米为宜。对于砧木和栽植品种生长势弱、枝条粗短披垂、树冠矮小、结果能力强的，以及在光热充足的地方栽植的橘树，其栽植密度应该相对比较大一些，一般株行距以（2～3）米×（3～4）米为宜。在以等高栽植的新规划柑橘园，其栽植的密度与坐标方格网栽植方式相似，但其行距为所开台地的宽度。等高栽植的新规划柑橘园，其台地的宽窄根据坡度大小决定。坡度小的台面宽，坡度大的台面窄。一般情况下，台面宽的不超过3米，台面窄的不少于2米。当然，在光热条件较好的热带或南亚热带，种植密度可以大一些。

第五节 柑橘园分区

对于大型规划柑橘园来说，面积大、种植品种多、地形不一致，为了方便管理，在柑橘园区内必须进行分区管理。分区依据：一是根据不同品种，二是根据管理地块，三是根据管理规模。规划柑橘园区的分区可分为品种种植片区和生产管理小区。但不论是哪种分区的方法，一般都是以柑橘园中的道路、沟渠和山崖等为分区的分界线。品种种植片区和生产管理小区的面积没有固定的数值，其大小由品种、管理模式（机械化、人工）、管理能力划分。就管理方便而言，一个栽种品种可以划分为一个品种种植片区，一个家庭所管范围可以划分为一个生产管理小区。以家庭管理为主的生产管理小区，一般以50～100亩为宜。

第六节　防护林和柑橘园隔离（绿篱）带规划设计

在风口地带或冬春有冷空气侵袭的果园，为抵御不良气象因素的影响，防止柑橘树因风和冷空气影响而造成低产、绝收，或者形成大量机械损伤果而影响果实的商品性，应在风口或冷空气入口地带种植乔木、灌木相结合的防风林带。防风林带一般宽5～10米，风大、冷空气显著的，防风林带一般在20～30米。

为了防止牛、猪等牲畜进入果园损伤柑橘树、破坏果园土壤，也为了防止果园外人员随意进入而带进检疫性的病虫害，在果园的四周最好栽种绿篱以将果园与外界隔离。用作绿篱的植物一般要求刺比较粗长且硬。绿篱一般种两排，株距和行距都在20～30厘米。

无论是防风林还是绿篱，选择的树种都必须与柑橘没有共生性的病虫害，避免防风林和绿篱上的病虫害危及柑橘树，比如桑树、柳树、花椒等，这些植物上的天牛、叶甲和红蜘蛛等会传播到柑橘树上，而且也很不好控制。当然，在与柑橘没有共生性病虫害的情况下，尽可能选择一些能产生经济效益的植物用作绿篱植物，比如香橙。

第七节　其他附属设施的规划设计

果园的附属设施包括果园管理人员住房、肥料农药存放用房、提灌站、果实收购站、参观点等。

果园管理人员住房一般建在所管理片区或生产管理小区内比较安全的位置，其大小根据人员数量确定。

肥料农药存放用房所建位置应尽量考虑离全园各个地方都相对比较近的地方，而且一定要做到安全、相对比较隐蔽、其所散发出的特殊味道不会影响果园生产员的生活。

提灌站是在大、中型没有自然蓄水的果园内建设的提水设施。提灌站一般建设在管理比较方便的牢固位置，其提水能力按干旱时每天每亩不低于2～3立方米的用水量计算。

果实收购站是果园的一个重要的附属设施。在果实成熟时，除了将成熟的果实采收直接装车外，还应在果园内适宜的位置建设果实收购站。果实收购站一般是用塑钢做成的棚，其大小由果实生产量来决定。

果园内的参观点是针对一些具有示范作用的果园，为了满足前来参观学习的人的需求，在果园内位置比较高、尽可能环视全园的地方建设参观点。

第三章

砧木与品种选择

嫁接亲和力好、适应性广的品种与砧木组合成的柑橘树，在粗放管理条件下如能获得高产、优质、外观漂亮的果实，则容易进行轻简化栽培；反之则不易。所以，选择合适的品种和砧木是实施轻简化栽培必不可少的条件。

每一栽培品种对不同生态条件都有最适宜、适宜、次适宜和不适宜之分。每种砧木与栽培品种之间也有亲和力强、亲和力弱之分。不同的砧木对不同的生态条件、不同的土壤也存在适宜与不适宜的情况，所以，在建园栽苗前，对栽培品种和砧木应合理选择。

用于栽培的柑橘类果树主要有芸香科的3个属，即枳属、金柑属和柑橘属。枳属主要用于苗木嫁接时的砧木和生产药用果实，生产上用于鲜食的品种主要是金柑属和柑橘属的部分品种（品系）。

第一节　砧木

目前柑橘生产上所用的砧木主要有枳属的枳及枳的杂种枳橙和枳柚、柑橘属中的资阳香橙、红橘类（包括朱橘类、酸橘类等）、枸头橙、酸柚和粗柠檬等。

一、枳及枳的杂种

枳是枳属的唯一1个种，又名枸橘、枳壳、雀不站，是柑橘类果树中唯一的落叶果树，分布于我国湖北、山东、河南、福建、江西、安徽、江苏等省。

枳为灌木或小乔木，树高1～5米不等。叶为三出复叶。枝刺多而粗长。花小，一般先开花后发叶，而且一年多次开花结果。果圆球形或扁圆形，大小差异较大，单果重15～25克。果实油胞小而密，果面密被茸毛，果心充实，果皮包着紧，难剥离。果肉含黏液，味酸，苦涩不堪食用。每果种子20～50粒。春花果9～10月成熟（图3-1）。在国内有大叶大花枳和小叶小花枳等类型，以大叶大花类型为好。

枳通常主根不发达，侧根发达，须根茂盛。长势中等偏弱，由于须根多栽植成活率高，用作砧木嫁接的苗木生长慢，开花结果早、丰产，结出的果实品质优良。对于长势比较弱的栽培品种以枳作砧木后容易出现树势早衰现象，加之枳也很容易感染裂皮病、衰退病、碎叶病和黄脉病等病毒，一旦感染病毒后，树衰老更快，甚至死亡。枳适宜中性土或微酸性土，以肥沃、深厚的微酸性壤土生长为好。枳不耐盐碱，在盐碱地上容易出现缺铁、缺锌等症状而严重影响树的生长和结果。枳是所有砧木中最耐寒、耐旱、耐涝和耐瘠薄的砧木，也抗流胶病和根线虫，可作矮化砧，所嫁接的品种适宜于矮化密植。

枳通常可作金柑、甜橙、宽皮柑橘和柠檬的砧木，不适宜作低酸甜橙和柚等的砧木。用枳作砧木的树，几乎都会形成“大脚”现象（图3-2）。

枳有一个变种，即飞龙枳。飞龙枳与枳的不同之处在于飞龙枳的刺弯曲，生长更慢，树势比枳更弱，可用于盆景砧木。

■ 图3-1　枳叶片、花、果

■ 图3-2　枳砧脐橙树

枳的杂种主要有枳橙和枳柚。枳橙和枳柚主根发达，生长势强，进入结果期晚，前期产量略低，品质相对较差，但寿命长。枳橙作砧木，天牛为害特别重。

二、资阳香橙

常绿小乔木，枝上有粗而长的刺，单身复叶，翼叶较大，花白色，果扁圆或近似梨形，单果重25～30克，每果种子多达40粒（图3-3)。4～5月开花，10～11月果成熟。湖北、湖南、四川、浙江、江苏等地都有分布。多作砧木、育种材料，果实可入药。

资阳香橙主要原产四川资阳，是目前最抗碱的砧木。其主根和侧根发达，须根茂盛，长势旺，苗期和幼树生长快，进入结果期早，果实产量高、品质好，树体寿命长，抗寒、抗旱、抗碱性强，即使在pH7.5左右的土壤也不表现缺铁、缺锌黄化，是四川、重庆等碱性紫色石谷子土地区目前最适宜的砧木。但香橙根不抗根线虫，土壤积水时也易腐烂。可作为宽皮柑橘类、甜橙类、柚类、柠檬类、金柑类以及沃柑、不知火、春见等杂柑类砧木（图3-4)。

三、红橘类

用作砧木的红橘类，包括红橘、朱橘、酸橘等橘类。这类品种，均为常绿小乔木，单身复叶，枝大多有刺，且刺粗长。果皮较薄，易剥。果实

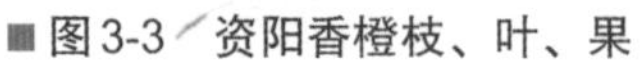

■图3-3 资阳香橙枝、叶、果

■图3-4 资阳香橙砧脐橙

海绵层极不发达，但果实具橘络，食用后易上火。果实囊瓣易剥离。红橘和朱橘果实汁味甜，酸橘果实汁味酸。果实中种子多少不一。4～5月开花，11～12月果成熟（图3-5）。栽培管理粗放，生长势旺，丰产性极强，耐寒性强。在四川、福建、湖南、湖北、广东等地都有分布。

■图3-5 红橘枝、叶和果

红橘类，主根极其发达，侧根和须根少，树体的直立性强、长势旺。用其作砧木，树体生长势旺，干性强，进入结果期晚，果实皮厚、酸度偏大、可溶性固形物（简称TSS或糖度）低，产量低，树体寿命长。抗裂皮病、脚腐病，耐涝、耐瘠薄、耐盐碱，耐碱性比枳强而弱于资阳香橙，是广东等产区的优良砧木之一，可作金柑、甜橙、宽皮柑橘、柚、柠檬、杂柑等的砧木（图3-6）。

■图3-6 红橘砧脐橙

四、枸头橙

常绿小乔木。单身复叶，翼叶较大。枝大多有刺，且刺粗长。4～5月开花，花单生或腋生。果球形或稍扁，成熟后橙黄色，表面粗糙，味酸而苦，种子多（图3-7）。主产区在浙江黄岩一带，四川等地也有分布。

■图3-7 枸头橙枝、叶、果

枸头橙根系发达，耐旱、耐

湿、耐盐碱、较耐寒，抗脚腐病而不抗衰退病，用其做砧木嫁接后，树体大、树龄长，冬季落叶少，产量高，但果实品质比不上以资阳香橙和枳做砧木的，可做甜橙、宽皮柑橘、金柑、柠檬和部分柚的砧木，以作甜橙和柚砧木为好，是沿海盐碱地嫁接柑橘类的优良砧木。

五、酸柚

常绿乔木。单身复叶，叶片和翼叶都较大。嫩梢、新叶和幼果都被茸毛。花大果大。果肉酸、苦或麻，种子多而大。广东、广西、福建、台湾、湖南、湖北、江西、云南、四川等地都有分布。

酸柚主根深，须根少，耐碱性比枳强，但耐寒性不如枳，适宜于土层深厚、肥沃、排水良好的土地。酸柚生长势强，适宜作柚、葡萄柚和柠檬的砧木，与其他柑橘品种嫁接亲和力不太好。

六、粗柠檬

常绿小乔木，单身复叶，枝圆少刺或近无刺，嫩叶及花芽暗紫红色。果椭圆形或卵形，果皮厚而粗糙，果汁甚酸。种子小而多。一年多次开花结果，一般春花4～5月开花，9～11月果实成熟。粗柠檬是柑橘类中最不耐寒的种类之一，适宜于冬季较暖、夏季不酷热、气温较平稳的地方栽培。扦插繁殖极易成活，生产上多用作嫁接柠檬的砧木。中国长江以南都有分布。

■ 图3-8　粗柠檬砧脐橙

粗柠檬生长势旺，实生苗主根极其发达，侧根和须根不发达。与很多柑橘品种嫁接后亲和力不好，即使嫁接能成活，但由于生长势旺、不易结果，产量低（图3-8）。

柑橘主要砧木的特性见表3-1。

表3-1　主要砧木特性

砧木	主要特性
枳	抗寒、耐旱、耐瘠，抗脚腐病、流胶病、线虫病，结果早，矮化，但不抗裂皮病，不耐盐碱，适宜微酸性土壤
枳橙	主要性状与枳相同，但长势强于枳，用于嫁接苗木前期生长快，抗性弱于枳，产品果实品质比枳差，易被天牛为害，适宜微酸性土壤
红橘	主根发达，树直立性较强。结果晚，后期丰产，但果实品质略差，树寿命长，抗裂皮病、脚腐病，耐涝、瘠薄和盐碱
资阳香橙	树势较强，根系发达，抗寒、耐旱，较抗脚腐病，较耐碱，嫁接树长势旺、产量高、品质佳，但积水易烂根，易受根线虫为害。结果较枳稍晚，后期产量高，是碱性土壤砧木的最佳选择
酸柚	主根多、深，须根少，耐碱性较枳强，耐寒性不如枳。适宜土层深厚、肥沃、排水良好的土壤。嫁接树长势强，结果晚
粗柠檬	主、侧根均不发达，与很多品种嫁接亲和力差，主要用作柠檬砧木。嫁接甜橙等产量低
枸头橙	树势强，树冠高大，根系发达，耐旱、耐湿、耐盐碱，较耐寒，结果较迟，后期丰产，且对衰退病有较强的抗性。适宜沿海盐碱地

第二节　主要栽培品种

柑橘品种（品系）很多，在我国真正具有鲜食栽培价值的有金柑属和柑橘属。

金柑属为常绿灌木或小乔木，叶为单身复叶，枝纤细密生，大多刺小，有的无刺。叶小，叶面叶脉较明显，叶背叶脉不明显。叶片基本无翼叶。花期较迟，一年开花3～4次，春、夏、秋花都能结果，果实比枳还小。

金柑属主要有4种2变种。4种即金弹、罗浮、罗纹和金豆，2变种即为寿金柑和四季橘。具有食用栽培价值的主要是金弹和罗浮，罗纹生产上基本不栽培，金豆和2变种主要用于观赏。

金弹果实为圆球形或卵圆球形，果皮和果肉均甜。罗浮果实为长倒卵圆形，果皮甜而果肉酸。二者都可以鲜食，也可以泡酒药用。鲜食时是连果皮和果肉一起食用。

柑橘属有六大类，即大翼橙类、宜昌橙类、枸橼柠檬类、柚和葡萄柚类、橙类（甜橙类和酸橙类的总称）、宽皮柑橘类（柑类和橘类的总称）。生产上用作鲜食栽培的主要是宽皮柑橘类、橙类中的甜橙类、枸橼柠檬类中的柠檬、柚和葡萄柚类中的部分品种（品系），以及杂柑类。

一、宽皮柑橘类

宽皮柑橘类适应性广，在我国能种植柑橘的区域内都能种植宽皮柑橘。宽皮柑橘栽培管理相对比较简单，产量也高，而且宽皮柑橘是柑橘属中最耐寒的类型，遭受低温冻害后恢复也快，所以宽皮柑橘是我国柑橘类果树中种植范围最广的种类，柑橘种植区北缘地带（陕西城固、上海崇明岛、甘肃武功等）种植的主要是宽皮柑橘类。

宽皮柑橘为常绿灌木或小乔木，单身复叶，叶片较小，翼叶退化为线型，该类最显著的特征是果皮都容易剥离。

宽皮柑橘分为柑类和橘类。柑类树除温州蜜柑枝叶披垂、树性开张外，其他种类冠较直立，叶较橘类大，果实中等大，果皮稍厚，皮较橘类剥离略难，卵圆形，胚绿色，代表品种（品系）有温州蜜柑（特早熟温州蜜柑：宫本、市文、日南1号、大分早生、大浦等；早熟温州蜜柑：宫川、兴津、立间等；中晚熟温州蜜柑：尾张、南柑20号等）、蕉柑、贡柑、黄果柑等。橘类一般花小，果小而扁，皮薄，易剥离，种子小、一端尖，胚绿色，如椪柑、沙糖橘、马水橘、年橘、南丰蜜橘、红橘（福橘、大红袍、南橘、克里迈丁红橘等）、朱橘（朱红橘、满头红、三湖红橘等）。

二、甜橙类

甜橙果皮包着较紧，果实有白色海绵层。其海绵层比宽皮柑橘厚而比柚类薄。果实果皮和果肉不易剥离，挂树和采后贮藏能力都比较好，运输也比较容易，是世界上栽培最多的柑橘果树类型。根据甜橙特征特性的不同，可将甜橙分为普通甜橙类、脐橙类、血橙类和低酸（无酸）甜橙类。

普通甜橙包括普通中、早熟甜橙和夏橙类。普通中、早熟甜橙是我国普通甜橙中的主要栽培品种，成熟期从11月下旬至第二年2月下旬，主要品种有锦橙（铜水72-1、逢安100号、梨橙、北碚447锦橙、中育7号锦橙等）、先锋橙、桃叶香橙、哈姆林甜橙、特罗维塔甜橙、大红甜橙、兴国甜橙、雪柑、香水橙等，酸甜适度，风味各异。夏橙类是我国20世纪30～40年代引进的普通甜橙类的一个特殊品种，于头年春季开花，第二年3～7月果实成熟采收，具有独特的“花果同树”（第二年开的花与头年结的果同时挂在树上）、“果果同树”（第二年谢花后结的小果与头年结的成熟果同时挂在树上）景观。夏橙果皮略粗，果实虽酸甜适口，但汁少化渣差，而且随春季气温的上升，成熟果实容易返青。主要品种有奥林达、蜜耐、路德红、卡特、福罗斯特等。

脐橙又名“抱子果”，因其果顶有孔如脐，内有明显小果囊瓣，出现大果包小果现象而得名。脐橙的脐有开脐和闭脐之分。开脐是因脐露于外明显可以见到脐而得名，闭脐是脐藏于果内而不易看见而得名。开脐容易裂果，也容易产生生理性病害（生产上称为脐黄）造成落果，而闭脐裂果轻，脐黄少，脐黄落果率低。脐橙的花雄蕊退化，花粉败育，不易授粉结实，所以通常果实没有种子，但也有极少数果接受外来花粉产生种子的。脐橙果实肉质脆嫩，酸甜可口，主要用于鲜食。目前用于生产栽培的脐橙品种繁多，主要栽培的早熟品种有龙回红、钮荷尔、福本、清家、耐维林娜等脐橙，中熟品种有奉节72-1、福罗斯特、白柳、大三岛、华脐等脐橙，晚熟品种有红肉脐橙、晚棱脐橙、晚脐橙和鲍威尔脐橙等。

血橙类因果面和果肉有类似血色的花青素存在而得名。血橙中的花青素是一种天然的养颜物质，成熟果实果肉也因富含花青素而具有玫瑰香味。西班牙、意大利和北美血橙较多，中国主要分布在四川、湖北、湖南、江西等地。血橙有深血和浅血类型之分。深血品种如摩洛血橙、塔罗科血橙、路比血橙（又名红玉血橙），浅血品种如桑吉耐洛、脐血橙等。血橙的成熟期在12月至第二年的7～8月（8号血橙）。

低酸（无酸）甜橙类成熟果实的含酸量低，主要的栽培品种有冰糖橙、新会橙、柳橙、改良橙、埃及糖橙等。

三、柚及葡萄柚

柚为乔木，嫩枝、叶背、花梗、花萼及子房均有茸毛，叶片翼叶大，嫩叶通常暗紫红色，嫩枝扁且有棱（图3-9）。果实大，海绵层厚。子叶乳白色，单胚，通常以树冠内膛和下部的无叶光杆枝结果。柚果实有红肉类型和白肉类型，通常红肉类型以早熟为主，白肉类型以中晚熟为主。红肉类型虽以早熟为主，但也有晚熟品种。红肉类型晚熟品种如强得勒红心柚等，中早熟品种如红肉琯溪蜜柚、夔府红心柚、五步红心柚、丰都三元红心柚等。白肉类型早、中、晚品种都有，以中、晚熟品种为主。早熟品种如琯溪蜜柚，中熟品种如沙田柚、玉环柚、龙安柚等，晚熟品种如晚白柚等。

葡萄柚为小乔木，枝略披垂，无毛，是柚的杂交种。叶形与质地与柚叶类似，但一般较小，翼叶也较狭且短。总状花序，小花稀少或单花腋生，果实比柚小，果皮也较薄，果心充实，果肉淡黄白或粉红色，柔嫩、多汁、爽口，略有香气，味偏酸，个别品种兼有苦及麻舌味，种子少或无，多胚。有红肉和白肉类型，红肉类型主要有火焰葡萄柚、星路比葡萄柚、汤姆逊葡萄柚等，白肉类型主要有邓肯、奥兰不兰多、马叙等。

四、柠檬

小乔木，枝少刺或近于无刺，嫩叶及花芽暗紫红色，果皮厚，通常粗糙，柠檬黄色，果实汁多肉脆，有浓郁的芳香气，果汁酸至甚酸，一年多次开花结果，春花4～5月开花，9～10月果成熟（图3-10）。主要品种

■图3-9　柚花枝

■图3-10　柠檬结果树

有尤力克、里斯本、北京柠檬、费米奈劳、维拉法兰卡和塔西堤等。

五、杂柑

属芸香科柑橘属植物，是柑橘属种间天然或人工的杂交种。用于生产栽培的杂柑主要是橘与橘的杂交种，橘与橙的杂交种（橘橙）和橘与柚的杂交种（橘柚）。这些杂交种之间差异较大，有的主要性状偏向橙类，有的主要性状偏向橘类和柚类，其对气候、砧木和栽培管理的要求均不一致，所以，引种时要特别了解每一品种适宜栽培的生态条件、砧木和栽培管理技术。目前生产上用于栽培的杂柑品种主要有清见橘橙、不知火橘橙、大雅橘橙、天草橘橙、默科特和W.默科特橘橙、诺瓦橘柚、南香、秋辉、沃柑（图3-11）、爱媛38号（图3-12）等。

■图3-11　沃柑结果树

■图3-12　爱媛38号

第三节　砧穗组合

适宜我国种植的柑橘品种很多，但适宜不同生态条件和与不同品种嫁接亲和力好的柑橘砧木却是有限的。我国柑橘栽培发展迅猛，因为柑橘砧木和嫁接品种的组合选择不当，导致柑橘栽种品种与所选择的砧木嫁接亲和力不好，苗木栽植后管而不长、易折断、长势差、早衰，或产量不高等现象屡屡发生。同时，很多种植者没有根据种植柑橘地的土壤情况选择适宜的柑橘砧木，柑橘树生长不良，缺素症状严重，产量和品质都差。

不同的柑橘品种适宜的砧木有一定的区别。一般来说，长势较旺的品种嫁接在长势旺的砧木上，嫁接后树长势旺，树体高大，会延迟结果时间，但树体寿命长，后期产量高；长势弱的品种嫁接在长势旺的砧木上，长势强于原品种，长势较好，产量和品质都比较好；长势旺的品种嫁接在长势弱的砧木上，树长势变弱，有的甚至不亲和，容易衰败，产量低、品质差；长势弱的品种嫁接在长势弱的砧木上，树势更弱，树体衰败更快。当然，同一种类之间也存在一定的差异，如用枳作砧木嫁接低酸甜橙就容易出现黄化。

不同砧木适宜嫁接的柑橘种类如表3-2所示。

表3-2 不同砧木适宜嫁接的柑橘种类

砧木	适宜嫁接品种
枳	甜橙（低酸甜橙除外）、宽皮柑橘、柠檬、金柑等
枳橙	甜橙、宽皮柑橘、柠檬、金柑、杂柑、部分柚类
资阳香橙	甜橙、宽皮柑橘、柠檬、金柑、杂柑、柚类
红橘	甜橙、宽皮柑橘、柠檬、金柑、杂柑、柚类
枸头橙	甜橙、宽皮柑橘、柚类
酸柚	柠檬、柚类
粗柠檬	柠檬

第四节 生态条件与品种和砧木的选择

不同柑橘品种和砧木对生态条件有不同的要求。一个好的柑橘品种和与之嫁接亲和力好的柑橘砧木结合，只有在最适宜的生态条件下才能通过轻简化栽培获得高产和优质。所以，应根据不同的生态条件选择不同的栽培品种和砧木，并确保其嫁接亲和力要好。

主要栽培柑橘类果树对温度的要求如下。

甜橙类：年平均温度17～22℃，1月平均温度5℃以上，≥10℃的年有效积温5000℃以上，果实成熟采收前温度在0℃以上，–4℃就会枝叶受冻。其中夏橙类、普通甜橙类、脐橙类的晚熟品种，要求1月平均温度≥10℃，≥10℃的年有效积温6500℃以上。

宽皮柑橘类：年平均温度16～22℃，1月平均温度5℃以上，≥10℃年有效积温5000℃以上，果实成熟采收前温度在0℃以上，–5℃枝叶受冻。

柠檬类：喜温暖，耐阴，不耐寒，也怕热，要求年平均温度18～20℃，1月平均温度≥10℃，≥10℃年有效积温5200～6500℃，0℃开始落叶，–2℃枝叶受冻，温度高于37℃容易日灼。

柚类：年平均温度18～22℃，1月平均温度≥5℃，≥10℃年有效积温6000℃以上，0℃枝叶和果开始受冻。

杂柑类：杂柑类品种类群复杂，必须根据具体的品种选择适宜的气候条件。

金柑类：年平均温度16～22℃，1月绝对最低温度–5℃以上，1月平均温度5℃以上，≥10℃年有效积温5000℃以上。

柑橘品种很多，新品种也在不断地出现。对于一个品种来说，在甲地是好品种，在乙地就不一定是好品种，因为每一个种植地的生态条件是不一样的，好品种对生态条件是有选择的。所以，在选择柑橘品种时，一定要根据当地的生态条件因地制宜地选择适宜当地栽植的优良品种。

不同柑橘产区由于气候、土壤及生态条件不一样，所选用的砧木也有区别。部分柑橘产区的主要砧木见表3-3。

表3-3 部分柑橘产区主要砧木

产区	主要砧木
广西	红橘、枳、香橙、枳橙、酸柚
云南	枳、香橙、红橘
湖南	枳、酸柚、香橙
湖北	枳、红橘
四川	红橘、枳、香橙、酸柚、粗柠檬
重庆	红橘、枳、香橙、枳橙、酸柚

续表

产区	主要砧木
江西	枳、红橘、香橙、酸柚
福建	枳、红橘、酸柚
浙江	枳、枸头橙、本地早、酸柚
贵州	红橘、枳
广东	红橘、酸柚、香橙

第五节 市场与品种选择

柑橘品种的好坏优劣，一是由该品种的固有特性决定，二是由栽培管理来决定，三是由市场也就是消费者来决定。

对于选择一个好的柑橘优良品种来说，应从以下几个方面来考虑。第一，该品种果实内在品质优良，表现在成熟果实汁液适中、糖高酸低，固酸比适合大众口味；第二，该品种适合季节消费，如冬天以易剥皮的果实为好，高温季节以汁多、酸甜爽口的果实为好，如在温暖的季节，只要适合消费者口味就好；第三，果实外观有特色，以果面光滑、色泽较好者为佳；第四，果实比较耐储运；第五，考虑市场饱和量。再优良的品种，如果市场持有量多，市场价格低，效益也得不到体现。品质差一些但有特色的品种，在市场持有量少的情况下，也能获得好的效益。

第六节 柑橘园特性与品种选择

目前的柑橘园中，有的是以生产出果实进入市场销售为主，称为生产型柑橘园，有的则是以休闲观光采摘为主，称为观光型柑橘园。对于两种类型的柑橘园来说，所选择的品种存在一定的差异。生产型柑橘园是根据消费市场来选择品种，不同的种植面积、不同的消费市场决定栽种不同的柑橘品种。观光型柑橘园对于品种的选择不同于生产型柑橘园，第一，观光型柑橘园必须根据当地观光者的出行时间来决定所选择品种的成熟时间；第二，观光型柑橘园所选择的品种必须适合当地人的消费习惯；第三，观光型柑橘园所选择的品种，果实以中等偏小为宜，太大的果实不宜于采摘时品尝，也不易于满足大多数人采摘和消费需求；第四，观光型柑橘园所选择的品种产量要高，且管理相对比较简单；第五，观光型柑橘园所选择的品种一定要外观漂亮，具有观赏性。

第七节 栽培技术与品种选择

不同品种的特性不一样，栽培管理技术也不一样。有的品种适应性广，在粗放管理下也能获得好的产量和品质，比如温州蜜柑、红橘等；有的品种则适应面窄，能种植的区域有限，而且栽培管理技术要求高，比如不知火橘橙、爱媛38号等。

各产区在选择栽培品种时，一定要先了解该品种的品种特性，然后根据品种特性选择适合的栽培技术进行栽培管理，如果栽培管理水平跟不上，再好的品种也不会收到好的效益。

第四章

苗木栽植技术

苗木质量及苗木栽植质量，对柑橘树生长快慢、结果量多少和寿命的长短影响极大，也影响栽种后的栽培管理，这也是实现轻简化栽培的一个重要环节。苗木质量和苗木栽种质量好，栽培管理容易，柑橘树生长速度快，容易尽快形成丰产树冠，开始结果早，进入盛果期快，产量稳得住，果实品质较好，树体寿命也长。同时，栽种时嫁接口没被掩埋，柑橘树不会因此造成根颈腐烂而死树。

第一节　苗木选择

一、柑橘苗繁殖方式

柑橘苗的繁殖方式主要有四种。第一种是实生繁殖法，即由柑橘的种子直接播种后培育成的实生柑橘苗；第二种是扦插繁殖法，即对部分容易生根的柑橘品种，采取树上的枝条进行扦插，繁殖培育出柑橘扦插苗的繁殖法；第三种是压条繁殖法，即在健壮树上对形状比较好的枝进行环剥，并进行保湿处理，待环剥处长出新根，将“新苗”从新根处剪断形成一株完整柑橘苗的繁殖方法，按其压条部位不同有高压繁殖和低压繁殖两种繁殖方法；第四种是嫁接育苗法，即将亲和力好的砧木和栽培品种嫁接在一起进行繁殖培育柑橘苗的方法。

通过种子播种育出的实生苗，如果是单胚种子培育成的苗木，苗木的生长结果习性基本和原品种相近；如果是多胚种子培育成的苗木，由于多胚的影响，所培育出的苗木与原品种可能存在差异，生长结果习性可能与原品种不一样。同时，从种子萌芽成苗到生长枝叶形成树冠以至叶片积累营养形成花芽而开花结果需要一段较长的时间，这就是通常所说的“童期”。一般柑橘实生苗要经过8年左右的生长和营养积累才能形成花芽开花结果。生产上种子育苗法主要用于砧木苗的繁殖。

扦插繁殖是柑橘苗木的一种无性繁殖方式，是取柑橘树的一些健康的枝，经过生根、杀菌等处理后扦插在地里，待枝长出新根后形成新的植株，所繁殖出的苗能全部保留原树的性状，根系是品种本身所形成的，称为自根苗。扦插繁殖适宜于部分品种苗木的快速繁殖，但由于整株苗都来源于原品种，对土壤的适应性比嫁接苗差，开花结果的时间也有所推迟。目前生产上除了佛手等极少数品种和紧缺砧木采用扦插繁殖法进行育苗外，很少采用扦插育苗。

压条繁殖有两种方式：一种是将枝压在地里进行繁殖育苗，称低压繁殖；另一种是在位置相对较高的枝条上进行压条处理，称高压繁殖。对于一些分蘖比较多的品种，如佛手等，可以直接从母树上切割分离分蘖株，独立分株成苗，也可以将近地面的枝条直接压入土壤中，待从枝上长出根后将其分离成苗，这种方式即为低压繁殖（图4-1），也就是常说的压条繁殖。高压繁殖（图4-2）是在树冠内选择一些形状比较好的枝或枝组，在温度适宜的生长季节把枝或枝组从基部环剥至形成层处，并做好清洁、保

■图4-1　低压繁殖

■图4-2　高压繁殖

湿和包膜等处理，待枝或枝组长出根后把枝或枝组剪断分离成独立的植株。无论是低压繁殖还是高压繁殖所繁殖出的苗木，根都是本品种的根系，和扦插苗一样，都是白根苗，很多特性和扦插苗类似。目前这种繁殖方法在生产上很少采用。

嫁接繁殖是把柑橘栽培品种的芽或带芽的枝嫁接到柑橘砧木的茎上，待所嫁接的芽萌发抽枝后长成新的完整的植株的繁殖方式。嫁接苗是砧木和栽培品种二者的结合，在砧木和栽培品种亲和力好的情况下，既能保持栽培品种的优良性状，又能充分利用砧木的有利特性，达到因地选择砧木，因气候条件选择与砧木嫁接亲和力好的栽培品种。由于用于嫁接的枝或芽已在原树上经过童期，有的甚至还是花芽，嫁接后苗木生长快，树冠形成早，树体进入结果早，丰产稳产，还有利于增强栽培品种的抗寒、抗旱、抗涝、抗病虫害的能力。嫁接繁殖利用的是柑橘树枝上的芽，繁殖材料来源广泛，可以快速增加苗木数量，对于苗木的快速繁殖有非常重大的意义。嫁接繁殖法是目前柑橘生产上最主要的育苗方法。

二、柑橘嫁接苗类型

柑橘嫁接苗主要有两种类型。一种是裸根苗，即将砧木苗直接栽种于土壤里进行嫁接育苗直至苗木出圃，这种苗取苗时根是裸露的，所以叫裸根苗，也叫露地苗（图4-3）。另一种是容器苗，是砧木种子经播种培育成砧木苗后，再将砧木苗移栽在装有特殊配制的营养土的袋或桶等容器里（简称营养袋或营养桶），待砧木苗长粗后进行嫁接育苗，这种苗由于嫁接后到出圃栽植时苗都在营养袋或营养桶里，根一直都在营养土里没有暴露出来，所以称之为非裸根苗，通常称为营养苗或容器苗（图4-4～图4-6）。

■ 图4-3　柑橘裸根苗

裸根苗由于是栽种在土壤里，取苗和栽植时都容易伤根，这类苗取苗和栽植都需要根据气候条件进行。但如果育苗基地土壤整理比较好，地肥、土壤疏松透气，裸根苗木根系相当发达，根系中主根、侧根和须根完整，苗木栽植成活后生长快，树冠形成也快。如果在取苗时每一株苗带有一定量的泥土将根包裹，苗木更易成活，生长更快；容器苗整株苗都生长在装有营养土的袋或桶里，从育苗地到栽植地苗都生长在一个好的营养环境里，根也不会受到损伤，这类苗的栽植受气候限制少，栽种成活率高。但由于容器苗长时间生长在一个相对小的袋或桶里，根生长受容器的限制，根系伸展空间小，侧根极少或根本就没有；用于装苗的袋或桶由于是黑色，在光照的情况下容易接受阳光辐射使接近容器壁的土壤发热升温而伤根，所以通常靠近营养袋或桶壁的根会因高温死亡，同时，由于受袋或桶高度的限制，近地的根因不能伸出袋或桶，主根生长受袋或桶的制约。

■图4-4　营养桶苗

■图4-5　大营养袋苗

2009年8月，在重庆忠县东溪镇，同时栽植了苗木质量基本相同的一年生奥林达/枳橙露地苗和营养苗各560株，至2012年测定，奥林达/枳橙露地苗树平均高2.35米，树冠平均2.15米×2.37米；营养苗树高1.63米，树冠1.36米×1.55米。由此可以看出，裸根苗和容器苗在苗木质量基本相同的情况下，成活后，裸根苗的生长速度比容器苗相对快一些，树冠形成早，有利于前期产量的提高。

■图4-6　营养袋苗

三、嫁接苗选择

用于生产上栽种的柑橘苗，除极少数品种外，目前主要是采用柑橘嫁接苗。柑橘嫁接苗不管是裸根苗还是容器苗，都有脱毒苗和常规苗之分。所谓脱毒苗，就是用于嫁接的栽培品种枝条是经过脱毒处理的，繁殖过程是在网室或具有隔离条件的环境里进行，是不易感病的，繁殖出的苗木不带任何病毒；所谓常规苗，就是用于嫁接的栽培品种枝条没有经过脱毒处理，繁殖育苗过程也不是在一个不易感病的环境中进行，所繁殖培育的苗木不排除带有病毒的可能。因此，在选择柑橘嫁接苗时，一定要注意以下几个方面。

第一，引种苗木前，一定要根据当地的气候、土壤、栽培技术等条件，确定好需要引进的柑橘苗木品种和与该品种嫁接亲和力好、适应栽培地条件的砧木，并根据建园要求确定引进脱毒苗或常规苗。但从轻简化栽培的要求出发，要求引进的苗木一定不能带有柑橘溃疡病和柑橘黄龙病，当然，苗木最好也不带有裂皮病、衰退病、黄脉病等病毒病。

第二，引种柑橘苗木时，一定要到有一定规模的正规育苗基地考察、引种。引种时首先要注意品种纯正和苗木质量，要求提供苗木单位开具品种纯度证明书；其次，所引种的柑橘苗木一定不能带有国家规定的检疫性病虫害，要求育苗单位开具由育苗地植物检疫部门出具的植物检疫证书。苗木最好选择经过脱毒处理的柑橘品种接穗繁殖的脱毒嫁接苗。

第三，仔细查看苗木嫁接口处，确定嫁接的品种和砧木亲和力好、嫁接口砧穗接触面大、愈合好、没有残桩、嫁接膜彻底解除、不易折断等后，方可引种。

第四，选择柑橘嫁接苗时，必须要注意嫁接苗干的粗度和根系。对于柑橘嫁接苗来说，最重要的是苗木必须具有完整、发达、健康的根系和较粗的干。对于露地苗来说，苗木如果没有发达的须根，栽植时会影响苗木的成活；如果没有完整的根系，成活后的生长要缓慢一些。苗木干的粗度，对苗木生长的影响更明显，苗木干越粗，苗越粗壮，栽种后生长越快；苗木干越细，苗木越纤弱，栽种后生长越慢。根据品种不同，一般要求出圃嫁接苗嫁接口上干的粗度至少在0.6厘米以上，最好为1厘米左右。对于容器苗来说，一是要看苗木干的粗度是否达到要求，二是要看袋或桶所装营养土的质量。要求营养土有机质含量高而疏松透气，而且将苗从容器里取出时土壤不会轻易脱落。三是要了解砧木苗栽种在容器里的时间，以及嫁接的时间。容器苗培育一般是先把砧木苗装在容器里然后再嫁接培育成苗，但也有的育苗者先把砧木苗栽种在地里，待嫁接后苗长到一定程度才将苗栽到袋或桶里，甚至有的还在苗快要出圃时才把嫁接苗栽到容器里，比较起来，先把砧木苗栽在容器里后嫁接的苗根系更好，苗木栽种成活率高。

第五，苗木主根直，生长健壮，主干完好，枝叶正常，没有柑橘潜叶蛾、砂皮病、烟煤病等危害，也没有明显的缺素症状，一株苗最好还有2～3个分枝。

第二节　栽植时期

柑橘是常绿果树，一年四季没有明显休眠期，只是由于受气温的影响，其生长速度不一样。我国大部分柑橘产区以春、秋栽种为主，如果是营养苗，只要条件允许，在整个生长季节都可以栽种。

春季（2～4月）栽植柑橘苗时，以在气温高于12℃且春芽萌动之前栽种完为好，春芽刚开始萌动时也可以栽种，不过时间越早越好。萌芽后再栽种，萌芽抽梢慢，质量差。春季栽种是冬季有干旱和冻害的产区的主要栽种时期。

夏季（5～7月）栽植柑橘苗时，一定要在春梢老熟后进行。此时栽种，容易受高温干旱影响而降低成活率，已抽发或正要抽发的夏梢基本没法保留，如果在没有水源保证的情况下，苗木死亡率较高，成活后生长也不好。因此在7月有高温的地区，最好避免在高温干旱时栽植。当然，如果是容器苗，在有灌溉水源和树盘覆盖等措施保证下也可以栽种。

秋季（8～10月）栽植柑橘苗时，一定要在夏、秋梢老熟后进行。此时栽种，也要注意8～9月的高温干旱问题。在一些秋季高温干旱和降雨少的地方，可以延迟到第二年春栽种。

冬季（11～翌年1月），在热带和南亚热带地区，只要苗木栽后10天左右温度都在12℃以上就可以栽植。在中亚热带和北亚热带地区，由于冬季温度较低，一般不适宜栽植柑橘苗木，当然，如果栽植后进行地膜加小拱棚覆盖，也可以栽植。

第三节　栽植方法

柑橘苗栽种的质量对栽种后柑橘树的生长结果影响极大。苗木栽种质量好，在栽培管理过程中出现的问题少，苗木生长快，管理方便；苗木栽种质量差，如苗木栽种时埋了嫁接口、根没有分散开等，会影响树的生长，给栽培管理带来很多遗留问题。柑橘苗的栽植分裸根苗栽植和容器苗栽植两种。

一、裸根苗栽植

裸根苗栽在地里，挖取苗木时会伤根，而且所挖苗木基本不带泥土，由于苗木根系裸露在外，在运输过程中很容易受外界气候条件以及人为因素的影响而对根有一些损伤，因此，裸根苗在包装、运输和栽植方面需特别注意。

1. 苗木包装及运输

裸根苗如果是近距离栽种，最好在取苗时每株苗根部带一些泥土，每株苗带泥土250～500克即可，也可以取苗时3～5株苗连土取在一起，这样可以减少对苗根系的损伤，也可以提高苗的成活率，只是搬运工作量稍大。如果是运输距离远，带土取苗会增加成本，裸根取苗时要尽量少伤根，最好在阴天灌水后进行。取苗时苗不能暴晒于阳光下，也不能放在风口，以免苗木干枯脱水，影响成活率。苗取好后，需进行一定的处理后才能装运。

装苗时，不能将苗压得太紧，以免折断苗的枝干，也避免内部发热烧苗。苗木运输过程中，不能让苗日晒雨淋，也不能让风吹，以免损伤苗木。

2. 苗木处理

为了提高裸根苗成活率，栽植前要对苗木进行修剪、修根和打泥浆。在栽植前剪除或者抹除还没有老熟的嫩梢、病枝、弱枝和多余的小枝，太长的健壮枝也要适当地短截，去掉一部分叶片，减少水分蒸腾；同时短截过长的主根和大根，一般只留20～30厘米长，有利于促发侧根生长，剪掉伤病根，保留健康根系。

对枝叶和根进行处理后，用黏性强的黄壤、红壤等土壤调成浓泥浆，同时在泥浆中加入1000倍咪鲜胺等杀菌剂和1000倍生根粉，将苗木的根系蘸满泥浆而不形成泥壳，这样有利于减少根部病菌、促进根系生长。等蘸满泥浆的根不再向下滴泥时用稻草包裹后装入编织袋内装车运输。

3.栽植穴准备

无论是采用坐标方格网栽植还是等高栽植，栽种前对定植穴位置都要复线，然后准备好栽植穴。在准备栽植穴时，可以将栽植穴挖深50厘米左右，在每一个栽植穴内埋入已经腐熟的干的鸡粪、牛粪等有机肥10～15千克，磷肥1.5～2.5千克（酸性土加钙镁磷肥，碱性土加过磷酸钙），将土壤耙细后和肥混匀回填。

4.苗木栽植

苗木栽植时，一只手握住苗木的主干将苗放入栽植穴中，另一只手将苗木根系放入栽植穴，注意放入定植穴时苗根不能接触到所埋有机有肥。将根系均匀分布伸向四方，避免根系弯曲和打结，然后，在扶住苗木的同时向穴内填入干湿适度的肥沃细土，填土到1/2到2/3时，用手抓住主干轻轻地上下提动几次，以便根系伸展，让细土能与根密切接触。继续填细土至刚好把全部根埋完，将双手十指张开把土壤压实，切记用脚踩实土壤，注意千万不能将嫁接口埋入土中，埋土以刚好埋到苗木的根颈为好。土回填后必须高出地面5～10厘米。苗木栽植好后，在苗周围筑直径0.7～1.0米的树盘，以便灌水。灌足定根水，待水渗干后再覆一层松土，如发现苗木不正，应将其扶正或立支柱支撑。

二、容器苗栽植

容器苗和裸根苗栽植方法差不多，只是容器苗一直生长在容器内，栽植前，从容器中取出柑橘苗后必须抹掉与营养袋侧面和底部接触的营养土，使靠近容器壁的弯曲根系末端伸展开来，抹掉营养土外围的死根，露出新鲜的活根才有利于生长（图4-7、图4-8）。容器苗与裸根苗栽种时另

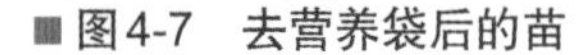

■ 图4-7　去营养袋后的苗

■ 图4-8　抹掉营养土准备栽的苗

一不同之处是回填土时容器苗不需要提苗，因为容器苗带营养土，营养土已和根接触密切，提苗会把营养土提掉而影响成活。

第四节　栽植后的管理

栽种后的管理对柑橘树的成活和健壮成长极为重要。具体管理内容有如下几项。

1. 保持土壤湿润

柑橘苗木栽植后，不管天气如何，都必须尽快灌透定根水，否则柑橘苗会因脱水而出现萎蔫，即使有的不萎蔫，也会出现萌芽抽梢晚，严重时几个月都不萌芽抽梢，尤其是裸根苗。第一次定根水灌透后，在苗木发芽以前，应经常保持苗木根部湿润，但也不宜过湿，一般阴天7～10天灌水一次，晴天视温度和光照情况，3～5天灌水一次。灌水最好在阴天或上午10点以前，或下午地温下降后的18～19时进行。高温时禁止给苗灌水，以免伤根伤干。

2. 树盘覆盖

为了避免因温度过高土壤水分蒸发量大，或因风力大导致土壤干得太快，常常在树盘内覆盖杂草等减少水分散失，以保持土壤湿润，提高苗木成活率。一般覆盖厚度为10厘米左右，覆盖物可以是稻草、玉米秆、田间杂草等。覆盖时不能将主干覆盖，覆盖物必须距主干有5～10厘米的距离。覆盖范围以直径0.8～1.0米为宜。

3.苗木培土扶正

苗木栽植灌水后，应培土覆盖苗木裸露出来的根，对歪斜的苗木应进行扶正。扶正时，如果通过挤压根部泥土不能直接将苗木扶正，就必须立支杆将苗木扶正。立支杆时，用于绑护主干的绳“8”字形绑护，不能打死结，以免苗生长后解绳不及时形成缢痕。

4.检查成活率

苗木栽种后，发现干苗、死苗要及时移除、及时补栽。同时，如果发现栽植后的苗木质量太差，也可重新换栽。

5.防治病虫害

新栽植的苗木，以预防炭疽病为主，可喷洒600～800倍大生M（代森锰锌）或1000倍咪鲜胺进行防控。

此期的虫害主要有红黄蜘蛛、潜叶蛾、蚜虫等，其防治方法见第十章相关内容。

6.施肥

苗木栽植后至发芽前，只要保持土壤湿润即可，不能施任何肥料，但可以浇施0.1%的生根剂和1000倍的咪鲜胺。苗木萌动发芽后开始施肥，应薄肥勤施，最好是腐熟的稀人畜粪液、饼肥液，也可浇施0.3%～0.5%的尿素、复合肥或磷酸二氢钾等化肥，每月浇施1～3次。

第五节 苗木假植及大苗移栽

苗木假植和大苗移栽是柑橘园建设中经常遇到的情况。

一、苗木假植

由于苗木质量差，不适于栽植，需要经过假植培养出健壮大苗后再进行栽植。或者由于果园改土不能及时栽苗，而苗木久植于苗圃内会因为密度过大导致苗木生长空间不够而形成细弱光杆苗，所以也需要进行假植。同时，在购苗时通常会多购所需总数的1% ～ 5%进行假植，以备果园苗木栽植后，由于栽培管理不当、土壤积水、病虫危害等原因造成苗木死亡或其他原因造成苗木缺株需要补缺苗木。

假植是为了把弱苗培育成壮苗，把小苗培育成大苗，所以，假植地一般要求排水良好、土壤比较疏松肥沃、管理方便，且取苗时苗能带土为宜。

假植时间和苗木栽植的时间基本相同，其栽苗方法也与苗木栽植基本一致，只是与苗木栽植的株行距不一样。假植的株行距一般根据苗木在土壤的假植时间确定。一般苗木假植时间如果不超过一年，株行距以（40 ～ 50）厘米 ×（40 ～ 50）厘米为宜；如果假植时间要二年的，株行距以（0.8 ～ 1.0）米 ×（0.8 ～ 1.0）米为宜。

二、大苗移栽

大苗移栽和小苗栽植区别较大。小苗栽植容易成活，而大苗移栽时由于伤根较多，加之大苗的枝叶也较多，所以在大苗移栽前后应做好以下几项工作。

1. 断根修剪

由于大苗的根多而深，为了保证大苗移栽成活，必须减少移栽后树体营养消耗和水分蒸发，挖树前必须对树进行断根和修剪。

断根在移栽前一年进行为好，至少要保证在移栽时树的新根已形成。柑橘根系在每次枝梢老熟后有一次不同程度的生长高峰，因此，应在每次枝梢老熟后至下一次枝梢萌发前进行断根。根据移栽树树冠大小和树体生长的地形地势来确定断根的位置。断根所挖环状沟直径以0.4 ～ 0.6米为宜，深度以0.4～0.6米为宜，但不切断主根，断根后的树盘呈“圆帽形”。断根后，必须把挖断的较大的根剪平整以利伤口尽快愈合，然后在挖根部位喷洒1000倍咪鲜胺，待药液干后根据树的大小用经发酵腐熟的、干的牛粪、鸡粪等有机肥与土混匀后回填。回填结束后，浇透水一次，同时开好排水沟排水。

地上部分的修剪与断根同时进行。修剪以回缩为主，适当辅以短截和疏剪。根据树体现状，考虑以后树体的树冠结构确定回缩修剪程度。剪除枯枝和病虫枝，剪除树上果实，疏除大部分结果枝，尽量保留小枝，在保留树体骨架外，对多余的大枝可以适当疏除，对直径大于1厘米的剪、锯伤口修理平整后涂接蜡、立邦漆、涂料、石灰浆等，以免枝干干裂坏死或霉烂。回缩修剪时切忌撕裂剪口或锯口。

2.准备栽植穴

按照移栽大苗计划和所取土团的大小确定栽植穴的直径和深度。栽植穴挖好后，先在穴内回填腐熟有机肥、玉米秆、表土和油饼等，所埋的有机肥必须和土混匀。应确保所填入有机肥在树根以下且不会与大苗根直接接触。

3.起树和搬运

移栽大龄苗一定要带土移栽。苗根部土球的直径按主干直径的5～10倍挖掘，一般土球的直径在40～60厘米。从断根沟外沿起挖，挖至距断根处10～20厘米即可，然后呈锥形向下挖，挖至主根后将主干截断。土球挖好后，立即用草绳包扎或装入编织袋内包扎，确保运输和栽植过程中土球不松散。同时，主干也要用草绳缠绕包扎，以免损伤树干皮层。树挖好后立即装车，及时运到移栽地栽植。

4.栽植

根据栽种地的方位，按树枝的原来分布方向将树移入栽植穴中，填土时用细土先填埋所有根，然后灌水让土沉降，灌水后继续填细土至高出地面15～20厘米，应确保嫁接口露在地上。填好土后踩实，在保证根不受损或少受损的情况下，使树根土球与填土之间密实无间隙。土填好后，配合浇定根水，可用1000倍生根粉加1000倍咪鲜胺灌根部，使穴土湿透，防菌促根。苗栽好后，低温时用地膜覆盖栽植穴，高温时用杂草或植物秸秆覆盖栽植穴，以减少水分蒸发，提高土温。

5.栽后管理

注意搞好肥水管理。大苗移栽，根系受损严重，吸收水分往往跟不上树体消耗。因此，水分管理至关重要。根部土壤要经常保持湿润，地上部分在晴好天气要喷水。一般每隔一周地上部喷水一次，喷水时可加入0.2%磷酸二氢钾+0.2%尿素进行叶面施肥。同时注意防治病虫，要特别注意防治爆皮虫。

第五章

土壤管理与杂草控制

土壤管理与杂草的有效控制是柑橘园的一项重要工作。土壤管理通常与杂草控制是同时进行的，土壤中耕、施肥等工作进行中都会同时控制杂草。

第一节　土壤管理

一、土壤管理方式的变迁与发展趋势

从柑橘开始人工栽培到20世纪40年代前后，是漫长的传统农业时期。这个时期柑橘品种单一，以家畜粪、秸秆及枯枝落叶为主要肥源，以挖穴深施或深埋为主，也有将人畜粪水直接泼施于树盘的。对于土壤的管理，大多是采取半清耕、半生草的自然农业管理方式。因此，这一时期没有化学肥料投入生产，柑橘产量相对较低，但耕作年代漫长，柑橘树生产柑橘果实消耗的营养与果园施肥补充的营养基本平衡，果园土壤破坏也少，土壤结构保持较好，主要理化性状保持了相对的稳定，水土流失较轻，果园生态较好，生物群落丰富，病虫害危害轻。

20世纪50～60年代，我国化肥工业迅速发展起来，化学肥料便成为人们追求柑橘高产的重要肥源，化学肥料在柑橘生产上的应用也日趋增加。至20世纪80～90年代，化学肥料在柑橘生产上已广泛使用，化学

肥料代替了家畜类等有机肥而成为柑橘园主要肥源。果园采用多次中耕除草和化学除草等为主要除草方式。在这一时期，柑橘高产得到维持，但由于果园有机肥施用减少，化学肥料和化学除草剂的大量使用，加之果园土壤的不断深翻、中耕，导致土壤有机质含量下降，土壤中游离态矿质元素淋洗速度加快，土壤理化性状、透气性及酸碱度劣变，化学污染严重。同时，化学肥料中仅含氮（N）、磷（P）、钾（K）、钙（Ca）和铁（Fe）等少量种类的元素，很难与果实吸收的元素比例相吻合，因而在柑橘生产大系统中，一方面以土壤有机质的下降为代价，维持暂时失衡性生产，另一方面又以减少和牺牲果实中物质种类的多样性和平衡性为代价，进行失衡性果实生产，导致生产出的果实风味劣变，柑橘树病虫害加剧，抗衰老能力下降等，同时也加剧了果园水土流失和土壤结构、理化性状的劣变，污染加重。

21世纪初，食品安全问题引起人们的高度重视，化学肥料、化学除草剂等化学产品的危害引起了人们的反思。同时，加之水土流失及污染严重，劳动力缺乏，果实品质变差，人们开始探索柑橘园环境友好型生态栽培模式。在施肥方面，注重化学肥料与有机肥的结合，并开始了以叶片和土壤营养诊断为基础的平衡施肥法，除有机肥、磷钾肥深施外，氮肥都实行浅沟或松土撒施。对于土壤的耕作，从传统的翻耕、精细耕作向少耕、清耕、免耕过渡，逐渐发展以生草栽培为主的环境友好型有机柑橘园。

二、土壤主要管理方式

1.间作

柑橘树为结果较晚的果树，一般要在栽植后3年左右才能结果，果园如果只种柑橘树，在果树结果前土地产出为零，同时，柑橘树树体高大，根系较深，近地面的水分和营养几乎不被柑橘树吸收利用，为此，为了充分利用土壤资源，特别是在幼龄树果园，需要实行果园间作或套种以提高果园的前期收入。间作可在果园内形成多种作物的复合群体，提高土地的覆盖率，覆盖土地的作物增加了对阳光的截取与吸收，减少了光能的浪费，而且可熟化与改良土壤，也可提高柑橘园土地利用率。果园间作大豆、西瓜等作物，一年的收入可以收回当年果园管理的生产成本。柑橘园

■图5-1 柑橘园间作马铃薯

■图5-2 柑橘园间作花生

■图5-3 柑橘园间作大豆

合理地间作豆科与禾本科等作物，还有利于补充土壤氮元素的消耗，可与柑橘产生互补作用，也有利于果园生态的保持和减少水土的流失。

间作时不同作物之间也常存在着对阳光、水分、养分等的激烈竞争，因此，密植园不能进行间作。间作时一要注意间作物必须与柑橘树保持一定的距离，一般1年生柑橘树间作物应距离树主干1.5米以上，2年生柑橘树间作物应距离树主干1米以上，3年生柑橘树间作物应距离树主干0.5米以上，以免间作物离柑橘树太近而与柑橘争营养并影响柑橘树的通风透光，也避免间作物耕作和收获时挖土伤根；二要注意不能在柑橘园内间作影响柑橘树通风透光的高秆作物和易攀爬上树的藤蔓作物；三要注意不能间作与柑橘树有共同病虫害的植物，以免相互传染和为病虫提供栖身之所；四要注意不能种植深根性的作物。

适宜柑橘园间作的作物有马铃薯、花生、豆类、西瓜和蔬菜等（图5-1～图5-3）。

2. 生草栽培

生草栽培是在柑橘园内除柑橘树盘外，在行间种植禾本科、豆科等草种的土壤管理方法。生草栽培可以保持和改良土壤理化性状，增加土壤有机质和有效养分的含量，防止水分和养分的流失。根据江才伦等研究，生草栽培的地表径流量比清耕减少55.56%，地表径流中的泥沙含量分别比中耕、清耕和覆盖减少48.76%、38.00%和11.43%，年泥沙流失量分别比覆盖、清耕和中耕减少10.84%、46.40%和58.99%。生草栽培的柑橘园，高温时，10厘米和30厘米土壤温度分别比清耕柑橘园土壤温度低2.67℃和1.44℃，分别比中耕园低7.65℃和3.32℃；低温时，10厘米和30厘米土壤温度分别比清耕柑橘园土壤温度高1.96℃和1.36℃，分别比中耕园高2.14℃和1.61℃，温度变化速度比清耕园和中耕园慢，变化幅度也比清耕园和中耕园小。

（1）自然生草　自然生草栽培是利用果园内自然野生的杂草，人工拔除树盘内及果园中的恶性杂草、高秆杂草和藤蔓杂草后选留适于当地自然条件的杂草让其自然生长，待杂草长到影响柑橘树的通风透光或生长后，刈割压埋于土壤，也可在高温季节来临前，用除草剂将其杀死后让其自然覆盖于土壤上（图5-4～图5-6）。自然生草栽培不仅有利于改善土壤环境，培肥土壤地力，改善柑橘园生态环境，保护柑橘园中天敌种群，而且也有利于柑橘园的水土保持，高温季节抗旱、低温季节提高土壤温度，更有利于节省劳动力。柑橘园自然生草常见草种类很多，如虱子草、虎尾草、狗尾草、车前、蒲公英、荠菜、

■图5-4　行间自然生草

■图5-5　自然生草后刈割控制杂草高度

■图5-6　用除草剂杀死自然生草后自然覆盖

■图5-7　人工种植三叶草

马齿苋、红花草和野苜蓿等。

（2）人工种草　近半个世纪来，欧洲各国等一些果业生产先进国家，在果园有计划地人工种草，利用生草调控土壤含水量，解决土壤有机质短缺的难题，而且简化了柑橘栽培方面的诸多措施，加速了柑橘果业由单一性生产向综合性开发或向生态农业转换的步伐，既使特色观光农业和种养殖业获得了良好的发展契机，又使无公害绿色柑橘果品生产成为现实。人工种草是人为地选择适宜的草种（禾本科或豆科等），在柑橘园行间、株间进行人工种植，根据柑橘树和草种的生长情况适时补充肥水，当杂草生长旺盛有可能与柑橘争夺肥水时，将其杀死自然覆盖或刈割，割下来的草，或散撒于果园，或覆盖于树盘，或用作饲料造肥还园。

人工种草时应注意以下几方面：①草种类应为多年生的低矮草种，生物量大，以须根为主，没有粗大的根或主根在土壤中分布不深；②没有与柑橘共生的病虫害，最好能栖息柑橘害虫天敌；③地面覆盖时间长而旺盛生长时间短；④耐阴耐践踏，适应性广；⑤具有固氮等功能。适宜柑橘园人工种植的草种有三叶草（图5-7）、紫云英、黄豆、毛野豌豆、山绿豆、山扁豆、小冠花、草木樨、鹅冠草、酢浆草、黑麦草和野燕麦等。

人工种草前期管理的劳动力投入比较多，后期劳动力投入少，但对土壤的破坏极小。

3.覆盖

柑橘园覆盖，即在柑橘园土壤表面覆盖一层覆盖物，对土壤和近地面进行调控，进而有效地抑制土壤水分蒸发，减少地表径流，保持土壤水分，增加土壤有机质含量，改善土壤理化性状。一般在夏秋干旱季节和冬天低温季节进行。覆盖可分为树盘覆盖和全园覆盖。就地面覆盖物而言，可分为秸秆覆盖、薄膜覆盖、沙石覆盖、防草布覆盖等。在柑橘园中，常用的是秸秆覆盖（或杂草覆盖）和防草布覆盖。

秸秆覆盖是利用农作物的秸秆、有机肥料、植物残茬、树枝叶以及杂草等有机物，覆盖于柑橘园土壤上（图5-8）。秸秆覆盖，不仅能抑制土壤水分蒸发、减少地表径流、蓄水保墒，还能保温降温、保护土壤表层、改善土壤物理性状、培肥地力、抑制杂草和病虫害、提高水分利用率、促进柑橘生长，最终获得高产稳产。秸秆覆盖一定要因地制宜，就地取材。秸秆覆盖的厚度一般为10～20厘米，覆盖时，覆盖物一定要和主干有10厘米以上距离。覆盖材料为麦秸时，覆盖量为4500～6000千克/公顷；覆盖材料为玉米秆时，覆盖量为6000～7500千克/公顷。据江才伦等研究，覆盖比清耕地表径流量减少75.00%，比生草栽培地表径流量减少24.46%，地表径流中含沙量比中耕减少37.33%，比清耕减少26.57%，年泥沙流失量比清耕减少35.16%，比中耕减少48.15%；日最高温时，10厘米土层日均温比日均气温低4.30℃，比清耕低2.52℃，30厘米和60厘米土层日均温分别比清耕低2.00℃和1.23℃；日最低温时，10厘米土层日均温比日均气温高5.40℃，比清耕高1.80℃，30厘米和60厘米处土层日均温分别比清耕高1.98℃和1.92℃。据陈奇思研究，秸秆覆盖的土壤，有机质比露地提高3.9%～10.4%，土壤0～20厘米土层速效性钾增加385.4%，土壤全氮和碱解氮分别增加18.8%和17.5%，土壤全磷增加6.2%。

塑料薄膜覆盖即把薄膜严密地覆盖在地面上（图5-9）。不同季节覆盖的薄膜颜色不同，夏秋季一般覆盖白色薄膜以降低土壤温度，冬春低温季节覆盖黑色薄膜以提高土壤温度。覆盖薄膜后，地表热量收支发生明显变化，土壤白天蓄热多，夜间失热少，地温明显比裸露地面高。山

■ 图5-8　果园树盘覆盖杂草

■ 图5-9　果园覆盖塑料地膜

西省农业科学院棉花研究所于1982年4月15～20日测定，覆盖浅紫色膜、无色透明膜、深紫色膜和乳白色膜10厘米土层地温分别比露地提高3.3～4.6℃、3.3～4.5℃、2.9～3.4℃和1.3～1.8℃，而且地膜的增温效果与地膜的厚度呈负相关，目前地膜厚度已由早期的0.014毫米减薄至0.008毫米。

防草布覆盖和塑料薄膜覆盖基本相同，只是防草布由于透气透水，即使在夏季覆盖也不会因为黑色吸热而升温伤根，所以，防草布覆盖一年四季都可以进行。

4. 其他

除上述方法之外，土壤的管理方法还有很多，如中耕、清耕、培土、免耕等。

中耕是在柑橘园的株间、行间用锄头等各种耕作器具，对土壤表土进行耕作（图5-10）。中耕深度一般在20厘米以内。中耕能疏松表土、增加土壤通气性、提高地温、促进好气微生物活动和养分有效化，也能除去杂草、促使根系伸展、调节土壤水分状况。近年，柑橘园的中耕主要是用于沟施氮肥。通常是先对土壤进行浅耕，然后将氮肥撒施于浅耕土壤内，能有效地减少氮肥的流失，增加氮肥的施用功效。但中耕过于频繁，不利于土壤的水土保持。同时，在高温季节中耕，土壤升温较快；而在低温季节中耕，土壤降温也较快。

结合中耕向浅层土壤聚集泥土，或向植株基部壅土，或培高成垄的措施称为培土（图5-11）。在苗木栽植前培土，能增加土壤厚度，有利于以

■ 图5-10　果园中耕

■ 图5-11　果园培土

后柑橘树的生长；在高温季节培土，能降低土温，增加柑橘树的抗旱能力；低温时培土，能提高地温，有效地防止柑橘树的低温危害。

果园内不种植作物，经常进行耕作，利用人工除草的方法使土壤保持疏松和无草状态，称清耕法，又称清耕休闲法（图5-12）。一般耕作深度10厘米左右（近树干30厘米左右不耕作）。生长期间，根据杂草滋生情况和降水情况进行多次耕作，达到灭草、保墒、改善土壤透气状况等目的，可以改善土壤的通气性和透水性，有效促进土壤微生物的活动，促进有机物的分解，加速土壤有机物质的转化，增加土壤速效养分的含量，增加土壤矿质养分的释放。长期采用清耕法，会导致土壤有机质含量减少，加重水土和养分流失，导致土壤理化性状迅速恶化，地表温度变化剧烈。

免耕法是对土壤不进行耕作，利用除草剂防除杂草，又叫最少耕作法（图5-13）。这种方法具有保持土壤自然结构、节省劳力、降低成本等优点，但地表面容易形成一层硬壳，气候干旱时容易变成龟裂块，在湿润条件下长一层青苔。随着免耕时间的延长，虽然土壤容重增加，非毛细管孔隙减少，但由于不进行耕作，土壤中可以形成比较连续而持久的孔隙网，所以通气性较耕作土壤还好。另外土壤动物孔道不被破坏，水分渗透性好，土壤保水力也较强。免耕法由于长期不进行土壤耕作，不能进行土壤有机质和矿质养分的补充，不利于果园的土壤改良和土壤肥力的提高，所以只适应于土层深厚、土质较好、降雨量充沛地区的果园采用，否则容易引起土壤肥力和果园生产能力降低。另外，长期使用除草剂也会对果园土壤形成污染，不符合果树生产的绿色环保的发展方向。

■图5-12 果园清耕

■图5-13 果园免耕

第二节 杂草控制

农田杂草丛生，致使柑橘产量和品质下降，肥效降低。通常杂草根系浅，多生长在土壤20～30厘米土层，吸收养分的能力往往大于柑橘，与柑橘的根进行着剧烈的营养竞争。此外，杂草丛生不仅影响柑橘树的通风透光，也不方便柑橘园的管理，有些杂草还是各种病虫害的中间寄主和越冬寄主。杂草控制和土壤管理大多时候是同时进行的，但在幼树期或杂草比较多的情况下，柑橘园的杂草则需要单独进行控制。

柑橘园杂草的控制方法很多，就目前大面积柑橘园生产管理而言，主要有人工除草、化学除草、机械除草、覆盖控草和生草栽培五种杂草控制方法。

一、人工除草

人工除草即通过人力用手或锄头、镰刀等简单的传统农具将柑橘园的杂草除去的方法。人工除草是劳动密集型的工作，也是劳动强度比较大的工作，需要大量的人工与时间，但却能保证作物免受使用除草剂和机械除草对柑橘树带来的一些潜在危害。在幼树期，树苗与杂草混在一起不易分开，机械除草和化学药剂除草受到限制，最好的办法是进行人工除草。人工除草针对性强，技术简单，不但可以防除杂草，而且可以改善土壤的理化性质，给柑橘树提供良好的生长条件。在柑橘树生长的整个过程中，根据需要可进行多次中耕除草。除草时要抓住有利时机除早、除小、除彻底、不得留下小草。

人工除草是传统的杂草控制方法，清耕和中耕都是人工除草的一种土壤管理方式，通常除草范围为树盘和树冠滴水线附近，或除掉影响树体通风透光的杂草，目标明确，操作方便，效率虽没有机械除草高，但是除草效果好，不但可以除掉行间杂草，而且可以除掉株间的杂草，缺点是劳动强度大，工作效率低，所以一般只适用于小型柑橘园。

二、化学除草

化学除草就是利用化学药剂的内吸、触杀作用，有选择地杀死田间杂草，其所利用的化学药剂通称为除草剂。除草剂能抑制和破坏杂草发芽种子细胞蛋白质酶，从而使蛋白质合成受阻，同时抑制杂草的光合作用，杂草吸收药液后一般不能正常生长，逐渐枯死。

除草剂种类很多，按其作用方式有选择性除草剂和灭生性除草剂。选择性除草剂可以杀死不同类型的杂草而对苗木无害，如盖草能、氟乐灵、扑草净等；灭生性除草剂对所有植物都有毒性，不管苗木和杂草，只要绿色部分接触药液都会受害或被杀死，如草甘膦，草胺膦等。根据除草剂在植物体内的移动情况分触杀型除草剂、内吸传导型除草剂和内吸传导、触杀综合型除草剂。触杀型除草剂与杂草接触时，只杀死与药剂接触的部分，在植物体内不传导，如除草醚、百草枯等；内吸传导型除草剂被根系或叶片、芽鞘或茎部吸收后，传导到植物体内，使植物死亡，如草甘膦、扑草净等；内吸传导、触杀综合型除草剂具有内吸传导、触杀型双重功能，如杀草胺等。

目前在柑橘果园中，不得使用除草醚、百草枯和甲磺隆等国家已经明令禁止使用的除草剂，在苗期或树盘使用具有选择性杀草能力的扑草净、精奎禾灵等，在果园行间或沟、坎等地方，可以低浓度使用草甘膦、草胺膦等除草剂。

化学除草时除草剂的残留毒性造成一定的化学污染、环境污染等，对柑橘树的根和土壤都存在一定的危害，不利于柑橘生产的可持续发展，但其操作容易、见效快、省工省时、成本低，目前仍是我国柑橘园除草的主流方法。

对于一般的生产柑橘园，一年喷除草剂3次左右，春、夏、秋各一次。除草剂应早喷，最好在杂草长到一定程度，种子还没有形成时进行喷药杀死杂草。

三、机械除草

机械除草即人工利用旋耕机械，将杂草控制在不影响柑橘树生长的一定高度或将杂草旋埋于土壤内的一种控草方式。

目前我国在机械除草方面还比较落后，主要采用割草机和旋耕机两种机械进行除草控草。割草机只能把杂草的地上部分清除掉，而杂草的根仍然生长在土壤中，加上杂草的生命力比较旺盛，过不了多长时间又会长出新的草芽，如果长期使用割草机，对于茎干比较粗的杂草，其基部没有被割掉部分很容易变粗壮而不利于田间操作，所以，利用割草机割草应在杂草还比较细嫩时进行（图5-14、图5-15）。

旋耕机控草通常和中耕施肥同时进行，其旋耕深度一般在20～30厘米，但柑橘树的树盘不能进行旋耕，所以，利用旋耕机控草还必须与割草机割草或人工除草相结合（图5-16）。

■图5-14　割草机割草

■图5-15　割草机割草效果

■图5-16　旋耕机控草

■图5-17　柑橘园覆盖透气性黑色防草布控草

四、覆盖控草

柑橘覆盖控草就是采用在柑橘园土壤上覆盖杂草、绿肥、树叶、稻草、麦秆、玉米秸秆等，以及黑色塑料薄膜、透气性黑色防草布（无纺布）等方法来减少或控制杂草的生长。采用杂草等覆盖控草需要的材料数目较大，来源存在问题，而且控草效果不是很理想，但很安全；采用黑色塑料薄膜覆盖控草效果很好，成本低，但在高温时必须揭开塑料薄膜，否则会因黑色塑料薄膜吸收太阳辐射而提高土温引起烧根，而且，树盘被黑色塑料薄膜覆盖后，施肥不方便，透水透气能力也差，也影响柑橘树的生长结果和果实品质；覆盖透气性黑色防草布控草（图5-17）因其黑色能有效地控制杂草生长，控草效果很好，同时，黑色防草布具有透气性，高温时也不会因吸收太阳辐射而提高土温造成根系受伤，但成本偏高，必须和水肥一体化系统结合才方便施肥灌水。

柑橘园覆盖控草分为全园覆盖和树盘覆盖。全园覆盖是距树干10厘米范围内的地面不覆盖，其余地面全部覆盖；树盘覆盖的范围在距树干10厘米至滴水线外30厘米左右，树干周围10厘米范围不覆盖是为了防止树干病虫害发生。

五、生草栽培

柑橘园土壤的管理，从传统的精耕细作到清耕、少耕、免耕，经历了漫长的过程。土壤翻耕，可疏松并熟化土层，增加土壤通气性，促进好气微生物活动和养分有效化，消灭杂草和减轻病虫害，有利于根系伸展，调节土壤水分状况，加速有机质分解，增加土壤肥力等。但土壤的连续翻耕，会破坏土壤结构，高温季节土温易受气温影响而升高，低温季节土温易受气温影响而降低，耕后降雨，会加速水土流失，同时翻耕过程极易伤害柑橘根系，而且增加了柑橘园劳动力的投入。鉴于此，清耕、少耕、免耕在柑橘园中逐渐施行，至20世纪90年代，我国开始将生草栽培作为绿色果品生产技术体系在全国推广。

生草栽培就是在果园株行间选留原生杂草，或种植非原生草类、绿肥作物等，并加以管理，使草类与果树协调共生的一种果树栽培方式，也是仿生栽培的一种形式。

柑橘园生草栽培，首先，有利于降低土壤容重，增加土壤持水能力，保持水土，缩小果园土壤的年温差和日温差，增加果园空间相对湿度，降低果树蒸腾，形成了有利于柑橘生长发育的微域小气候环境；其次，植物残体、半腐解层在微生物的作用下，形成有机质及有效态矿质元素，不断补充土壤营养，增加土壤有机质积累，激活土壤微生物活动，使土壤N、P、K移动性增加，改善果园土壤环境；再次，增加植被多样化，为天敌提供丰富的食物和良好的栖息场所，克服天敌与害虫在发生时间上的脱节现象，使昆虫种类的多样性、富集性及自控作用得到提高，天敌发生量大，种群稳定，果园土壤及果园空间富含寄生菌，制约着害虫的蔓延，形成果园相对较为持久的生态系统，有利于柑橘病虫害的综合治理；最后，促进果树生长发育，提高果实产量和品质等。

但是，在某种程度上，生草与橘树存在水分和养分的竞争，不利柑橘根系向深层发展，同时，高秆杂草、藤本杂草影响柑橘树通风透光等。为此，近年提出了季节性生草栽培的土壤管理方式，即在雨水比较充足的生长季节，让柑橘园内的适宜杂草进行生长，在高温来临前，将柑橘园内的杂草杀死后自然覆盖于土壤上，果实成熟期浅耕、割除杂草，促进果实成熟和改善品质。

季节性生草栽培，是果园土壤管理一次重大变革，也是柑橘园行之有效的管理方式。世界果品生产发达国家新西兰、日本、意大利、法国等国果园土壤管理大多采用生草栽培模式。我国也建立了许多典型示范园，取得了一定成效，但实践中清耕果园面积仍占果园总面积的90%以上。尽管如此，在劳动力越来越紧缺的情况下，季节性生草栽培必将成为柑橘园土壤管理的最佳选择。

开展季节性生草栽培，应注意以下几项：①保持柑橘树盘干净，自然杂草或是人工种植的草，只能在柑橘树行间或树冠滴水线30厘米外，减少草与柑橘争水、争肥；②铲除果园内的深根、高秆、藤蔓和其他恶性杂草，选留自然生长的浅根、矮生、与柑橘无共生性病虫害的良性杂草；③在杂草旺盛生长季节割草，控制杂草高度，在高温干旱到来之前，割草覆盖，果实成熟期应浅耕、割除杂草，有利于促进果实成熟和改善品质；④人工种草应因地制宜选择适宜当地气候和土壤的草种，使之既能抑制恶性杂草的生长，又不与柑橘的生长争水、争肥，可选择黑麦草、三叶草、紫花苜蓿、百喜草、薄荷和留兰香等。

第六章

柑橘营养与施肥

柑橘是常绿果树，一年四季基本没有明显的休眠期，生长时间长，一年内消耗的营养比较多。柑橘树体萌芽、抽枝需要消耗营养，大量开花需要消耗营养，长时间大量挂果需要消耗大量的营养。同时，由于我国种植柑橘的土壤千差万别，不同土壤类型需要的营养也存在极大的差异，为实现高产优质，柑橘的营养与施肥非常重要。

第一节　柑橘需要的营养种类

柑橘树体内的碳（C）、氢（H）、氧（O）、氮（N）、磷（P）、钾（K）、钙（Ca）、镁（Mg）、硫（S）、铁（Fe）、锰（Mn）、锌（Zn）、铜（Cu）、硼（B）、钼（Mo）和氯（Cl）16种营养元素，每一种元素在柑橘树体内都担负着一定的生理作用，每一种营养元素的功能都不能被其他元素所替代，缺了任何一种，柑橘树都不能正常生长发育。这16种营养元素中，除碳、氢、氧、氯、硫5种元素外，其他11种营养元素由土壤供给或靠施肥得到不断补充，因此，都可能因供应不足而导致缺素症，影响柑橘生长和结果。

根据柑橘对这些营养元素需要量的多少，将后13种元素中的氮、磷、钾称为大量元素或柑橘生长发育的营养三要素；钙、镁、硫需要量较少，称为次量元素，也称为中量元素；后7种元素称为微量元素。柑橘营养元素的丰缺，以柑橘园土壤和叶片营养诊断为依据，少则表现缺素症状，多则表现过剩症状。

柑橘营养诊断是对柑橘园土壤和叶片进行取样分析，判断柑橘园土壤营养和叶片营养状况。一般土壤营养诊断是取柑橘园内0～20厘米、20～40厘米和40～60厘米的土壤进行分析，也有的直接取0～40厘米或20～60厘米处土壤进行分析，土样一般要求重500克左右，阴干或风干后用于分析。

叶片分析是采取100～120片柑橘叶片进行营养分析诊断，所采的叶片要求：①叶片为具有7个月左右叶龄的一年生、树冠中上部、生长健康的春梢营养枝叶片；②用于叶片营养诊断的春梢叶片采自于选定枝梢自上向下的第2或第3片叶；③用于营养诊断的叶片样品必须是采取于树的东、西、南、北及中上部不同部位的叶片；④用于营养诊断的叶片不能只采自于一株树，必须采自于能代表指定柑橘树群体营养水平的树，一个叶片样品采样的树越多越有代表性，即使树量少，至少一个叶片样品的采样数也不能低于3株柑橘树；⑤在近期施过肥或喷过药的树不能采样；⑥采样的时间一般在每年的9～10月，如果采样太早，则叶片生长积累营养的时间不够，如果采得太晚，则柑橘叶片的营养开始往树干及根部转移。

叶片采样后立即用弱酸水溶液清洗，然后在105℃左右的温度下杀酶，最后再进行烘干打碎制成待分析的叶片样。

土壤营养诊断和叶片营养诊断对柑橘生产都具有一定的指导意义。土壤营养诊断在柑橘建园改土时特别重要，但土壤具有营养，柑橘的根不一定都能进行有效的吸收利用，所以，生产上在栽培管理过程中，叶片的营养诊断比土壤营养诊断更具有参考价值。

由于柑橘营养诊断是采取具有一定生长时间的叶片进行的营养分析，所以只能代表在该时间点柑橘叶片的营养水平，并不能反映柑橘在枝梢生长、果实发育膨大等每个时间节点柑橘树体营养的情况。所以，柑橘营养诊断只能为柑橘园来年春的营养施肥做技术参考，在生产管理过程中，对柑橘萌芽抽梢、开花坐果、果实膨大等每一时间段具体的营养丰缺还必须根据经验进行判断和管理。

第二节 柑橘所需营养的来源

柑橘所必需的16种营养元素中，碳、氢和氧被用于光合作用，合成有机物（主要是碳水化合物）而积累、贮藏于柑橘树体内。碳、氢、氧存在于大气和水中，不存在缺乏的问题，不需要额外补充；氯在自然中也广泛存在，雨水和灌溉水中的氯已足够满足柑橘生长结果的需要，并容易被柑橘吸收，也不需要额外补充，而且柑橘是半忌氯作物，氯含量高容易引起中毒；空气中SO_2含量已达到较高水平，雨水中常含硫，灌溉水、部分肥料和农药中也含硫，柑橘生产上很少缺硫，硫也不需要额外补充；除此之外的氮、磷、钾、钙、镁、铁、锌、锰、硼、铜和钼11种营养元素，一是来源于土壤，二是来源于人为施肥。

柑橘需要的氮、磷、钾，以及钙、镁、硼、铜和钼是很容易通过施化肥、有机肥、螯合态肥来满足的，但柑橘需要的铁、锌和锰很难通过施肥来进行补充。

第三节 不同营养元素的作用

除碳、氢、氧外，柑橘树还需要大量元素氮（N）、磷（P）和钾（K），中量元素钙（Ca）、镁（Mg）和硫（S），微量元素铁（Fe）、锰（Mn）、锌（Zn）、铜（Cu）、硼（B）、钼（Mo）和氯（Cl），每一种元素在柑橘树体内都担负着一定的生理作用，它的功能不能被其他元素所替代，并且，缺乏任何一种元素，柑橘树就不能正常生长发育。各主要营养元素的作用如下。

（1）氮　氮是构成蛋白质、核酸和磷脂等的主要成分。蛋白质中的氮含量占16%～18%。蛋白质是构成细胞原生质的基本物质，而原生质是植物新陈代谢的中心。氮也是植物叶绿素、维生素、核酸、酶和辅酶系统、激素、生物碱以及许多重要代谢有机物的组成成分。

根据研究，在结果甜橙树中，叶片含氮量最高，占40%左右；果实中的含氮量和枝干中的含氮量相近，占20%～25%；根的含氮量最少，占10%左右。对于幼龄柑橘树而言，叶片中的含氮量更高，可占全树氮总量的60%左右。氮对柑橘的生长和产量影响非常大。就柑橘生产管理而言，氮的主要作用是促进柑橘树枝、叶和果实生长。在幼树期、萌芽抽梢期、现蕾开花期和果实膨大阶段都需要大量氮。氮在柑橘树体内的移动性大，老叶中的氮化物分解后可运输到幼嫩组织中去重复利用，所以，缺氮是由老叶开始表现症状。

柑橘根周年都可吸收氮，温度适宜时吸收量大，土温较低时吸收量减少。柑橘树根从土壤中吸收的氮以硝态氮（NO_3^-）和铵态氮（NH_4^+）为主。

硝态氮在土壤中易流失，但不会引起烂根，还能降低土壤酸度；铵态氮能被土壤吸附，不易流失，但渍水或阴雨季会降低柑橘根的耐水性易引起烂根，也会升高土壤酸度，酸度比较高的果园，施铵态氮对柑橘生长有损害。

（2）磷　磷是柑橘树生长发育必需的三大营养元素之一，是核酸和各种磷脂的成分，对于细胞核的形成和分裂、分生组织发育、根系伸长都是不可缺少的。磷能促进细胞分裂，加速幼芽和根系生长，促进柑橘的生长发育；促进柑橘花芽分化和缩短花芽分化时间，促进柑橘提早开花，提前成熟；促进呼吸作用及柑橘对水分和养分的吸收；促进碳水化合物、蛋白质及脂肪的代谢、合成和运转；能增强柑橘的抗逆性，提高抗寒、抗旱、抗病和耐酸碱能力；对氮代谢有重要作用等。

磷在土壤中不易流失，但易被土壤中的钙、铁、铝固定成为不溶态化合物而不能被根吸收利用，因此，调节果园土壤酸度就能提高土壤中磷的利用率。

幼树的含磷量远高于树龄大的树。磷在树体内的移动性很强，再利用能力强，所以缺磷先在老叶上表现症状。柑橘树体内磷的含量一般为树体干重的0.1%～0.5%，其中有机态磷占全磷的85%，无机态磷仅占全磷的15%。根对磷肥的吸收从夏初开始，至夏末达到吸收高峰。柑橘根主要吸收正磷酸根离子，也能吸收利用少量偏磷酸根。柑橘根还能吸收利用有机态的含磷化合物，所以，生产上不能忽视有机肥料中有机磷对柑橘的直接营养作用。

（3）钾　钾是酶的活化剂，能促进叶绿素合成、改善叶绿素的结构、促进叶片对CO_2的同化吸收，能增强光合作用，也能促进蛋白质的合成，促进糖类向贮藏器官运输，能增强柑橘的抗逆能力，提高柑橘对干旱、低温、盐害等不良环境的忍受能力，对柑橘稳产高产有明显作用。充足的钾也能提高柑橘品质，促进果实着色，提升果实中糖、维生素含量，改善糖酸比，提升口味，延长果品的贮存期，但钾使用量过大会增加果实酸含量，冬季果实转色慢，果肉化渣差。

钾在柑橘树体内移动性强，可以被重复吸收利用，所以缺钾也是从老叶开始表现症状。

柑橘树体中钾的含量高于磷，与氮相近。柑橘对钾的吸收从春季开始，夏季达到高峰，10月开始下降。钾在树体内容易移动，随着生长，钾不断由老组织向新生幼嫩组织转移，至秋季，叶片中的钾60%移动到果实。

（4）钙　进入植物组织的钙对胞间层的形成和稳定具有重要意义。钙能稳定细胞膜结构、保持细胞的完整性、维持细胞膜的功能，使组织和器官或个体具有一定的机械强度；钙能中和植物体内代谢过程中产生的过多有毒有机酸，调节细胞的pH，有利于柑橘的正常代谢；钙能降低呼吸作用，增加果实硬度，提高果实贮藏性；钙也是一些重要酶类的激活剂，能加强有机物的运输，增强光合效率。

土壤中钙含量丰富，但有效态的钙含量较低。柑橘对钙的吸收从春季开始，到果实膨大期达到高峰。钙在树体内不易移动，其转运主要是受蒸腾作用影响，通过离子交换和水分运动在木质部中转运。

（5）镁　镁是合成叶绿素和植素的重要元素，是叶绿素a和叶绿素b合成卟啉环的中心原子，在叶绿体中10%的镁包含在叶绿素里。镁是多种酶的活化剂，能加速酶促反应，对碳水化合物的代谢、植物体内的呼吸作用均有重要作用。镁也是丙酮酸激酶、腺苷激酶等的组成成分，还是糖代谢的活化剂，能促进蛋白质、维生素A和维生素C的形成，协同提高各种营养元素的吸收利用，提高果实品质。

镁可以在树体内转移，缺镁时先老叶叶尖表现症状。二价镁（Mg^{2+}）是柑橘吸收的主要形态。

（6）铁　铁不是叶绿素的组成成分，但是植物体内光合作用不可缺少的元素，缺铁时就不能形成叶绿体，不能较好地进行光合作用，影响碳水化合物的形成。铁参与植物体内细胞的呼吸作用，缺铁时，植物的呼吸作用受阻，植物吸收养分的能力降低。

植物吸收铁主要是二价铁（Fe^{2+}）和螯合态铁。在植物体内，铁大部分以有机态形式存在，移动性很小，不能被再利用。一般比较集中于叶绿体中，缺铁叶片会黄化。

（7）锌　锌参与生长素（吲哚乙酸）的合成，是多种酶的组成成分，能促进植物的光合作用，促进生长器官发育和提高抗逆性，其主要分布于植物的幼嫩部分，越往树上部锌含量越高，其分布基本与生长素一致。

植物吸收二价锌（Zn^{2+}）和螯合态锌，锌在植物体内以离子态及蛋白质复合体两种形式存在，在树体内可移动，可由老叶向嫩叶移动。

（8）硼　硼不是植物体的结构成分，能和糖或糖醇络合形成硼醇化合物参与各种代谢活动。硼能促进光合作用，促进光合产物的合成与运转，促进生殖器官的正常发育，提高柑橘的坐果率和果实的结实率；硼能促进分生组织细胞的分化过程，影响细胞的分裂和伸长；硼也能提高柑橘的抗旱、抗寒能力。

植物吸收$B(OH)_3$形态的硼，并运输到植物的各个部位。硼首先在老组织中积累，在植物体内不移动，很难被再吸收利用。

（9）铜　铜是植物体内很多氧化酶的组成成分，参与蛋白质和碳水化合物的合成，促进光合作用，是某些酶的活化剂，参与氮代谢和硝化还原过程。植物主要吸收二价铜（Cu^{2+}）和螯合态铜，多集中于幼嫩组织。

（10）锰　锰是植物体的结构成分，是很多酶的活化剂和部分酶的组成成分，直接参与光合作用，能促进种子萌发和幼苗生长，加速花粉萌发和花粉管伸长，提高结实率，对幼树具有提早结果的作用。

锰在植物体内一般有两种存在形态，一种是二价锰（Mn^{2+}），另一种是结合态锰。锰在植物体内移动性差，一般很难再利用。

第四节　常用肥料种类及用法

一、氮肥

氮在土壤中移动较快，很容易从土表向土壤深处渗透，根据研究，氮在湿润的土壤中，1小时可以移动1米以上，所以氮肥通常撒施即可。撒施时要求土壤疏松、无（少）草、土表无结皮，薄肥勤施，避免干施，最好在小雨时或大雨后土湿又不形成地面径流时撒施。撒施于树冠滴水线附近，施用深度0～15厘米，施后7～10天即可发生作用。

常用的氮肥有尿素和碳酸氢铵等。尿素含氮量46%左右，有吸湿性，易溶于水，是一种中性肥料，施入土中后在微生物作用下转为铵态氮供根吸收，尿素在转化的过程中生成碳酸铵易挥发而造成损失；碳酸氢铵（简称碳铵），含氮17%左右，易潮和结块，也易分解为氨气和二氧化碳而造成损失，高浓度的碳酸氢铵可以用作除草剂。

二、磷肥

磷在土壤中难移动，利用率低、速度慢，撒施后会在土表富集形成藻（青苔）而造成磷的损失，因此磷宜适度深施。根据研究，磷在土壤中的移动距离大约5厘米，所以施磷时必须开沟施，一般沟深30厘米左右，与有机肥混施效果明显。常用的磷肥有过磷酸钙、钙镁磷肥和磷矿粉等。

过磷酸钙含磷（P_2O_5）量一般12%～20%，还含有硫和微量元素，适宜于中性土壤，不能与碱性肥料混用；钙镁磷肥含磷（P_2O_5）量12%～20%，含钙（GaO）25%～45%，含镁（MgO）10%～15%，碱性肥料，适宜于pH5.5～6.5的土壤；磷矿粉因产地不同，其含磷（P_2O_5）量约10%～30%，为难溶性迟效磷肥，适宜于酸性土壤。

三、钾肥

钾在土壤中的移动性介于磷和氮之间，一般在土壤中的移动距离为10～15厘米，而且钾在重黏土中易被吸附固定，难移动，利用率不高。因此，钾宜适度深施，壤土施在根系密布区上方，地表下约15～25厘米深处，黏土施在根系密布区，地表下约30～40厘米深处。土壤干旱时，柑橘根系吸收钾的能力下降，因此钾肥避免干旱时施，在7～8月伏旱期施钾肥壮果要注意灌溉，防止土壤干旱。

常用的钾肥有硫酸钾、氯化钾和硝酸钾等。

硫酸钾含氧化钾（K_2O）40%～50%，白色至淡黄色粉末，化学中性、生理酸性肥料，易溶于水，在酸性土中施用时应配合石灰使用，以免土壤酸化板结；氯化钾含氧化钾50%左右，易溶于水，是化学中性、生理酸性肥料，在土壤中钾离子被吸收或被土壤胶体吸附后，氯离子与上壤胶体中的氢离子生成盐酸，土壤酸性增强，土壤中铝和铁的溶解度增大，易毒害根系，同时由于柑橘是半忌氯植物，所以在酸性土壤中一定要慎用氯化钾；硝酸钾是一种既含氮又含钾的生理中性肥料，在土壤中钾和氮都能得到很好吸收，适用于各种土壤，其用于根外追肥，含量达15%也不会造成肥害，但浓度过高时硝酸钾会结晶。根据试验，硝酸的有效的根外追肥浓度在2%以下，以1%为宜。

四、有机肥料

有机肥料亦称“农家肥料”。凡以有机物质作为肥料的均称为有机肥料。包括人粪尿、厩肥、堆肥、绿肥、饼肥、沼气肥等。有机肥料种类多、来源广、肥效时间较长。

有机肥分为商品有机肥（工业废弃物、城市污泥等）和生物有机肥（农业废弃物、畜禽粪便、生活垃圾等），生物有机肥中的家畜粪尿富含有机质和各种营养元素，以羊粪的氮、磷、钾含量高，猪、马粪次之，牛粪最低。

有机肥能提供植物养分，包括必需的大量和中量元素氮、磷、钾、钙、镁、硫和微量元素铁、锰、硼、锌、钼、铜等无机养分，氨基酸、酰胺、核酸等有机养分和活性物质如维生素B_1、维生素B_6等，保持养分的相对平衡；能提高土壤养分的有效性，促使有机态氮、磷变为无机态，供作物吸收，并能使土壤中钙、镁、铁、铝等形成稳定络合物，减少对磷的固定，提高有效磷含量；改良土壤结构，腐殖质胶体促进土壤团粒结构形成，降低土壤容重，提高土壤的通透性，协调水、气矛盾；还能提高土壤的缓冲性，培肥地力，提高土壤的保肥、保水力，改善农产品品质等。

有机肥料含有植物需要的大量营养成分，对植物的养分供给比较平缓持久，有很长的后效，但是使用有机肥料也存在养分含量低、养分并不平衡、不易分解、肥效较迟、不能及时满足作物高产的要求等缺点。无机肥料正好与之相反，具有养分含量高、肥效快、使用方便等优点，因此施用有机肥通常需与化肥配合，才能充分发挥其效益。

有机肥一般用作基肥，最好在改土时开深0.8～1.0米的壕沟与土混

图6-1　土壤撒施有机肥

图6-2　土壤撒施有机肥后旋耕

合后埋入土壤，苗木栽种后可以开深0.4～0.6厘米的沟施于树冠滴水线附近。为了省工省时，在平地或比较适宜使用机械的柑橘园，可以将有机肥撒施于行间树冠滴水线附近（图6-1），然后用旋耕机旋耕（图6-2），施肥和除草同时进行。

各地土壤肥力、肥料质量等不同，有机肥的施肥量不同，但所施的有机肥一定要是经过腐熟发酵的干的有机肥，施用时不宜与碱性肥料混用，因与碱性肥料混合会造成氨的挥发，降低有机肥养分含量，从而导致营养失衡，同时生物有机肥含有较多的有机物，不宜与硝态氮肥混用。另外，有机肥施后必须与土壤混合，避免有机肥集中处浓度过高影响柑橘树的生长结果。

五、其他

生产上除氮肥、磷肥、钾肥三种施用较多的肥料外，钙、镁、锌、铁、硼肥等也是生产需要的肥料。

钙肥主要是石灰，适用于酸性土壤，撒施即可；柑橘需要的硼肥较少，一般叶面喷施0.1%～0.2%的硼砂即可解决柑橘树缺硼的问题；柑橘树一般幼树不易缺镁，只有在大量结果后会产生缺镁的现象，可以通过开沟施氧化镁、钙镁磷肥和硫酸镁等肥料解决；用于柑橘上的安全铁肥和锌肥，以土壤螯合态的铁肥和锌肥为好，也可开沟土施硫酸锌，或叶面喷施代森锰锌、代森联等。

第五节　根外追肥

柑橘生长发育所需要的营养，主要来源于土壤，土壤施肥是补充柑橘营养最根本的方法。除此之外，根外追肥（叶面施肥）是促进柑橘树生长和提高柑橘产量的另一项关键性技术，不仅能及时补充柑橘树体营养、促进柑橘树正常生长，而且能提高柑橘树的总体机能，保证其产量和品质。

根外追肥见效快、针对性强、节省肥料，在某些情况下能解决土壤施肥所不能解决的问题。如在保果壮果、调节树势、改善果实品质、矫治缺素症状、提高树体越冬抗寒性等方面根外追肥具有很大的作用。在进行根外追肥时，应针对具体情况，选择合适的追肥时间、肥料种类及浓度，以及考虑是否能和其他肥料及农药混用等。常用肥料根外追肥浓度见表6-1。

表6-1　常用肥料根外追肥浓度表

肥料种类	浓度/%	肥料种类	浓度/%
尿素	0.2～0.5	硼	0.05～0.1
磷酸二氢钾	0.2～0.5	硫酸镁	0.1～0.2
硝酸钾	0.5～1.0	硫酸锌	0.1～0.2
硝酸钙	0.2～0.3	代森锰锌	0.1～0.2
硫酸铜	0.1～0.2	丙森锌	0.1～0.2

第六节　幼树施肥

幼树通常指栽植后1～3年未结果的树。幼树施肥的目的主要是让树多抽健壮枝，以尽快扩大树冠，形成丰产树形，为尽早结实丰产做准备。因此，幼树施肥以氮促进生长为主，结合磷、钾肥让枝尽快老熟，并尽可能地通过肥水调控和人工摘心、拉枝等措施，让树的枝在树冠内合理分布，充分利用空间，形成饱满的树冠结构。

土壤施肥以速效氮肥为主，通常撒施尿素，而且是薄肥勤施，少量多次。栽种成活后的第一年，每次每株树撒施15～25克尿素，随着树体的长大，枝梢的增多，施肥量每次每株慢慢增加至25～50克；栽种后第二年，每次每株撒施50～100克尿素；栽种后第三年，每次每株撒施100～150克尿素。尿素通常在萌芽前7～10天施一次，枝梢老熟时施一次，萌芽至枝梢老熟之间每15天左右施一次为好。枝梢展叶后，保留枝梢30厘米摘心，并结合喷药对嫩梢喷施2～3次0.3%磷酸二氢钾+0.2%尿素，让枝梢长粗壮，并加速枝梢老熟以抽发下一次枝。

一般在栽植后每年的2～8月每月施氮肥2次左右，8月过后停止施氮肥，以防抽生晚秋梢，可在10月施一次钾肥，每株25～50克即可。对丰产树冠已形成，来年将进入结果期的幼树，应适度控制氮肥用量，在7～9月土壤施一次硫酸钾和磷肥（钙镁磷肥或过磷酸钙等），硫酸钾每次每株50～100克，磷肥每次每株250～500克，同时结合喷药防虫，在7～9月喷一次0.1%的硼砂，为来年提高产量、生产优质果做准备。

第七节　结果树施肥

结果树通常指栽植后开始结果至盛产的树，一般是栽植3～5年后的柑橘树。幼树在试花结果后，往往树生长较为旺盛，花量由少变多，结果量越来越多，由于营养不良会导致第一次严重的生理落果，大量夏梢的抽发会导致第二次严重的生理落果。栽培管理上应在保证结出优质果的同时继续扩大或保持树冠，实现丰产稳产。

这一时期施肥既要满足结果树开花结果对营养的需求，又要满足树体扩大树冠对营养的需求。春季以撒施氮肥为主，促发健壮的春梢；夏季是果实膨大和品质形成期，是氮、磷、钾吸收高峰期，这个时期施肥应氮、磷、钾肥结合，并与土壤深施有机肥同时进行，可以减少人工的使用；挂果越冬树秋季根据品种和季节特点酌情施入磷、钾肥，在确保所结果实品质的情况下，也有利于促发健壮早秋梢作为来年结果母枝。

2月春梢萌芽前7～10天，撒施一次速效氮肥和钾肥。施肥量根据树体大小，每次每株撒施尿素100～150克，在春梢抽发和老熟过程中，如果树体抽枝差或营养明显不足，可再一次或多次同量补施氮肥。树体生长结果正常的情况下，尽量不施肥。6～7月第二次生理落果稳定后，开沟施入有机肥，同时结合施入磷肥和钾肥，辅之以氮肥，根据品种、结果情况和树体大小，每次每株树施有机肥5～10千克，磷肥1.5～2.5千克，氮肥100～150克，同时，可根据土壤情况，每次每株树施10～15克硼砂。9～10月，根据挂果量和树体营养情况，每次每株树各撒施尿素和硫酸钾100～150克，同时，结合喷药喷0.3%磷酸二氢钾+0.2%尿素。

柑橘结果树的施肥并不是一成不变的，应根据柑橘树营养状况、挂果多少等，适当调节施肥次数、施肥量和施肥时间等。如花量多、树势弱，应补施氮肥和钾肥；花量少、营养生长旺盛，则应控制氮肥的施用。

对于果实需要挂树越冬至第二年采收的晚熟柑橘品种来说，果实在挂树越冬期间需要消耗较多的营养，所以晚熟柑橘品种在越冬前还应重施一次肥。该次肥通常以复合肥为主，根据树体营养状况和挂果量多少，每次每株施高氮、低磷和高钾的复合肥0.5～1.5千克，也可以将氮、磷、钾肥按一定比例施入。

第八节　柑橘缺素与矫治

一、缺氮

1.症状

① 新梢抽发少、弱、不整齐，生长不正常；枝条细、短，因枝梢顶部芽萌发抽生弱枝而呈丛生状（图6-3），丛生小枝易枯死。

② 新梢叶片小、薄而脆，淡绿色、黄绿色或淡黄色，但叶色均匀（图6-4）。萌芽前缺氮而萌芽后在生长期补足氮的叶片，叶色虽然呈正常的绿色，但枝较正常枝短，叶片也较正常叶片小。

③ 老叶古铜色或黄色，急性缺氮老叶叶脉褪绿呈类似韧部伤害、积水伤根等的“黄脉”（图6-5），甚至全树叶片均匀黄化，提前脱落；新叶先主脉黄化，然后逐渐整个叶片黄化，严重时脱落。

④ 长期缺氮的柑橘树，树体生长缓慢，枝弱而树冠紧凑、密集，树冠矮小。

⑤ 花芽分化质量差，花少，坐果率低。

⑥ 果皮光滑、包着紧，果实小，含酸量低，成熟期稍提前。

⑦ 严重缺氮时树势衰退，树冠光秃。

■ 图6-3 缺氮的柑橘树

2.缺氮原因

① 土壤瘠薄缺氮，加之土壤氮素施用量不足，柑橘树根系难于从土壤中吸收充足的氮素。

② 柑橘树挂果量过多，树体氮素贮藏量不能满足果实对氮素的消耗量，且没有得到及时的氮素补充。

③ 透性好、保水保肥力差的沙质土壤，氮素容易随雨水而流失。

④ 地下水位高，土壤硝化作用不良的柑橘果园，可供给的硝态氮少。

■ 图6-4 缺氮柑橘新梢、叶片

⑤ 柑橘根系处于积水环境而造成缺氧，导致根系不能正常活动而影响根系对氮的吸收。

⑥ 由于病虫危害，或施用含氯量超标的肥料等，造成柑橘根系中毒损伤或死亡而不能正常吸收土壤中的氮素。

⑦ 大量施用未腐熟有机肥料，土壤中的微生物在分解有机肥过程中消耗土壤中原有的氮素发生暂时性缺氮。

■ 图6-5 柑橘急性缺氮

⑧ 过量使用钾肥和磷肥，影响氮素的吸收利用，会诱发缺氮。

3. 矫治

① 加强土壤管理，多施腐熟有机肥，培肥瘠薄土壤，增加土壤中的氮素。

② 根据柑橘树体生长发育需肥规律和挂果量，适时适量合理施用有机肥或氮素化肥。在每次新梢萌芽前和开花前7～10天、果实膨大期，及时施入充足的有机肥或氮素化肥。施肥量根据预计产量，每50千克果实施入纯氮0.5～1千克。挂果量大的树，适当增加氮素化肥的施用量。

③ 沙质重、透气性好、保水保肥力差的土壤，多施腐熟有机肥，减少土壤中氮素的流失。在这类土壤中，氮肥宜采用浅沟撒施，做到少量多次，减少氮肥的流失，提高氮肥利用率。

④ 避免过多施用磷、钾肥。

⑤ 地下水位高的地块，应起垄进行高畦栽培。排水不畅或积水的柑橘园，及时开深0.6～1.2米的沟进行排水，以保证柑橘根系的正常生长。

⑥ 树干受损伤、根系近腐烂的柑橘树，能靠接的立即通过靠接换砧等措施进行矫治。靠接换砧最好在春季萌芽前进行，嫁接与栽植同时进行，操作时先挖好栽植穴，削好砧木削面，确定好砧木长度后，先嫁接后栽植。靠接好的砧木越短越好。

■ 图6-6 柑橘叶片尿素中毒

⑦ 新梢展叶后、新梢生长期和幼果期缺氮，可用0.3%～0.5%尿素、0.5%～1.0%可溶性复合化肥、0.8%～1.0%硝酸钾（又称钾宝）等进行根外喷肥，尿素和硝酸钾可以结合病虫害防治一起进行。新叶缺氮黄化时，每7～10天喷一次，连续2～3次可以得到矫治。但喷的次数不能太多，以免产生尿素中毒（图6-6）。

二、缺磷

1. 症状

① 缺磷主要发生在花芽和果实形成期。

② 幼树生长缓慢，春梢抽发少，枝条细弱、稀疏，并有部分枯梢现象。

③ 叶小而窄，密生，失去光泽呈暗绿色，越冬老叶淡绿色至暗绿色或古铜色（图6-7），无光泽，间或有褐色不定形枯斑，严重的变褐枯死，开花时老叶突然大量脱落（图6-8），落叶多数是叶尖先发黄，先端或边缘有焦斑。当下部老叶趋向青铜色，叶柄呈紫红色时，表明树体已严重缺磷，树体生长极度衰弱，往往形成“小老树”。

■ 图6-7　甜橙古铜色缺磷老叶

■ 图6-8　缺磷树老叶大量脱落

④ 花蕾少，坐果率低，采前落果多，产量低。

⑤ 果实变小迟熟，畸形果多，果面粗糙，果皮变厚、未成熟即松软。

⑥ 果实生长后期空心、中心柱裂开，囊瓣分离，品质变劣，果汁少、酸味浓、含糖量低。

2. 缺磷原因

① 过酸的红壤和红黄壤等土壤中磷含量低，磷被活性铁等固定，缺乏有效磷。

② 土壤含钙量高、紫色土或施用石灰过多的土壤碱性强，磷被钙固定为磷酸钙，缺乏有效磷。

③ 砧木、气候、生物活动等因素也可诱导土壤缺磷。甜橙砧比粗柠檬砧的磷吸收能力更强，土壤干旱，磷不易被吸收。

④ 氮肥施用过多或镁肥不足，影响柑橘根系对磷的吸收利用。

3. 矫治

① 磷易被土壤固定，不宜实行撒施，所以，缺磷土壤在3～10月挖穴集中深施过磷酸钙、钙镁磷肥、磷矿粉和骨粉等磷肥，0.5～1.0千克/株。磷在土壤中的移动性差，必须与根接触才能被根吸收，因此，施磷肥

时必须将磷肥施至柑橘根系密布处，并且最好与有机肥混合堆沤后深施。

② pH值低于6.5的酸性土壤，施不易流失的迟效磷肥，中性或碱性土壤施过磷酸钙或钙镁磷肥等速效肥。冬季或6～7月，红壤和红黄壤地区的成年树柑橘园每株树施1.5～2.5千克钙镁磷肥、或磷矿粉、或骨粉等，紫色土等碱性土壤上的成年柑橘树每株施1.5～2.5千克过磷酸钙，最好与有机肥混合施用。

③ 高温干旱季节，进行地面覆盖，保持土壤水分，使磷易被吸收。

④ 新梢展叶后，树冠喷布0.3%～0.6%磷酸二氢钾，或0.5%～1.0%过磷酸钙浸提液，但在高温高湿地区，8月过后最好叶面不再喷施磷肥，以防藻类大量产生，影响叶片的光合作用，降低产量。

三、缺钾

1.症状

① 树体生长衰弱，新梢数量减少且短小细弱，小枝条上的叶片数量减少并变小，细弱小枝枯死。

② 叶片变小，部分叶片绿色消退呈古铜色或不一致的黄色，一般是老叶的叶尖及叶缘部位首先开始变黄（图6-9），并随缺钾程度的加重，黄化区域向下部扩展，叶片萎蔫，卷缩畸形，严重缺钾时叶片扭曲、卷曲而呈杯状，向阳叶片易日灼，老叶失水枯萎，谢花后大量落叶。

■图6-9　缺钾老叶尖端黄化

■图6-10　缺钾果实变小，果皮光滑

③ 缺钾树花量少，坐果率低，果实小，易裂果，落果严重，产量低，果皮薄而光滑（图6-10），皱皮果增多，着色提前，

含酸量和耐贮性下降，汁多味稍甜，化渣好。

④ 抗旱、抗病和抗寒等抗逆能力降低。一些品种还会在枝干上出现流胶（图6-11）。

■图6-11 缺钾枝干出现流胶

2.缺钾原因

① 有机质少的土壤中，可交换钾含量低或土壤中总钾含量低导致缺钾。红壤、黄壤含钾量低且容易固定施用的钾肥而容易缺钾。轻沙质和酸性土壤中钾易流失而发生缺钾症。

② 沙质土壤中过多施用石灰，降低钾的可给性，诱发缺钾症。过多施用氮、磷、钙、镁肥，影响钾的吸收利用，均易诱发缺钾症。轻度缺钾的土壤中施用氮肥，刺激柑橘生长，增加钾的需要量，更易表现缺钾症。

③ 土壤干旱缺水、土壤积水等，降低钾的有效性，影响柑橘对钾的吸收。

④ 不同的柑橘砧木，吸收土壤中钾的能力不同。

3.矫治

① 有机质少的土壤、红壤、红黄壤、轻沙质和酸性土壤，最好在建园时深翻压施绿肥，或增施其他有机肥料，改良土壤，提高土壤钾含量和交换能力，提高肥力。

② 已栽植柑橘园，采用化学肥料与有机肥配合施用进行矫治。有机肥应与土壤混匀，化学钾肥通常使用硫酸钾，成年柑橘树每年每株施入硫酸钾250～500克，宁少勿多，避免施用过多而引起其他元素的缺乏症。

③ 新梢展叶后的生长期内，叶面喷施0.3%～0.5%磷酸二氢钾或0.5%～1.0%硝酸钾矫治效果好。硫酸钾土施效果好，根外喷施在高温时易伤害叶片及果实，应谨慎。

④ 干旱季节覆盖稻草、杂草、作物秸秆减少土壤水分蒸发，有条件的地方及时进行土壤灌溉，防止土壤过于干旱。

⑤ 少施或不施铵态氮肥，以免影响钾的吸收。

四、缺铁

1.症状

① 枝梢纤弱，树冠内扫帚枝多，树形开张。全树出现许多无叶光秃枝，并相继出现大量枯枝。幼枝上叶片易脱落，下部较大枝上枝叶正常。

② 缺铁新梢叶片先发黄，老叶仍保持绿色（图6-12）。

③ 新梢嫩叶褪绿，叶片变薄但不变小，叶脉保持绿色，呈明显绿色网纹状，叶肉淡绿色至黄白色（图6-13），以小枝顶端嫩叶更为明显。严重缺铁时除主脉近叶柄处为绿色外，全叶变为黄色至黄白色（图6-14），失去光泽，叶缘变褐色和破裂，并可使全株叶片均变为橙黄色至白色，提早脱落。

④ 落花落果多，坐果率低，果实变小（图6-15），产量低。

■图6-12　老叶绿色、新梢叶片缺铁发黄

■图6-13　柑橘缺铁黄化叶片

■图6-14　柑橘严重缺铁的白化叶

■图6-15　夏橙树缺铁果实

⑤ 果实小而光滑，汁少肉硬，酸高糖低，风味差。

2. 缺铁原因

① 土壤pH值在7.5以上的碱性土壤、盐碱性土壤或含钙质多的土壤中，大量可溶性的二价铁被转化为不溶性的三价铁盐而沉淀，可溶性铁的含量降低，很容易发生缺铁症或严重缺铁症。pH值在7.0以下不积水的红壤和红黄壤一般不会缺铁。

② 不同砧木的柑橘树对缺铁的反应不一样。枳砧最不抗碱，一些枳的杂种柑橘也不抗碱。土壤pH值大于7的碱性土壤，枳和枳的杂种作砧木的柑橘树容易出现缺铁症状；土壤pH值大于7.5的碱性土壤，枳和枳的杂种作砧木的柑橘树易出现严重缺铁症。用枸头橙、红橘、酸橘、酸橙、资阳香橙、柚等作砧木的柑橘树，一般不表现缺铁症状。

③ 低温干旱季节，地下水分蒸发，表土含盐量增加，可溶性铁含量降低，不利于柑橘树根系对铁的吸收和运输，缺铁程度会加重。

④ 土壤长期过湿、缺氧，会出现缺铁症状或加重缺铁症状。灌水过多，土壤中的可溶性铁易流失，易造成缺铁症。

⑤ 高磷、低钾，或土壤中铜、钙、锌等元素含量过高，影响铁的可溶性而不能被吸收，或吸收后在树体内移动困难而失去活性，常会诱发缺铁症。

⑥ 土壤中缺铁常伴随缺锌、缺锰和缺镁等多种缺素症状。

3. 矫治

① 碱性土施用有机肥、腐熟鸡粪、猪牛栏粪肥、绿肥、渣肥等，并通过耕翻与土壤相混，提高土壤中铁的有效性，利于柑橘树根系对土壤中铁的吸收，可以有效矫治土壤缺铁。

② 碱性土壤施肥时，尽量施用硫酸钾等酸性肥料，也可每亩施75～100千克硫磺或柠檬酸（平均每株树1.5～2.0千克）等，降低土壤pH值。

③ 土壤施用螯合铁制剂，对矫治缺铁有良好效果。春梢生长期，在树冠滴水线附近挖10～15厘米浅施肥沟，将EDDHA螯合铁制剂溶解后浇施到施肥沟中，盖上土壤以免氧化。施肥量幼树5～10克/（株·次），成年树15～30克/（株·次）。

④ 树冠喷施0.2%柠檬酸铁和0.1%硫酸亚铁混合液，或在阴天喷

0.05%螯合铁制剂，对矫治缺铁症也有一定效果。

⑤ 强碱性土壤缺铁柑橘园，如果用枳或枳杂种作柑橘树的砧木，最好的办法是用资阳香橙、酸橙、酸橘、红橘、枸头橙等耐碱砧木进行靠接换砧。靠接换砧视柑橘树体大小，一株树一般靠接2～3株砧木苗即可。

⑥ 地下水位过高的柑橘园，起垄形成高畦，或开沟排水，以免果园土壤过湿而造成土壤缺氧，进而造成柑橘根系无氧呼吸而中毒。雨季开沟排水，做好排灌工作。干旱时适当灌水，灌水后再松土。

五、缺锌

1. 症状

① 锌一般多分布在茎尖和幼嫩的叶片中，植物缺锌时，老叶中的锌可向较幼嫩的叶片转移，只是转移率较低。因此，柑橘缺锌时，新生叶片比老叶症状明显，其缺锌症状主要出现在新梢的上、中部叶片。

■ 图6-16 缺锌新生枝细弱而短，枝叶丛生，小枝枯死

② 新生枝梢细弱，节间缩短，枝叶呈丛生状，小枝枯死（图6-16）。

③ 新生叶片明显缩短变小，着生更直立。叶片呈不规则的失绿斑点，称为“斑驳”叶（图6-17）。叶脉间的叶肉先褪绿为淡黄色，叶片的主脉、侧脉及其附近叶肉仍为绿色，严重时仅主、侧脉为绿色，其他部分黄色或奶油色。有些叶片褪绿区域出现绿色的小点。叶片斑驳现象在树冠的向阳面比阴面更严重。

■ 图6-17 甜橙缺锌斑驳黄化叶片

④ 缺锌导致产量下降。缺锌较轻时，产量略微下降；缺锌严重时，产量大幅度下降。

⑤ 果实变小僵硬（图6-18），不耐贮藏。果皮橙黄发淡，油胞易下陷。果肉木质化，汁少味淡而苦，酸和维生素C含量减少。

图6-18 缺锌果实变小

2. 缺锌原因

① 过酸的红壤、红黄壤土壤中，有效锌含量低又易流失而发生缺锌。酸性沙质土壤中，锌更易流失而发生缺锌。pH≥6的弱酸性至碱性的紫色土和盐碱性土壤中，锌虽然含量较高，但常被固定为难溶解状态，不易被柑橘根系吸收而发生缺锌。因此，我国大部分柑橘产区都可能出现不同程度的缺锌症状。

② 土壤有机质含量低的柑橘园，锌盐不易转化为有效锌，易发生缺锌症。种植时间过久的老柑橘园，土壤中所含锌被柑橘吸收殆尽，易发生缺锌。

③ 春夏季雨水多，因有效性锌流失而发生缺锌。秋季干旱降低锌的有效性，也易发生缺锌症。

④ 营养元素不平衡会导致缺锌。氮肥施用过多，影响锌的吸收；pH5.5以上的土壤过量施用磷肥，易形成难溶解的磷酸锌，诱发缺锌症；土壤中缺乏镁、铜、钙等微量元素，会导致根系腐烂，影响对锌的吸收，也会发生缺锌症；土壤中磷、氮、钙、铜等营养元素过量，会影响柑橘对锌的吸收，导致缺锌。

3. 矫治

① 土壤施腐熟鸡粪、牛粪、生物有机肥、绿肥、饼肥等有机肥可有效矫治柑橘缺锌症。

② 酸性土土施硫酸锌效果较好，但要控制用量，防止发生药害。成年柑橘树每株用量100～150克，最好和有机肥混匀施用。中性或碱性土壤土施硫酸锌无效。

③ 根据柑橘生长发育的营养要求，合理、平衡施肥，避免过多施用氮肥、磷肥和石灰，增施有机肥料。若因缺铜、镁诱发缺锌，单施锌盐的效果不大，同时施含镁、铜、锌的盐类，才能获得良好效果。

■图6-19 缺钙柑橘树植株矮小，长势弱

■图6-20 缺钙柑橘树新梢易枯死

■图6-21 缺钙新梢叶片先端变黄

④ 春梢展叶后或每次梢转绿后，喷0.1～0.3%硫酸锌或0.1～0.3%硫酸锌+0.2%～0.3%尿素的混合液2～3次，间隔7～10天，能有效防治缺锌。注意尽量不要在萌芽期喷，以免造成药害。成年高产树最好每年春季喷施一次硫酸锌，以防发生缺锌症。

⑤ 地下水位高的和低洼柑橘果园，应开深沟排水，秋旱天气及时灌水。

六、缺钙

1.症状

① 钙在柑橘树体内难于移动，所以新梢叶片上缺钙症状明显，而老叶上症状不明显。

② 植株矮小，长势弱（图6-19）。新梢短而弱，枝叶稀疏，易枯死（图6-20）。

③ 根系少、生长衰弱，棕色，最后腐烂。

④ 新梢叶片窄而小，叶片上部叶缘处首先呈黄色或黄白色，主、侧脉间及叶缘附近黄化，主、侧脉及其附近叶肉仍为绿色（图6-21）。严重缺钙时新叶先端和叶缘变黄，黄色区域沿叶缘向下扩大，叶面大块黄化，并产生枯斑，不久叶片黄化脱落，树冠上部出

现落叶枯枝。

⑤ 在秋冬低温来临时容易出现叶脉褪绿、叶片黄化脱落，枝叶稀疏。

⑥ 花多，落蕾落花多，坐果率低，生理落果严重，果实小，畸形，产量低。

⑦ 果皮皱缩或软，果实味酸，汁胞皱缩或胶质化，可溶性固形物含量低。

2. 缺钙原因

① 土壤中含钙量低。pH4.5以下的酸性或强酸性土壤容易缺钙或严重缺钙，pH4.5以上的酸性土壤柑橘表现为低钙症状或没有明显缺钙症。在温暖多雨地区，果园大量施用酸性化肥，由于淋溶作用，代换性盐基钙离子被淋溶流失而缺钙。

② 铵态氮肥施用过多，或土壤中的钾、镁、锌、硼含量多，均会影响柑橘根系对钙的吸收利用，诱发缺钙。

③ 土壤干旱，钙难于吸收利用，造成暂时性的缺钙。

3. 矫治

① 土壤施钙肥。酸性土壤施用石灰，调节土壤pH值至6.5左右，降低土壤酸度，增加代换钙的含量。施用量根据土壤酸度而定，一般刚发生缺钙的柑橘园，每亩施石灰35～50千克，严重缺钙的成年柑橘园，每株树施1.0～2.5千克石灰。方法是先在果园株间或行间撒石灰，然后耕翻至柑橘根系密布区域，与土壤混匀后再浇水。钙镁磷肥、过磷酸钙、磷矿粉等，含有丰富的钙，能有效矫治柑橘的缺钙症状，这类肥应施在柑橘根系密布区才能被柑橘根系有效吸收利用。

② 合理施肥。钙含量低的酸性土壤，除施石灰外，还应多施有机肥料，少施酸性化肥。石灰不要与有机肥混施，以免降低效果。沙性土壤应客换肥沃黏性土壤，或施有机肥改良土壤。

③ 叶面喷施钙肥。新叶展开期或生长期，叶面喷布0.3%～0.5%硝酸钙或0.5%～1.0%的石灰水浸提液，可以矫治轻度缺钙症。由于柑橘需钙量很大，如果已经有明显的缺钙症状，需要连续喷布3～5次才会有明显效果。

④ 做好水土保持，减少钙随水土流失。坡地酸性土壤柑橘园，宜修水平梯地，台地外高内低，同时，台面进行生草栽培，雨季进行地面覆盖。

七、缺镁

1.症状

① 柑橘缺镁症状多发生在老叶上，春、夏、秋梢老叶片都能见到缺镁症状（图6-22），晚夏或秋季果实成熟时较为常见，结果多的树、结果多的枝，以及靠近果实的叶片缺镁症状更明显（图6-23）。

② 典型的缺镁叶片，老叶沿主脉出现不规则黄斑，黄斑扩大，在主脉两侧连成带状，最后只剩下叶尖和叶基部绿色，叶基部的绿色区通常呈“∧”形（图6-24）。缺镁严重时，老叶主脉和侧脉会出现像缺硼一样的肿大、木栓化或破裂，叶片变成古铜色（图6-25）。老叶在晚秋和冬季提早脱落，小枝枯死，易受冻害。

■图6-22 红皮山橘不同枝梢缺镁叶片

■图6-23 文旦柚结果树缺镁症状

■图6-24 尤力克柠檬典型的缺镁叶片

■图6-25 纽荷尔脐橙缺镁老叶叶脉肿大和破裂

③ 严重缺镁柑橘树，果实变小，产量降低，隔年结果严重，但对果实的肉质没有明显影响。

2.缺镁原因

① 土壤缺镁。红壤、红黄壤中含镁低而缺镁；严重酸化土壤和轻沙质土因镁易流失而缺镁；紫色土等强碱性土壤中镁变为不可给的矿物态，不能被柑橘根系吸收利用而发生缺镁。

② 土壤中钙和钾含量太高。钾和钙对镁有拮抗作用，钾和钙的过量施用会影响柑橘根系对镁的吸收而引发缺镁。

③ 土壤中磷、锌、硼、锰含量过多或施用过多，影响镁的吸收利用，易诱发缺镁。铵态氮肥也会影响镁的吸收。

④ 品种和砧木的影响。通常多核品种比少核或无核品种易缺镁；柚类品种最容易缺镁，甜橙其次，早熟温州蜜柑也易发生缺镁。脐橙中纽荷尔脐橙最容易缺镁。柚砧比枳砧、枳砧比酸橙砧易发生缺镁症。

3.矫治

① 土壤施肥，改良土壤。红壤、黄壤等pH6以下的酸性土壤，每株树施用0.5～1.0千克钙镁磷肥、氧化镁、氢氧化镁等，最好与猪粪、鸡粪等有机肥沤制成堆肥，在春季施入土中。紫色土等碱性土壤不宜施用钙镁磷肥、氧化镁等碱性镁肥，可施用硫酸镁和硝酸镁等肥料。钾、钙有效浓度很高的土壤，对镁有极明显拮抗作用，也抑制根系对镁的吸收，需增加施用量。施肥时，需在树冠滴水线附近挖10～15厘米的环形浅沟施。

② 合理施肥。增施有机肥料，避免大量偏施速效性钾肥；钾含量高的土壤停止施用钾肥和复合肥，只单施氮肥，可促进镁的吸收利用。酸性土壤可适当施用石灰，降低土壤酸度。

③ 叶面施肥。新梢叶片展开后的4～5月，可用0.2%硝酸镁+0.2%硫酸锌混合液，或0.3%硫酸镁+0.2%尿素混合液喷施于叶面，单独喷施硫酸镁的效果不好。叶面喷施比土壤施用效果快，但持效期短。

八、缺锰

1.症状

① 柑橘缺锰症多发生在pH＞6.0的土壤。由于它与缺锌症初期症状

■ 图6-26　缺锰叶片上细网状绿色叶脉

■ 图6-27　缺锰叶片的叶脉间淡绿色斑块

■ 图6-28　缺锰柑橘果实变小

相似，并且缺锰症常与缺锌、缺铁两种缺素症同时发生，所以缺锰症状不易被识别和发现。一般缺锰症状不像缺铁或缺锌那样明显，叶片也比缺铁或缺锌更绿些。

② 新、老叶都能表现缺锰症状，但叶片并不变小。

③ 典型缺锰症叶片，新叶淡绿色的底色上呈现极细的网状绿色脉纹（图6-26）。轻度缺锰新叶沿主脉和侧脉显出暗绿色的不规则条纹，叶脉间为淡绿色斑块（图6-27），叶片在成熟过程中症状会自行缓解，恢复正常。严重或继续缺锰时，脉间斑块由淡绿色变为白绿色，主脉和侧脉附近变浅绿或黄绿色并且色带进一步狭窄，最后仅主脉及部分侧脉保持绿色，叶片变薄。

④ 缺锰在树冠背阴处叶更为常见，叶片寿命缩短、提早脱落，在冬季出现大量落叶。

⑤ 柑橘缺锰，部分小枝枯死。

⑥ 果实稍变小（图6-28），产量降低，果皮有时变软，严重缺锰时果色变淡，品质下降。

⑦ 枳砧温州蜜柑上较易发生缺锰症。

2.缺锰原因

① 土壤中含锰少，代换性和有效态锰含量低，碱性土壤中锰

易成为不溶解状态，含氧低的冷湿土壤中锰易变为无效态等，致使柑橘根系不能吸收足够锰而发生缺锰症。

② 红壤等酸性土壤中的锰容易被雨水淋失，土壤含锰量低，但锰的有效性高，一般不会缺锰。有机质多的酸性土壤中，代换性或有效态锰含量虽高，但锰易流失，易发生缺锰症。

③ 过多施用氮肥或土壤中铜、锌、硼过多，影响锰的吸收利用，诱发缺锰症。

3. 矫治

① 土壤施用硫酸锰或硫磺粉。酸性土壤春季每株树与有机肥混施0.05 ～ 0.15千克硫酸锰；碱性土壤每株树施0.5 ～ 1.5千克硫磺粉，以降低土壤酸碱度和提高有效态锰含量。

② 喷施硫酸锰。在5 ～ 6月柑橘生长旺盛季节，叶面喷施0.1% ～ 0.2%硫酸锰+0.5% ～ 0.6%生石灰混合液1次，7 ～ 10天后再喷1次，防治效果很好。

③ 开沟排水。排水不良的柑橘园，应进行开沟排水。地下水位高的柑橘园，应开深1.0 ～ 1.2米以上的沟排水，最好是在建园时高畦栽培，降低地下水位。

九、缺硼

1. 症状

① 新梢叶片生长不正常，嫩叶叶面有水浸状斑驳或细小黄斑，叶片扭曲，出现不同程度的畸形。随着叶片长大，黄斑扩大成黄白色半透明或透明状。

② 成熟叶片和老叶主脉和侧脉变黄，严重时叶片主脉、侧脉肿大、破裂、木栓化。老叶变厚、革质化、无光泽（图6-29）。

■图6-29 缺硼叶片革质化，叶脉肿大、破裂

③ 新梢发育不全和枯死（图

■图6-30　新梢发育不全和枯死

■图6-31　缺硼柚果实海绵层出现褐色胶囊

6-30），严重时全树黄叶脱落和枯梢，小枝顶枯，侧枝提早枯死，节间和树干开裂，裂缝流胶，以后抽出的新芽丛生。

④ 果实小，畸形，大量脱落，产量低。

⑤ 果实皮厚而硬，有时形成僵果或生长缓慢，严重时果皮生乳白色微突起小斑，出现下陷的干枯黑斑，海绵层有灰色或褐色胶囊（图6-31），有时中心柱和果肉有胶囊。

⑥ 果实枯水、汁少渣多、含糖量低，风味差，不堪食用。种子发育不良。

2.缺硼原因

① 瘠薄的红壤、红黄壤等酸性土，有机质含量少，硼处于难溶解状态，有效硼含量低，且易被雨水淋失，柑橘容易缺硼；沙质土壤中含硼量也很少，有效硼易流失，又易因缺水干旱造成有效硼含量过低，易发生缺硼症；紫色土等碱性土壤或过量施用石灰的土壤，虽然硼含量较丰富，但硼易被钙固定而难于溶解，不能被柑橘根系吸收利用，易出现缺硼症。

② 有机肥施用少，氮素化肥施用量大，硼得不到补给，且影响硼的吸收。过多施用氮肥在促柑橘生长的同时，增加对硼的需要量，易引起硼的供应失调。钾肥施用过多，影响硼的吸收利用。

③ 多雨季节和河川两岸被水淹过的冲积地带的柑橘园，有效硼易流失。干旱季节土壤干裂，根系对有效硼难以吸收和不利于硼在植株体内转运，特别是在雨季过后接着干旱，常会突然发生缺硼症。

④ 酸橙砧的柑橘比其他砧木的柑橘更易缺硼。

3. 矫治

① 改良土壤。增施绿肥、厩肥等有机肥料，提高土壤肥力。沙质土壤客换肥沃的黏性土壤。冲积地逐年客土加厚土层。瘠薄地深翻提高土壤保水保肥能力。

② 加强肥水管理。避免过多施用氮肥、钾肥和钙肥，酸性土壤也不宜过多施用石灰。

③ 雨季注意开沟排水，旱季及时灌水。

④ 地面施肥。轻度缺硼柑橘园，春季萌芽时，在疏松土壤上每株树地面撒施5～15克硼砂，或每亩用0.3～0.5千克硼砂加水制成0.2%～0.3%溶液浇施根部。

⑤ 叶面喷施。春季初花期或花落2/3时、果实生长中期叶面喷布1～2次0.1%～0.2%的硼酸或硼砂。硼砂难溶于水，先用60～70℃的少量热水溶化后再加冷水稀释。高温干旱天气宜在阴天或早晚温度较低时喷用。

4. 硼中毒

柑橘对硼的需求量极少，如果超量，就会出现硼中毒。一般来说，对于缺硼的树，最好采用土外喷施。如果是土壤施，必须要根据品种特性进行，有的品种对硼需要量大一些，如W.默科特，10年生树土施50克也不会中毒；有的品种对硼需要量小一些，如柠檬，5年生树土施50克就会中毒。

硼中毒后首先是嫩叶从叶尖开始出现斑驳黄化，黄化发生到一定程度出现倒“V”字形黄化，形同缺镁，但严重时叶尖会枯死，叶片不带叶柄脱落。同时，硼中毒后根会坏死，引起树叶大量黄化脱落，甚至死树（图6-32～图6-35）。

■图6-32 柠檬硼中毒初期叶片

■图6-33 柠檬硼中毒中期叶片

■ 图6-34　柠檬硼中毒后期叶片

■ 图6-35　柠檬硼中毒树

硼中毒后多灌水，灌水时加入1000倍咪鲜胺和1000倍生根粉，同时在树盘撒石灰。但碱性土则不适宜撒用石灰。

十、缺钼

1.症状

① 柑橘缺钼症又称黄斑病，叶片上出现淡橙黄色的圆形或椭圆形黄斑（图6-36），树冠、叶片和果实病斑向阳面更普遍。

② 春季在老枝下部或中部叶片的叶脉间出现水渍状斑点，逐渐扩大形成圆形和长圆形块状黄斑，叶背流胶形成棕褐色胶斑，胶斑可随即变黑（图6-37），叶面弯曲形成杯状，新叶向正面卷成筒状。

■ 图6-36　脐橙缺钼叶片正面的黄斑（彭良志摄）

■ 图6-37　脐橙缺钼叶片背面的黄斑和黑点（彭良志摄）

③ 严重缺钼时犹如缺氮，叶片变薄，斑点变黄褐色、坏死，常破裂成穿孔，有时叶尖和叶缘枯死，叶片大量黄化脱落和裂果。

④ 果实一般不表现病斑，在极度缺钼时，果皮可能出现带黄晕圈的不规则病斑。

2. 缺钼原因

强酸性土壤中，钼与铁、铝结合成钼酸铁和钼酸铝等而被固定，不能被柑橘根系吸收利用，因此，缺钼一般只发生在红壤、红黄壤等酸性土壤中。土壤中磷不足或硫酸过多，钼不易被吸收，也易发生缺钼症。

3. 矫治

① 强酸性土壤可增施石灰，降低土壤酸度，提高钼的有效性。增施有机肥也可矫治缺钼。

② 施钼肥。柑橘发生缺钼时，可喷施0.05% ～ 0.1%钼酸铵或钼酸钠溶液，但应避免在发芽后不久的新叶期喷施，以免发生药害。也可每亩用20 ～ 30克钼酸铵与过磷酸钙混施于根部。

十一、缺铜

1. 症状

① 柑橘缺铜症又称死顶病。幼嫩枝叶先表现明显症状。幼枝长而软弱，上部扭曲下垂或呈“S”状（图6-38），以后顶端枯死。严重缺铜时，从病枝处能长出许多柔嫩细枝，形成丛枝，长至数厘米则从顶端向下枯死。

② 缺铜的初期嫩叶变大而呈深绿色，叶形不规则，部分腋芽刚萌发即死亡。叶面凹凸不平，主脉弯曲呈弓形，以后老叶大而深绿色，略呈畸形。

③ 新梢节间木质部凸起，凸起的皮层内充满泡状胶囊，泡状胶囊

■ 图6-38 缺铜叶片大而不规则、主脉弯曲

■ 图6-39 缺铜枝上的胶囊凸起和流胶

中胶状物渗出树皮后在枝条上出现透明胶滴（图6-39），初为淡黄色，渐变为红色、褐色，最后为黑色。在这种枝条上萌发的新梢纤弱短小，枝条上有更多的含胶凸起，节间缩短，叶片小，有时扭曲，嫩叶淡黄色或绿黄色。

④ 严重缺铜时病树不结果或结果小，幼果常纵裂或横裂而脱落，产量显著降低。

⑤ 果实显著畸形，果皮粗而厚、淡黄色，果皮和中轴以及嫩枝有流胶现象。酸和维生素含量下降。

⑥ 根群大量死亡，有的出现流胶。

2.缺铜原因

① 淋溶作用强烈的酸性沙质土、石灰性土等，土壤中铜含量低。

② 泥炭土、部分有机质含量高的土壤，因铜与有机质结合成难溶的化合物，或铜易流失，不能被柑橘吸收利用而发生缺铜。

③ 过多施用氮肥和磷肥，或土壤中含有过多的镁、锌、锰，影响铜的吸收利用，易诱发缺铜。石灰施用过多，使铜变为不溶性，不能被柑橘根系吸收利用，也易诱发缺铜。

④ 严重缺锌会导致缺铜。

3.矫治

① 叶面喷施。严重缺铜时，应在春芽萌动前树冠喷施0.2%～0.4%硫酸铜溶液，矫治效果快且显著，可以迅速恢复树势。轻度缺铜时，可结合防治其他病害，喷用波尔多液或含铜杀菌剂，对矫治柑橘缺铜有较好效果。

② 合理施肥。增施有机肥料，改良土质，避免过量施用氮、磷、镁、锌肥和石灰。

③ 土壤施肥。在树冠滴水线附近开10～15厘米的浅沟浇施1%的硫酸铜水溶液。

第七章

柑橘需水规律与水分调控

第一节　水分对柑橘生长结果的重要性

水分是影响柑橘生长的重要因素，是柑橘生存的主要生理生态因子。柑橘的光合作用、呼吸作用和对营养物质的吸收及运输等，都必须有水的直接参与才能正常进行。水是柑橘的重要组成部分，其根、枝、叶和果实中水分含量占50%～85%甚至更多。在进行光合作用时，每生产1份干物质需耗水300～500份。柑橘生长喜湿润的气候环境，其生长的理想空气相对湿度为75%左右，年降水量以1000～1500毫米为宜。

柑橘在年周期中的需水量很大，在各个不同的生长发育阶段对水分的要求不一样，水分过多过少都不利于柑橘树的生长发育。

第二节　柑橘需水量的影响因素

影响柑橘需水量的因素很多，归纳起来主要有内因和外因。内因主要是树龄大小，树体的生长势、结果量、枝梢老熟程度等，外因主要是柑橘树所在地的土壤类型和土壤含水量、气温、日照、水汽压、风速等。

柑橘树的树龄不同，其需水量不一样。一般来说，树龄越大，树的需水量也越大；树龄越小，树需水量也越小。树龄小的树，虽然一次性需水量少，但其生长发育旺盛，需要灌水的次数较多；树龄大的树，一次性需水量大，而且由于结果量大、消耗多，需要灌水的次数也多。

柑橘果实在生长发育过程中需要较多水分。树龄相同的树，结果量越多，树体需要的营养和水分也越多。如果挂果量大的树，在干旱季节灌水不及时或灌水量不够，树体很容易出现萎蔫，枝叶枯萎，果实生长缓慢，严重的果实会脱落而造成减产。

树的生长势不同，其需水量也不同。生长势越强旺的树，需水量越大；生长势弱的树，需水量相对较少。成熟枝的抗旱能力比嫩枝的抗旱能力强，树体嫩枝嫩梢越多，抗旱能力越差，需要的灌水量越大，灌水次数越多。

果园的土壤类型和土壤含水量对柑橘树的需水量影响也很大。透气性越好的沙壤土、沙土以及部分红壤等，干旱季节保水能力越差，田间持水量低，需要灌水的次数越多，需要灌水量也越多；透气性越差的土壤如黄壤等，由于黏重，土壤保水能力强，田间持水量通常较高，需要灌水次数可少，灌水量也相对较少。

气温、日照和风速也是对柑橘需水量影响极大的因素。气温高、日照强、风速快时，土壤水分和柑橘树体叶片的水分因蒸发、蒸腾散失多，需要灌溉水的次数和灌溉量也会多；反之，蒸发、蒸腾作用弱，柑橘树需要灌水的次数少，一次灌水量也少。

第三节　柑橘需水规律

柑橘在各个生长时期、白天和黑夜以及不同的器官对水分的需求是不一样的。

1. 萌芽抽梢期

春季柑橘萌芽抽梢时期，也是柑橘花芽再次分化时期。此时气温不高，土壤温度开始回升，柑橘对水的需求量不大。如果春季连续的阴雨使土壤含水量较高，土壤温度回升慢，则不利于柑橘根系的活动，花芽的再次分化质量也较差。土壤适度干旱或适度控制土壤田间含水量，有利于土壤温度的回升，也有利于柑橘花芽的再次分化。但如果土壤田间含水量太低，土壤过于干燥，也不利于柑橘根系的活动，不利于萌芽抽梢和花芽分化。所以，萌芽抽梢及花芽分化期土壤应以湿润为好，以保持土壤田间持水量的60%～65%为宜，干旱时要及时灌水，降雨季节注意开沟排水。

2.开花坐果期

柑橘开花坐果期，对水分要求很严，是柑橘需水临界期。花期土壤和空气的适度干旱，有利于开花快、坐果稳。但如果花期缺水，会造成开花质量差，开花不整齐，花期延长，落花落果严重；如果花期长期土壤过湿，或长期阴雨，空气湿度过大，会促发大量新梢，开花受到影响，开花慢，开花时间长，果梢矛盾突出，会加剧第一次生理落花落果，降低坐果率。此期的土壤湿度宜保持在田间持水量的65%～75%，空气相对湿度在70%～75%为宜。

3.果实膨大期

柑橘果实膨大期也是夏梢、秋梢抽发期。此时正值夏、秋季节，气温较高，是生殖生长和营养生长的高峰期，生理耗水量大，是柑橘年周期中需水量最大的阶段。水分充足，则果实生长快，夏、秋梢抽发快而好。如果此时干旱缺水，则果实生长缓慢，果小产量低，甚至造成柑橘树萎蔫，叶落果掉；相反，如果此时土壤含水量高，雨水较多，根系因土壤水分多供氧差而生长受到影响，果实生长慢、退酸慢、含水量高、风味淡、品质差，也不耐贮藏。值得注意的是，如果此时干旱后又突然强降雨，会导致柑橘果实裂果和果实脱落。因此，此期的土壤湿度保持在田间持水量的75%～80%为宜。

4.成熟期

柑橘成熟过程，果实逐渐褪去绿色而上色，酸度开始降低，积累的糖分进行转化。随着果实成熟度的增加，酸度降低到一个比较低的值，果实上色比例增大，糖分转化和积累增多。如果此时土壤含水量过高，则会降低果实可溶性固形物含量，并易造成裂果；如果土壤田间含水量过低，满足不了柑橘生长要求，果实的品质也会降低，又会影响秋梢抽发时间和抽发质量。因此，此时田间持水量保持在65%～70%为好。

5.柑橘昼夜对水分的要求

柑橘昼夜需水量呈现规律性变化，白天需水量较大，夜间需水量小。

白天由于太阳辐射，空气温度和土壤温度增高，柑橘树的蒸腾作用和土壤的蒸发力强，空气相对湿度较小，柑橘树蒸腾消耗的水分以及土壤蒸发散失的水分多，土壤含水量下降较快；而在夜间，由于没有太阳照射，空气湿度比白天大，空气温度下降，土壤温度也因气温的降低和空气的流动而降低，使得柑橘树的蒸腾和土壤的蒸发能力减弱，柑橘树消耗的水量和地面蒸发的水量较白天少，土壤含水量也因气温降低和空气相对湿度增大而增加。不过，在温度较高的夏季，如果空气温度在39℃以上，柑橘树光合作用弱或不再进行光合作用，而蒸腾和呼吸作用加强，会导致柑橘树蒸腾消耗的水量大于土壤中根系的吸水量，进而出现柑橘树临时性的供水失调、叶片萎蔫，严重者造成叶死枝枯。

6.柑橘树不同器官对水分的要求

柑橘树需要的水分，主要来自土壤的供给。柑橘的根系吸收土壤中的水分，以地上部分的蒸腾拉力作为动力，通过木质部向地上部输送。柑橘树生长活动越旺盛的组织或器官，获得的供水量越大，而且水分也得以优先保证。通常柑橘树各器官获得供水量由大到小的顺序是：果实＞花＞幼叶嫩枝＞未成熟的枝叶＞一年生枝＞多年生枝＞主枝＞主干。所以高温干燥时，首先出现萎蔫的是果实和幼叶嫩枝，因为这些器官中含水量大，呼吸作用强，消耗的大量水分得不到有效而及时的补充。

第四节　柑橘水分调控

我国柑橘产区多，分布广，不同产区的降雨量和地下水位差异极大。要保证柑橘树正常生长结果，需对水分进行有效的调控。其调控方式主要是抗旱、灌溉、排涝等。

一、抗旱

夏秋干旱季节，当空气温度大于39℃，土壤含水量低于40%时，柑橘树开始出现卷叶、枯枝，严重时会造成柑橘树枯死，因此应采取相应的抗旱措施。

1. 生草栽培及覆盖

在柑橘树的生产栽培管理过程中，采取自然生草栽培和地面覆盖等合理的耕作方式有利于果园抗旱。自然生草栽培是在生长季节让草生长，高温来临前杀死杂草自然覆盖于土壤上以减少水分蒸发，达到抗旱目的；地面覆盖是将杂草、玉米秆等覆盖物覆盖于树干外10厘米至树冠滴水线外30厘米处，厚度10～20厘米，覆盖结束后，在覆盖物上再盖一层薄薄细土，这样既能减少土壤水分蒸发，又能在下雨和灌溉时便于水分慢慢向下渗透，也可以减少因突然降雨造成大量落果。覆盖物在采果后可以翻入土中做基肥。

2. 控制嫩梢

嫩梢在干旱季节水分蒸发快，在干旱来临前，尽量让枝梢老熟，可以多次叶面喷施0.3%～0.5%磷酸二氢钾以促进嫩梢老熟，或在干旱季节开始时，人工抹除刚抽发的以及未老熟的嫩梢，有利于降低柑橘树的蒸腾作用，减少树体水分的消耗。

3. 果园蓄水

果园蓄水一是为了方便果园管理过程中喷药用水，二是为了满足干旱灌溉用水。果园蓄水的方式主要有3种：一是在果园规划建设时修建蓄水池蓄水，干旱时手持软管灌溉或进行滴灌（或微喷灌溉）；二是果园背沟修建竹节沟蓄水，在干旱时自然释放出来进行灌溉（图7-1）；三是在果园的行间或株间压埋废弃菌包等容易吸水的材料，降雨时积攒水，在干旱时自然释放出来满足土壤根系需要（图7-2）。

■图7-1　果园覆盖及竹节背沟

■图7-2　果园埋菌包

二、灌溉

灌溉是解决干旱的行之有效的办法。柑橘园灌溉通常采用4种方式，即沟灌、穴灌、树盘灌和节水灌溉（滴灌和微喷灌）。无论是哪种灌溉方式，灌水时间要根据干旱程度而定，一般灌水2～5小时。灌水时必须一次灌透，但又不能过量。适宜的灌水量，应在一次灌溉中使柑橘树主要根系分布层的土壤湿度达到田间持水量的60%～80%。在夏秋连旱时，最好每隔3～5天灌溉一次，但在果实采收前一周左右，应停止灌水，以免土壤湿度太大影响果实品质和耐贮性。

现代节水灌溉是按作物生长发育所需水分，利用专门设备或自然水加压，再通过低压管道系统末级毛管上的孔口或灌水器，在充分利用降水和土壤水的前提下，将有压水流变成细小的水流或水滴，直接送到柑橘根区附近，均匀、适量地施于柑橘根层所在部分土壤，最大限度地满足柑橘需水，以获取生产的最佳经济效益、社会效益和生态效益，实现节水、高产、优质和高效的灌水方法。与地面灌溉相比，现代节水灌溉技术一般可节水30%～50%。现代节水灌溉具有局部湿润土壤、灌水量小、灌水质量好、灌水周期短、适应性强和可结合灌水施肥、增加产量、减少劳动用工等特点。主要包括滴灌、微喷灌、渗灌。

（1）滴灌　即滴水灌溉，是一种机械化、自动化灌水新技术。

完整的滴灌系统由水源、滴灌首部枢纽、输水配水管道网和滴头四大部分组成。要保证安装滴灌系统的正常运行，首先得有充足的水源，水源是滴灌的前提条件，应有能满足果园灌溉要求的水库、溪水或修建的蓄水池；滴灌首部枢纽包括加压水泵及动力机、调节阀、过滤器、化肥罐、水表和测压表等，其作用是从水源抽水加压、施加化肥液，经过过滤后按时按量输送进管道；输水配水管道网包括干管、支毛管以及各级管路一个整体所需要的管件和必要的控制调节设备，如闸阀、减压闸、流量调节器、进气闸等，其作用是将压力水和化肥液输送并均匀地分配到滴头；滴头是滴灌系统的关键部分，其作用是将毛管中的压力水流减压后，以稳定、均匀的小流量滴入柑橘树根区土壤。根据柑橘的生长特性，每滴头出水量2～4升/小时，最好是压力补偿滴头，小树每株树2个滴头即可，大树每株树3～4个滴头，滴头固定于树冠滴水线附近。

滴灌是目前柑橘生产上利用的主要灌溉方式（图7-3）。

■图7-3 果园滴灌

■图7-4 微喷灌

（2）微喷灌 微喷灌又称雾滴喷灌（图7-4），是介于喷灌和滴灌之间的一种灌溉方法，又称微型喷洒灌溉，是近年来国内外在总结喷灌与滴灌的基础上，新近研制和发展起来的一种现代化、精细高效的节水灌溉技术。是利用塑料管道输水，通过很小的喷头（微喷头）将水喷在土壤或柑橘树体表面进行局部灌溉，降低树体表面温度，减少枝叶水分蒸发。微喷灌系统由水源、首部枢纽、输配水管网和微喷头组成。微喷头喷嘴直径0.8～2毫米，将具有一定压力（一般为200～300千帕）的水以细小的水雾喷洒在柑橘叶面或根部附近的土壤表面。有固定式和旋转式两种微喷头，前者喷射范围小，后者喷射范围大、水滴大、安装间距也大。微喷灌所需工作压力低，一般在0.7～3千克力/厘米^{2}范围内就可以运行良好，流量一般为10～200升/小时，射程在5米以内，具有灌水均匀、用水量小，适应性强、不受地形限制，省地、省工等优点，但也有单位面积投资较大，成本较高，需水量大，操作麻烦等缺点。

（3）渗灌 渗灌又名地下灌溉，是利用地下管道将灌溉水输入埋设于田间一定深度的渗水管内，借助土壤毛管作用而湿润土壤，将水分扩散到管道周围供作物吸收利用的一种灌溉方式。渗灌地形落差大，水头较大，有利于冲洗管道，使渗灌管道不致堵塞。

一个完整的渗灌工程，通常有水源工程、首部枢纽、输配水管网和灌水孔四部分。各组成部分与地上滴灌系统相同，所不同的是，在末级管道（毛管）上部安装特制的滴头，除水源和首部枢纽外，输配水管网和渗水滴头等全部埋于地下。渗灌缺点是管道易于堵塞，难以检查，浅层水利用差，而且盐分容易累积。

渗灌要考虑管道间距和管道埋设深度。管道间距主要决定于土壤类型和供水水量的大小，设计时应该使相邻两条管道的湿润范围重合一部分，以保证土壤湿润均匀。土壤颗粒细，管道的间距可增大，一般沙质土中的管道间距为50～100厘米，沙壤土中的管道间距为90～180厘米，黏土中的管道间距为1.2～2.4米。管道埋设深度决定于土壤性质、耕作情况及作物种类等条件。根系深、土壤黏重，管道埋设应深，反之则浅，一般以35～40厘米为宜。

柑橘园内的渗灌，可以实行穴渗灌，包括果园穴灌、塑料袋穴渗灌和秸秆穴渗灌三种形式。果园穴灌即在树冠外围不同方向挖直径和深度均为30～40厘米的穴4～8个，干旱时将穴内灌满水，灌后将土回填于穴内。塑料袋穴渗灌是用直径3厘米、长10～15厘米的塑料管，一端插入容量为30～35千克的塑料袋中1.5～2厘米，并用细铁丝固定，另一端削成马蹄形，留出直径1.5～2毫米的小孔，将出水量控制在2千克/小时左右，然后在树冠滴水线附近挖3～5个深20厘米、倾斜25°的浅坑，把塑料袋放入坑中进行灌溉。秸秆穴渗灌即在树冠滴水线附近挖3～5个深20厘米、倾斜25°的浅坑，在坑内填满秸秆后注满水进行灌溉。

三、排涝

柑橘喜欢湿润的环境，但却不耐涝，其根系的生长需要一个透气性较好的土壤环境。土壤积水或土壤过湿，不利于柑橘生长。长期积水的柑橘园，会引起烂根和感染脚腐病，导致树体生长不良，严重时死树。红壤和黄壤等比较黏重的土壤，多雨时常会形成栽植植株下陷，穴内积水，造成柑橘树涝害。因此要注意果园排水，发现积水要及时开沟排水防涝。柑橘园通常采用明沟排水，即在园地四周开深、宽各1～1.2米，比降1‰以上的主排水沟；园内可根据情况每隔2～4行开一条排水沟与主排水沟相通，沟的底部应低于根系的主要分布层，深度在0.8米以上；行间排水沟最好与行间路结合，做成暗沟便道，便于柑橘园管理；排水沟应保持1‰的比降，以利排水通畅。丘陵山地橘园可利用梯地的背沟排水。在容易积水的低洼地建园，最好进行深沟起垄栽培。

第八章

简化整形修剪

对于柑橘园来说，精细修剪有利于果实产量和品质的提高，也有利于改善果实的外观色泽，有利于实现柑橘树年年丰产。但是，精细修剪技术要求高，生产中不容易掌握和操作，加之精细修剪耗时较多，劳动强度大，需要的劳动力多，所以一般适用于小型柑橘园。对于面积较大的柑橘园来说，一般采用简化修剪方法。

第一节 柑橘整形修剪方法

柑橘整形修剪方法很多，但在大面积柑橘生产中，主要的整形修剪方法有短剪、疏剪、回缩、摘心、抹芽、拉枝、扭枝等。

短剪就是把一年生枝剪去一部分使枝变短的方法。根据剪掉部分的长短（即剪裁程度），把短剪分为重度短剪、中度短剪和轻度短剪。重度短剪即把枝剪掉2/3以上，中度短剪把枝剪掉1/2左右，轻度短剪是把枝剪掉1/3以下。短剪程度越重，抽发的新梢越强旺；短剪程度越轻，抽发的新梢越弱。短剪的目的一是促发枝梢，二是控制枝梢的长度，三是剪除病虫枝。

疏剪就是把不需要的枝从基部剪去的方法。一般来说，疏剪主要是剪除树冠内或枝干上过密的枝、弱枝、不需要的徒长枝和病虫枝等。

回缩实际上是短剪的一种特殊方式，就是指剪掉二年生或多年生枝条的一部分。回缩的作用因回缩的部位不同而不同，一是起复壮作用，二是

■图8-1 柑橘春梢摘心抽梢状

■图8-2 柑橘拉枝

■图8-3 柑橘拉枝后抽梢状

起抑制作用。小枝用剪，大枝用锯。回缩修剪由于大大缩短了地上部枝梢与地下部根系在养分、水分等运输及交换上的距离，减少了营养消耗损失，促进所留枝条的生长和潜伏芽萌发形成新枝。一般回缩部位比原枝头高，新留枝头生长方向比较直立，主要起复壮作用；反之，则为抑制作用。回缩也有轻度、中度和重度之分。

摘心即是在柑橘枝梢长到一定长度后摘去枝梢顶端的方法。摘心的主要目的是为了控制枝梢长度，让枝梢尽快长粗老熟，为下一次萌芽抽梢做准备，同时，也可通过摘心促发更多的枝梢（图8-1）。

抹芽是在柑橘发芽后抹去那些无用的芽和多余的芽，减少树体营养消耗，以便集中营养供给留下来的芽，促其更好地萌芽抽枝，更好地生长发育。

拉枝是由于柑橘树在生长过程中枝长得比较乱，没能在树冠内合理分布，在枝长成以后，将树冠内生长比较好的、在树冠内也有空间的枝拉到能合理占有树冠空间的方法。拉枝的主要目的一是为了让枝合理占据空间以形成饱满的树冠结构（图8-2），二是为了让枝的中部或基部萌芽抽枝，增加抽枝数量（图8-3）。

扭枝是一种特殊的修剪方式，由于柑橘枝梢长势比较旺，一般不容易结果，短剪后又容易抽出强旺枝梢而使树枝过密或徒长，生产上通过人为扭枝，将枝的木质部扭伤而不折断，以减缓枝梢生长势，促进花芽分化，使其向开花结果方向发展。

第二节 适宜不同柑橘品种的树形

柑橘常见的树形有自然圆头形、自然开心形、矮干多主枝形、塔形等。

1. 自然圆头形

自然圆头形是根据柑橘的自然生长习性培育的一种树形。中心主干不明显，修剪极轻，树冠形成快而饱满，早结丰产。丰产后树冠内部枝常因光照不足枯死形成“空膛树”，进而造成柑橘树冠内空外密，结果部位外移，树冠高大而产量低。因此，在丰产后要进行“开天窗”修剪，即剪去树冠中部大枝，回缩外围密枝，以改善树冠内部光照，增加内膛结果，但会影响产量。

2. 自然开心形

根据柑橘的丛生习性培育形成的柑橘树形。该树形骨干枝少，多斜向生长，树冠形成快、饱满，树体通风透光性好，进入结果期早，内外果实品质都好，丰产后修剪量也较小。但在光照强的产区树冠会因阳光直射枝、干和果实而产生日灼，同时，由于树冠开张，树冠内膛枝容易徒长，密植后容易过早封行郁闭。

在幼树生长期，人为拉枝、控枝，不留中心主干，将骨干枝拉成近水平生长，控制树体高度，保证树体立体挂果，提高产量，减少大小年。

3. 矮干多主枝形

矮干多主枝树形为近年大面积生产上应用的主要树形，整体表现树矮结果多，而且还能实现年年丰产。该树形树的主干定干矮，分枝部位低，主枝、副主枝较多，且主枝、副主枝在空间各个方向相对均匀分布，枝直立或斜生呈放射状生长，主枝、副主枝上分布侧枝或结果枝组，主枝、副主枝和侧枝的长势主从性明显，树形紧凑直立，空间利用高，树冠通风透光性好，可以实现早结果、丰产、优质。注意在培养树形时主枝不宜太密，以免树冠荫蔽。

4. 塔形

该树形中心主干明显，在中心主干上分层排布3～4个主枝，各主枝上再留3～4个副主枝，形成下大上小的塔形，适用于柚、柠檬等生长势强旺的柑橘品种。塔形树体高大、丰满，骨架多而牢固，适于稀植栽培，通风透光好，后期可保持较高的产量。但因树冠高大不便管理，投产较晚，前期产量低，目前生产上应用不多。

第三节　整形修剪原则

整形修剪总的原则是通风透光、树冠饱满、立体结果、高产稳产。

1. 根据栽植密度进行树体整形修剪

柑橘苗栽植的密度是根据生态条件、栽培管理技术和栽培管理成本等进行综合考虑后确定的，一旦栽植密度确定，果园的树形和修剪方式等也应与之配套。栽植密度大，要求树定干低，树干性弱、结果枝组多，树高和冠幅都必须进行有效控制，以矮干多主枝树形为主；反之，栽植密度小，树定干可以偏高，树偏高和冠幅偏大，以自然开心形和自然圆头形为主。

2. 根据柑橘的生物学特性进行整形修剪

柑橘具有特定的生物学特性，在柑橘的整形修剪过程中，利用比较多的有：①柑橘的枝梢具有早熟性，一年中随季节变化能多次抽梢，可以让树尽快形成丰产树冠；②柑橘的芽是复芽，一个芽眼内除了主芽还有很多个副芽，主芽受损后副芽能再萌芽抽梢，而且芽是越抹越发，在嫁接、抹芽控梢等方面利用较多（图8-4）；③柑橘的枝梢具有自剪的特性，即枝长到一定时候，顶部的芽会自己产生离层而断掉脱落，由此进入加粗生长、老熟阶段，在整形修剪过程中可通过摘心在控制枝梢长度的同时，加快枝梢老熟，为提早抽生下一次枝做准备；④柑橘的芽顶端优势强，也就是处于柑橘枝顶端和上部的芽优先萌发，处于中下部的芽晚发或不萌发，可以利用这种特性进行拉枝整形；⑤柑橘的枝、干上还存在许许多多的隐芽，隐芽通常情况下不萌发，一旦受到刺激（比如短剪等）就会萌发抽枝，可以用此特性进行树体的更新复壮；⑥柑橘的营养生长和开花结果是相互制约的，只有两者相对平衡才能丰产稳产，如营养生长旺，则开花结果差，树少收或绝收；如开花结果太多，则营养生长弱，树容易因营养消耗多而衰败。同时，不同砧木和品种又有各自特定的生物学特性，整形修剪时也必须加以考虑。

■ 图8-4 柑橘复芽抽枝

3. 根据柑橘树龄、长势和结果量不同进行整形修剪

柑橘的树龄不同、树的长势不同、结果量不同，对整形修剪的要求也不同。幼树注重整形和结果枝组的培育，结果树注重枝梢的更新复壮；长势旺的树注重长势的控制，长势弱的树注重树的更新复壮；结果多的树需要在控制结果枝的同时培养健壮的营养枝以备来年结果，结果少的树需要控制营养枝确保结果枝结好果的同时为来年丰产做准备。

4. 根据不同的生态条件进行整形修剪

不同产区具有不同的生态条件，在光照和雨水充足的生态条件下，柑橘树的萌芽抽枝能力比寡日照和降雨少的条件下萌芽抽枝能力强得多，在云南、广西等部分地方，树体在挂果多的情况下也能萌芽抽出健壮好枝。

第四节 幼树简化整形修剪

柑橘幼树管理的目的主要是加快树体长高、促进树冠扩大，以尽快形成丰产树冠。小型柑橘园可以进行精细整形修剪的方法，对于大型柑橘园或大面积柑橘生产来说，很难做到精细修剪，一般采用轻简的整形修剪。所以，在整形修剪上就要充分利用柑橘自剪、早熟性、复芽、顶芽优势等特性，通过摘心、短截延长枝和抹芽控梢等，促进幼树一次多萌芽抽枝，一年多次抽发新梢让枝梢在各个方向均匀分布，以快速扩大形成丰产树冠。

在整形修剪时，除摘心、短截延长枝和抹芽控梢外，对树冠内的直立枝进行拉枝或用小竹枝撑开，使主枝均匀分布，以便着生更多枝梢（图8-5～图8-7）。除此之外，尽量保留树冠内部及中下部的枝叶，其目的一是积累更多营养，二是让中下部的枝尽早结果，所以只对过密枝做适当的疏剪，剪去无用的徒长枝、病虫害枝以及晚秋抽生的老熟度不够的晚秋梢即可。同时，在幼树期一定要对枝条当年生长的长度进行适度的控制，以免枝条后部光秃形成空膛树。对于大多数柑橘品种来说，一般枝梢长度控制在20～30厘米即可。

■ 图8-5 红肉脐橙初结果树

■ 图8-6 沃柑初结果树

■ 图8-7 琯溪蜜柚初结果树

第五节 结果树简化修剪

结果后的柑橘树，由营养生长向生殖生长转变，营养生长弱而生殖生长旺，抽枝能力变弱，树势也慢慢变弱，但依然会萌芽抽枝，枝梢数量不断增加，树冠不断扩大，如果不进行合理的修剪，就很容易造成树体郁闭，而树冠内部的枝梢常因外围枝梢影响了通风透光而枯死，形成空膛树，丧失结果能力，也很容易滋生病虫害。

结果树的简化修剪有开窗修剪、大枝修剪和开门修剪，以开窗修剪和大枝修剪为主，结合对营养枝短剪来调整和恢复树形树势。

1. 开窗修剪

即剪除树冠中部1～2个大枝，从树冠中部开出一个“窗口”，既能让阳光从窗口照射到树冠内部，使内膛枝有良好光照进行光合作用、枝干上的隐芽在见光的情况下萌芽抽枝充实树冠，又能通风、减少病虫害滋生，还能减少剪除的枝干对营养的消耗，使树体营养得以合理分配，让剪除枝干周围的枝开花结果，内膛枝也能更好地开花结果（图8-8）。

一般来说，开窗修剪不在于一定要剪除多少枝干，开的“窗口”不能太大，以剪除最少的枝就能达到树冠内部较好的通风透光效果为最好，避免开窗太大引起剪口附近抽出大量的徒长枝又重新扰乱树冠，影响树冠内部的通风透光（图8-9）。

■图8-8 开窗修剪

■图8-9 开窗太大大量抽发徒长枝

在剪除中部枝干的同时，需要对树冠中严重影响通风透光的少数枝进行疏剪、短剪，但切记剪枝太多，树冠剪得太透。在修剪过程中不留桩，以免在桩头上抽发徒长枝；剪口要平，以利于伤口尽快愈合；对大枝干的剪口要涂胶保护，以免在干旱时剪口干裂。

2. 大枝修剪

对于有些结果后的柑橘树，原本就没有中心枝干，但树冠内的主枝、副主枝较多，枝干在果实的重压下，生长方向发生改变，造成原本通风透光的树冠相对遮挡严重，对于这类树，需要进行大枝修剪改善树冠的通风透光，调节树体的营养分配（图8-10）。

大枝修剪并不是将大枝尽量剪掉，而是在树冠的东、西、南、北各个方向综合起来以剪最少的枝解决问题为好。修剪时，首先看看树冠各个方向至少剪除哪些枝能解决树冠通风透光的问题，然后再确定修剪枝的位置及数量。注意，这种修剪方法不要剪枝太多，切忌将树冠剪得太空，而且，每一大枝剪口处都不能留下太大的桩，以免各个剪口抽出大量徒长枝。

3. 开门修剪

开门修剪（图8-11）是从树冠外向树冠内剪掉少部分枝，开出一道类似门一样的口子以利通风透光和病虫害防治。通常开门的口子为树冠大小的1/10左右，太大而使树冠太空，太小又达不到目的。开门的方向不能在西方和北方，因为开在西方容易受夏秋高温暴晒而伤及主干，开在北方

■ 图8-10　哈姆林甜橙大枝修剪结果状

■ 图8-11　开门修剪

则会因冬季低温和寒风对树冠造成冻害。开门修剪是一种“傻瓜”修剪方法，一般人都可以操作。但开门修剪必须是在树不高，树的内膛枝都比较充实的情况下才能开展，而且树冠一旦开门后，开门处枝梢容易徒长。一般生产上很少应用。

第六节　衰老树修剪

柑橘树生长结果后期，树体开始衰老，地上部分树冠内枝梢少而弱，地下部分根系衰老枯死，结果能力下降，甚至不结果。

对于这类树，必须进行更新复壮。更新复壮的方法：一是通过肥水管理，加强树体营养；二是对地下部分的根更新和对地上部分的树冠进行回缩修剪促发新枝。

根的更新复壮是通过深耕进行的，这也是土壤管理方面的内容，而地上部分的复壮，是通过修剪实现的。

对于地上部分主要是采用回缩的修剪方法。回缩修剪最好在低温过后、春季气温稳定、树液开始流动、枝梢还没有萌芽时进行，因为此时气温适宜生长，不会因高温造成剪口干裂，同时此时树体本身积累有大量营养，加之树根部的营养也开始向树上部分输送，修剪后伤口愈合快，萌芽抽枝快，且生长势好。对于衰弱树回缩的程度，应根据树体衰弱的情况确定，树体越弱，回缩的程度越重。无论回缩程度轻或是重，都必须把剪口留在枝健壮处，或是留在芽较好处。回缩时，尽可能保留树冠内的小枝。大枝用锯锯，小枝用枝剪剪，但不论是大的锯口还是小的剪口，都必须在锯平或剪平后涂上乳白胶、石灰水、桐油等保护伤口。

第九章

花果调控

柑橘树从幼树期经过营养生长，产生了大量的枝叶并形成了树冠，当树冠枝叶中的光合产物积累到一定量，树体内的C/N比达到一定程度后，树由营养生长向生殖生长转化，逐渐开花结果，随着花芽量越来越大，树体的生殖生长（开花结果）超过营养生长，在没有控制的情况下，部分品种树体会因大量开花结果消耗过多的营养，而造成大量落花落果、产量下降，或者即使挂果量大，但在结果后树体衰败，产出的果实也变得果小品质差。为了获得柑橘树的年年丰产，必须对柑橘的营养生长和生殖生长进行有效的调控。

第一节　根据砧木、品种的生长结果习性进行花果调控

柑橘砧木和品种不同，开花结果的习性不同，对营养生长与生殖生长所采取的调控方法不同。

长势强旺的砧木与栽培品种嫁接后，进入结果期偏晚，但由于砧木生长势强，树体大量开花结果后衰败慢，树的寿命较长，如枳橙砧、红橘砧、香橙砧等；长势弱的砧木与栽培品种嫁接后进入结果期早，但由于砧木的生长势弱，树体大量开花结果后容易衰败，树的寿命短，如枳砧等。所以，在栽培管理中，对用生长势比较强旺砧木嫁接栽培品种后，花量少或不易开花结果的树，可以采取在9～10月花芽分化期树冠喷2～3次多效唑的方法进行促花，同时进行肥水调控，控制氮肥用量，增加磷、钾和

硼肥用量，促进开花结果；对用生长势弱的砧木嫁接栽培品种的树，由于树势较弱，容易开花结果，而且通常花量大，消耗营养多，在栽培过程中应增加氮肥用量，结合磷、钾和硼肥的施用，增强树势，同时，在花量大的情况下，可通过修剪花枝或人工疏果来减少挂果量，进而减少树体营养消耗，保持健壮的树体，实现年年丰产。

不同柑橘品种的结果习性和结果能力不一样。坐果率高、树体容易因挂果过多、产量过高而衰败的品种，如杂柑中的沃柑、爱媛38、不知火、春见等，修剪时多疏掉弱枝，保留健壮枝，在花量或果量多时，短剪部分花枝或结果枝，并进行疏花疏果。如爱媛38和春见等果多时需要疏果1/3～1/2，保持一定的叶果比和健壮的结果母枝，果实采收后及时通过短剪、回缩更新结果枝组、更新复壮树冠。坐果率高且树体生长势强，即使在高产后仍然能保持强健树势的品种，如葡萄柚、默科特、夏橙等，若强树则疏剪掉强旺枝，如弱树则疏剪掉部分花、果。疏果先疏除畸形果、小果和特大果。坐果率低树势又强的品种，如塔罗科血橙、鲍威尔脐橙等，应疏强枝留中等枝或弱枝结果。如柚类通常由树冠内的无叶光杆枝或弱枝结果的品种类型，在修剪时切记不要把树冠内的无叶光杆枝剪掉。初结果的幼树一般都以内膛枝和下部枝结果，所以，初结果树的内膛和下部弱枝必须保留结果。

第二节 根据树体营养进行花果调控

对于柑橘来说，通常是强树弱枝开花结果，弱树强枝开花结果，中等偏强的树年年丰产。也就是说营养生长越旺，越不易开花结果；营养生长越弱，越易开花结果，但易落花落果；营养平衡的树，产量高且稳定。所以，在生产上，强树和弱树都不易坐稳果，弱树需要通过施肥增加营养稳果，强树需要控制营养来稳果，在修剪时，强树剪强枝，弱树剪弱枝。强树和弱树都需要在进行肥水调控的同时用激素进行保花保果。花量大而营养差的树要进行花前修剪，剪除部分质量差的花，或坐果后进行疏果。

第三节 疏花疏果与保花保果

一、疏花疏果

柑橘树体花果过多会消耗大量养分，从而抑制新梢生长，导致树体衰弱、产量降低，形成大小年结果。在生产中，疏花有利于减少养分无效消耗，提高坐果率；疏果也有利于减少养分消耗，减轻树体负荷，促进保留果实的发育和树体生长。

1.疏花疏蕾

疏花和疏蕾对幼树来说有利于树的抽枝生长，对结果树来说则有利于提高坐果率。1～2年生树，要摘掉全部花蕾，或在秋末9～10月树冠喷100毫克/升的赤霉素以减少第二年的花量。盛果树或衰老树一般花量大，剪除花量大的弱花枝、少叶或无叶花枝，以提高坐果率。在疏花过程中，应掌握去弱留强、弱树重疏、初结果树轻疏、弱花枝重疏和有叶单花枝不疏的原则。如疏花不及时或花期遇阴雨天不便疏花，可采取摇花保果的办法。

2.疏果

本着因树势定产量的原则，树势健壮、枝繁叶茂的树可以多留果，树势衰弱、枝叶少的树可以少留或不留果。疏果通常在第二次生理落果后，树体上的果基本稳定时（6月中旬至7月上旬）进行人工摘除，一般先摘除病虫果和畸形果，然后再摘除小果和特大果，最后摘除过密荫蔽果。疏果一次难以疏到位，通常要疏2～3次。

二、保花保果

1.柑橘落花落果的原因

造成柑橘落花落果的原因很多，归纳起来主要有以下几个方面。

（1）花的质量差　柑橘在花芽分化过程中，由于树体营养差，花芽分化期气候不适宜，造成分化出的花芽质量差，花器发育不正常，开花后不能正常授粉受精。

（2）营养不足 由于树体本身营养水平差，如果花蕾多、花量大，营养供应不足，即造成花蕾脱落，第一、第二次生理落果严重，坐果率低。

（3）树体激素失调 柑橘坐果期间树体中的激素需达到一定水平才能正常坐果，如果赤霉素含量低、细胞激动素失调，则落花果严重，坐果率低。

（4）病虫为害 在花蕾期、开花期、生理落果期和果实生长期，如遇柑橘花蕾蛆、红蜘蛛、黄蜘蛛、蓟马、叶甲、炭疽病、疮痂病等病虫为害，会引起落花落果。

（5）气候条件 在花蕾生长发育、开花坐果过程中，异常高温、异常低温、连续阴雨天气以及空气湿度过大等，都会引起落花落果。

（6）夏梢大量抽发 在第二次生理落果期，夏梢的大量抽发，会因梢果争夺营养而产生落果。

2.保花保果措施

针对柑橘落花落果的原因，必须采取相应的措施进行保花保果，确保高产稳产。

（1）加强管理，增强树体营养 为了提高柑橘花芽分化和花芽的质量，在花芽分花期（通常在9～10月）前就必须加强柑橘树的田间管理，科学合理地进行平衡施肥，确保柑橘树朝有利于柑橘花芽分化的方向发展，确保柑橘树营养生长与生殖生长的平衡，确保树体生长健壮，通过施肥和修剪让树体的枝梢积累足够的营养，使其能开好花、坐好果，实现高产稳产。同时，在第一次生理落果和第二次生理落果期，除通过土壤施肥来保证树体营养外，还可以根据树体营养状况，根外追施含氮和钾的速效肥，如0.5%～1.0%的硝酸钾等，快速补充树体的氮、钾营养，以利减少第一、第二次生理落果量。

（2）利用激素保果 柑橘果实在发育过程中，会由于激素失调出现落花落果。第一、第二次生理落果严重的脐橙品种，可以根据树体的营养状况，在花谢2/3时和第二次生理落果刚开始时喷激素保果。同时，在花期如遇连续阴雨天、异常高温等特殊情况，也最好用激素进行保花保果，确保产量。

目前使用的主要保果激素是赤霉素（简称GA，生产上称920）和细胞激动素（如人工合成的6-苄基腺嘌呤，简称BA）。生长素类如2,4-D对柑橘幼果的保果效果表现不稳定，尽管有时也能临时阻止幼果脱落，但最终坐果率并不理想，还会对叶花造成伤害，不过防止采前脱果，2,4-D是目前最有效的一种激素。6-苄基腺嘌呤（BA）是一种很有效的柑橘第一次生理落果（带果柄脱落）防止剂，其效果比同期使用赤霉素（GA）要好，但对防止第二次生理落果（不带果柄脱落）没有效果。赤霉素对防止第一次生理落果和第二次生理落果都有很好的效果。GA的使用浓度为50～200毫克/升，BA的使用浓度为50～400毫克/升，生产上通常将两种激素混合使用以提高效果。

（3）防治柑橘病虫害　针对柑橘花期和生理落果期容易出现的红蜘蛛、黄蜘蛛、柑橘花蕾蛆、蓟马、叶甲、炭疽病、疮痂病等病虫害，采取相应的技术措施对其进行有效防治，确保柑橘树无病虫为害、生长健壮。注意在防治花期和生理落果期病虫害时，用药应在开花前，如果有多种病虫为害时，最好采用一药多治或多种药混用，以减少人工。开花坐果期应尽量避免使用矿物油、炔螨特、三唑锡等对嫩枝、花和幼果有伤害的药剂。

（4）因树控制夏梢　树势越强旺，挂果率越低，抽发的夏梢越多，落果率会越高。所以，第一次生理落果和第二次生理落果时期，如果夏梢抽发多而强壮，应根据树体的强弱对夏梢进行相应的控制。树势强旺的树，将夏梢全部抹除；如树势不是非常旺，可根据树体情况适量保留夏梢，去强留中去弱，中等的枝一般长度在20厘米左右。

第十章

柑橘病虫害防治

柑橘生长结果过程中，必须进行病虫害防治。不同的柑橘产区，柑橘病虫害发生情况和防治方法不完全一样。在柑橘病虫害的防治方面，对于病害都是以预防为主，对于虫害，除传播黄龙病的木虱和为害嫩叶嫩枝的潜叶蛾等少数害虫外，其他害虫都可以在发现后视其情况采取相应的防治措施。

对于病害和虫害的防治，必须根据病害和虫害的发生规律，如果需要在同一时间进行防治的，尽量采用一药多治的方法，如果不能采用一药多治，那么，在保证安全、有效的情况下，可以采用多药同时用，以减少用工成本和缩短喷药时间。对于炔螨特、三唑锡等对嫩叶、幼果等有害的药要慎用。对于国家规定禁止使用和限制使用的农药，要严格执行国家规定。

第一节　柑橘主要病害识别与防控技术

1. 黄龙病

黄龙病是国内外植物检疫对象。此病长期流行于广东、福建和广西的中南部地区，20世纪70年代以后在江西南部、云南部分地区、四川和贵州的西南部、浙江南部以及湖南南部也有零星发生。中国台湾地区称黄龙病为立枯病。

【症状】典型病状是感病初期病树的“黄梢”和叶片的斑驳型黄化。开始发病时，首先在树冠顶部或外围出现几枝或部分小枝新梢叶片不转绿而呈黄梢，病叶变厚，有革质感，易脱落。随后，病梢的下段枝条和树冠

■图10-1　黄龙病为害树

■图10-2　黄龙病不同果实症状（红鼻果）

的其他部位陆续发病。一般大树开始发病后经1～2年全株发病。病枝新梢短、叶小，形成枝叶稀疏、植株矮化等病态（图10-1）。果实变小、畸形、着色不均匀，福橘、温州蜜柑和椪柑等果实出现“红鼻果”（图10-2）。叶片的黄化有3种类型：斑驳型黄化、均匀黄化和缺素状黄化。均匀黄化叶多出现在夏、秋梢开始发病的初期病树上，叶片呈均匀的浅黄绿色，这种叶片因在枝上存留时间短，所以在田间较难看到。斑驳黄化叶片开始从主、侧脉附近和叶片的基部和叶缘黄化，随后呈黄绿相间的不均匀斑块状（图10-3），在春梢和夏、秋梢上，初期病树和中、晚期病树上都能找到。缺素黄化叶又称花叶，即叶脉及叶脉附近叶肉呈绿色，而脉间叶肉呈黄色，类似缺微量元素锌、锰、铁时的症状，出现在中、晚期病树上。一般从有均匀黄化叶或斑驳黄化叶的枝条上抽发出来的新梢即呈缺素状。上述三种黄化叶片，以斑驳黄化叶片最具特征性，且易找到，所以可作为田间诊断黄龙病树的依据。

【病原】在19世纪70年代，通过试验证明黄龙病病原对四环素族抗生素敏感，认为黄龙病病原是类菌原体。1979年，通过电镜观察，看到了病叶叶脉韧皮部组织中的病原，大小为150 ～ 650纳米，具有20纳米的界限膜，认为应列为类细菌。

【发病规律】病原可通过嫁接传播。用病树接穗繁殖苗木以及病接穗和病苗的调运是该病远距离传播的主要途径。在田间，黄龙病由柑橘木虱（*Diaphorina citri* Kuwayama）传播。目前栽培的柑橘品种都能感染柑橘黄龙病。蕉柑、椪柑及茶枝柑感病后衰退最快，甜橙和柚次之，温州蜜柑则最慢。

■ 图10-3　黄龙病病叶（斑驳型黄化）

【防治方法】①对调运的柑橘苗木及接穗进行严格检疫，禁止从病区引进苗木及接穗。②建立无病苗圃培育无病苗木，通过茎尖嫁接和指示植物鉴定选择无病接穗嫁接。③隔离种植。新果园要与老果园尽量隔离，以减少自然传播。④严格防除传病昆虫柑橘木虱。柑橘木虱主要为害柑橘嫩梢，所以，在生产上通过抹芽或用除梢剂让新梢抽发整齐以进行统一防治，也减少药剂的使用次数。目前防除柑橘木虱可选用10%吡虫啉可湿粉剂1000倍液、4.5%高效氯氰菊酯1000 ～ 2000倍液、1.8%阿维菌素2000倍液或48%毒死蜱乳油1000倍液进行喷雾防治，10天后再喷1次。冬季清园时选用上述杀虫剂喷雾1 ～ 2次。以上药剂注意交替使用。注意连同柑橘园附近黄皮树、九里香等木虱寄主植物一起喷药。⑤ 及时挖除病树，减少传染源。在挖除病树前，先用毒死蜱、吡虫啉等药剂防除柑橘木虱，以免柑橘木虱迁移传播病害。

2. 溃疡病

柑橘溃疡病是影响世界柑橘生产的重大检疫性病害，可为害几十种芸香科植物。病菌侵染柑橘的叶片、枝条和果实，引起溃疡病斑，严重时造成大量落叶落果，树势明显衰退，大大降低果实商品价值，造成严重的经济损失。

【症状】为害叶片，初期在叶背出现淡黄色针头大的油浸状斑点，后

■图10-4　溃疡病病叶

■图10-5　溃疡病病枝

■图10-6　溃疡病病果

逐渐扩大，颜色转为米黄色至暗黄色，并穿透叶的正反两面同时隆起，一般背面隆起比正面更为明显，病斑中央呈火山口状开裂，最后病斑木栓化、灰褐色、近圆形，周围有黄色晕圈。病斑直径一般为0.2～0.5厘米，有时几个病斑相接，形成不规则形大病斑（图10-4）。为害枝梢，夏季嫩梢最为严重，其症状与叶片上类似，但病斑比叶片上的更为突起，其直径为0.5～0.6厘米，周围没有黄色晕环（图10-5）。为害果实，果实病斑也与叶片上类似，但病斑较大，一般直径为0.5～0.6厘米，表面木栓化程度更高，病斑中央火山口开裂亦更为显著。未成熟的青果病斑周围有黄色晕圈，果实成熟后则消失（图10-6）。

【病原】柑橘溃疡病由地毯黄单胞杆菌致病变种引起，属革兰阴性菌，病菌极生单鞭毛，杆状，菌体长1.5～2.0微米，宽0.5～0.8微米，人工培养基上菌落圆滑、黄色、黏稠状。

【发病规律】病菌主要在病部越冬，翌年侵染新生春梢叶片和幼果，成为再侵染来源，辗转侵染夏梢、秋梢。夏梢、幼果受害最重，秋梢次之，春梢较轻。病菌借风雨、昆虫、工具和枝条摇动接触做近距离传播，远距离传播主要通过带病的苗木、接穗和果实传播，带菌土壤亦能传病。病菌从气孔、皮孔或伤口侵入，潜育期一般4～6天。病菌生长的适宜温度为20～34℃，最适为28℃。在自然情况下，病菌在寄主组织中可存活数月，台风和暴风雨有利于该病的发生。不同种类柑橘对本病抗性有很大差异，以甜橙类感病最严重，其次是酸橙、柚、枳，宽皮柑橘类感病较轻，金柑抗病。

【防治方法】由于溃疡病为害比较严重，因此要加强综合治理如下：①实行严格检疫，培育无病苗木；②加强肥水管理，控制氮肥施用量，增施磷、钾肥；③注意病虫害的防治，特别要注意潜叶蛾、凤蝶等害虫的防治，以减少伤口；④控制夏梢，抹除早秋梢，适时放梢，冬季清园；⑤在各次嫩梢和幼果期喷药保护，每次梢期和幼果期各喷药2～3次，主要药剂有1000倍可杀得3000、农用链霉素600～800单位/毫升、77%氢氧化铜可湿性粉剂600倍液、15%络氨铜水剂600倍液、25%噻枯唑或叶枯宁可湿性粉剂600～800倍液、50%代森铵600倍液和80%代森锰锌600倍液等。

3.衰退病

柑橘衰退病在世界各柑橘产区普遍发生。我国广泛分布着柑橘衰退病毒各种株系及其强力媒介昆虫褐色橘蚜。随着我国柑橘产业结构调整，茎陷点型强毒株系在柑橘和某些甜橙品种上的为害日益严重。近年，在有的产区，柚树出现矮化、叶片扭曲和果变小等病态，经实验证明系衰退病毒的茎陷点毒系引起，名为柚矮化病。

【症状】柚矮化病的主要症状是春梢极短，夏、秋梢稍短，叶片扭曲，将枝条皮剥开可见茎木质部有陷点。有的春梢亦稍弯曲。由于梢短、叶片扭曲，以致树冠矮化并呈枝叶丛生状。茎木质部陷点以1年生春梢最严重，常呈条状，密集，上覆黄褐色胶状物；一般大枝和主干上木质部条状陷点比较稀疏；砧木部有的也有稀疏或密集的条状陷点，有的则不见。病树果实早落，存留树上的果小、果形不正、皮厚，种子退化。

其他类型的病树一般是比较缓慢地凋萎，开始发病时，病枝上不抽发或少抽发新梢，叶片无光泽，主脉及侧脉附近明显黄化，不久即脱落。也有病树的叶片突然萎蔫，干挂树上，称速衰病。

【病原】是一种线状病毒，大小为2000纳米×（10～12）纳米。它

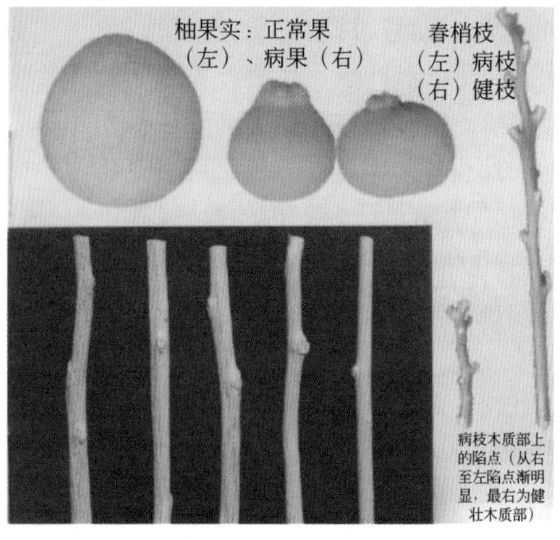

■图 10-7　衰退病矮化症状

是黄化病毒组（closterovirus）成员。根据寄主的病状表现，有致病力强弱不同的病毒株系。

【发病规律】本病可通过带毒的苗木和带病的接穗嫁接传染。在田间由橘蚜、棉蚜、橘二叉蚜与绣线菊蚜等传播。

寄主对衰退病的感病性是病害发生的重要条件。一般以酸橙（如兴山酸橙、代代等）作砧木的甜橙高度感病，以酸橙作砧木的宽皮柑橘也感病。以枳、酸橘、红橘、枳橙、粗柠檬、黎檬和甜橙作砧木的甜橙和宽皮柑橘都较耐病。实生植株的感病性，各品种间也有差异。弱毒系只为害来檬；强毒系除为害来檬外，还为害酸橙、尤力克柠檬和葡萄柚；其他种类的实生植株耐病。枳和枳橙则基本免疫。

【防治方法】①应用耐病砧木：选用枳、酸橘、黎檬、红橘等抗（耐）病品种作砧木。②应用弱毒系保护：预先免疫接种弱毒系，防止强毒系感染为害。③若无实用弱毒系，对于柚矮化病，建议种植抗病品种如强德勒柚；若种植其他感病品种时，建议使用无病毒苗木，同时加强蚜虫防治。

4. 树脂病

国内各柑橘产区均有发病，可导致枝条枯死、树势衰弱，严重时引起全株枯死，染病果实贮运期间易腐烂。

【症状】冬季温度较低，柑橘易受冻害地区发病严重。病菌侵染枝干所发生的病害为树脂病，侵染叶片、小枝及幼果所发生的病害称为砂皮病，侵染果实后，使其在贮藏时腐烂发病称为褐色蒂腐病。

树脂病可表现多种类型：在甜橙类、温州蜜柑等品种上常为流胶型，初期病部皮层松软，水浸状、褐色、有小裂纹，流出酒糟味褐色胶液，后期病皮坏死干硬而微翘。在本地早、早橘和南丰蜜橘等宽皮橘上常为干枯型，病斑无流胶，皮层红褐色、有小裂缝，在病健交界处有一条褐色明显的突起线。两种症状在一定的条件下可以互相转化，无论哪种症状，木质部皆为浅灰褐色，在病健交界处有一条黄褐色或黑褐色带痕（图10-8）。

图10-8　树脂病枝干

病菌侵染嫩叶或幼果后，患病组织表面有许多散生或密集的紫褐色至黑褐色硬质胶点，略突起，使表面粗糙，似粘附许多细沙粒，故称砂皮病，影响外观，发病早的则使患病组织发育不良（图10-9、图10-10）。

图10-9　树脂病病叶

果实在贮藏期间被病菌侵染，开始时在蒂部出现水渍状褐色病斑，后扩大，边缘波纹状，称为褐色蒂腐病。菌丝迅速沿果实中轴发展，使果心腐烂，但腐烂的果皮坚韧，手指轻压不易破裂，可用来区分其他引起果实腐烂的病害。

图10-10　树脂病果实

【病原】柑橘间座壳菌，属子囊菌亚门，学名为*Diaporthe citri*，无性世代为柑橘拟茎点霉*Phomopsis citri*，属半知菌亚门。分生孢子器黑色，分生孢子卵圆形或纺锤形，还有钩状分生孢子。

【发病规律】以菌丝体和分生孢子器在病组织内越冬，成为次年初侵染源。多雨潮湿时，分生孢子溢出，借雨、风、昆虫和鸟类等传播。病菌的寄生性不强，必须在寄主组织生长衰弱或受伤的情况下才能侵入为害。低温是诱发树脂病的主导因素，在冬季气温较低的地区，此病常随寒潮的到来橘树受冻伤而发病。一般以甜橙类、金柑类和温州蜜柑等发病较严重。砂皮病一般只为害嫩叶和幼果，而褐色蒂腐病可发生在果蒂形成离层的时候，在果实生长旺盛时侵入的病原菌受抑制呈潜伏状态，不表现症状，贮藏后期发病较多。

【防治方法】本病以栽培防治为主，药剂防治为辅。做好防寒工作非常重要，有降温预报时，最好在果园内进行熏烟。加强管理、增强树势可提高柑橘植株的抗病能力。将树干用涂白剂（石灰：食盐：水=10：1：50）刷白或涂保护剂防止夏天日灼和冬季冻伤。对于枝干部发生的树脂病斑，可用利器将枝干病斑进行浅刮深（纵）刻后涂药。使用药剂：80%代森锌可湿性粉剂20倍液；50%多菌灵可湿性粉剂100倍液；50%甲基硫菌灵可湿性粉剂100倍液等。保护嫩梢、嫩叶和幼果，在芽长2毫米之前和谢花2/3时各喷1～2次药，药剂选用80%代森锰锌可湿性粉剂600～800倍液，80%克菌丹水分散粒剂600～800倍液等。

5.炭疽病

柑橘炭疽病是柑橘产区普遍发生的一种病害，可引起落叶，落果，枝梢枯死，果实大量腐烂。

【症状】可危害叶片、枝梢和果实等。危害叶片表现为慢性型（叶斑型）和急性型（叶枯型）两种，慢性型病斑多发生在叶缘或叶尖，浅灰褐色，近圆形或不规则形，病斑上常有排成同心轮纹状的黑色小粒点，为病菌的分生孢子盘（图10-11）。急性型病斑颇似开水烫伤，初为淡青色小斑，后迅速扩展为水渍状边缘不清晰的波纹状斑块，病部组织枯死后多呈“V”字形或倒“V”字形斑块（图10-12）。

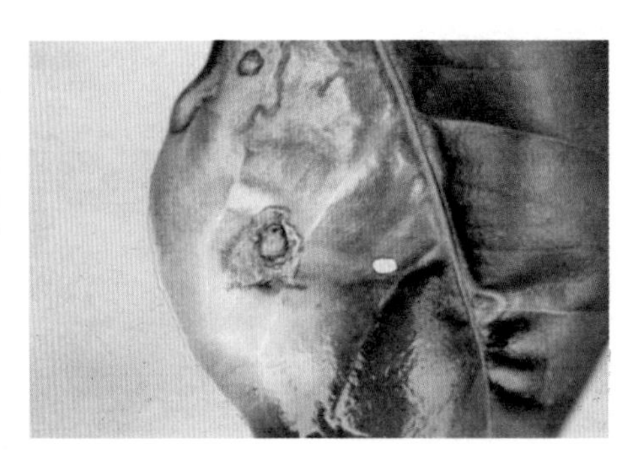

■ 图10-11 炭疽病典型病叶

危害枝梢时，一种症状为病梢由上而下枯死，多发生在寒害后的枝梢上，初期病部褐色，后呈灰白色，其上散生许多小黑点，病健组织分界明显；另一种症状发生在枝梢中部，病斑初为淡褐色，后扩大为长梭形，至环绕枝条一周，导致病梢枯死（图10-13）。2年生以上的枝条，病斑处的皮色较深，病部不易观察清楚，剥开皮层可见皮部枯死。

幼果受害，初为暗绿色油渍状不规则形病斑，后扩展至全果，可引起大量落果或成僵果挂在树上。长大后的果实受害，其症状有干疤、泪痕和腐烂3种类型。干疤型病斑近圆形、褐色、微下陷、革质状，病组织不深入皮下，病斑上可见大量黑色或红色小点；泪痕型症状表现为果皮表面下陷呈一条条如泪痕状的病斑，为许多红褐色小点组成；腐烂型多在采收贮藏时发生，一般从果蒂开始，形成圆形、褐色、凹陷的病斑，病部散生黑色小粒点（图10-14）。

【病原】病原菌为半知菌亚门的有刺炭疽孢属，学名*Colletotrichum gloeosporiorides*，病部小黑点为分生孢子盘，分生孢子梗在盘内呈栅状排列，圆柱形，单孢，分生孢子椭圆形至短椭圆形。

【发病规律】柑橘炭疽病是一种潜伏侵染性病害，潜伏侵染结构是普遍而大量存在于柑橘植株各部位表面的附着孢，分生孢子很容易萌发，但不能直接侵入健全的柑橘组织。恶劣的气候条件或其他不良因素使树体处于衰弱的状况是影响柑橘炭疽病发生轻重的因素。

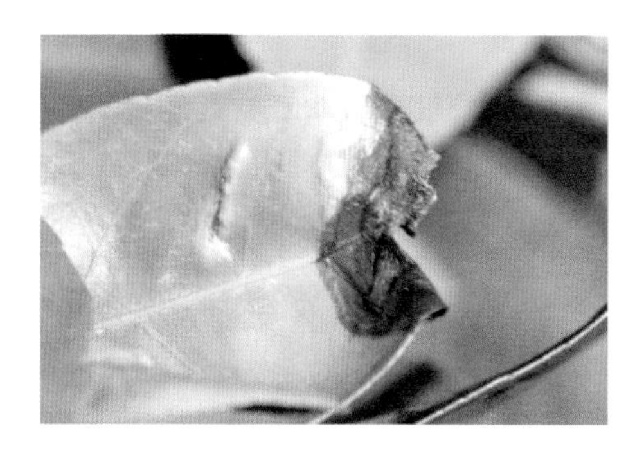

■图10-12 急性炭疽病叶片

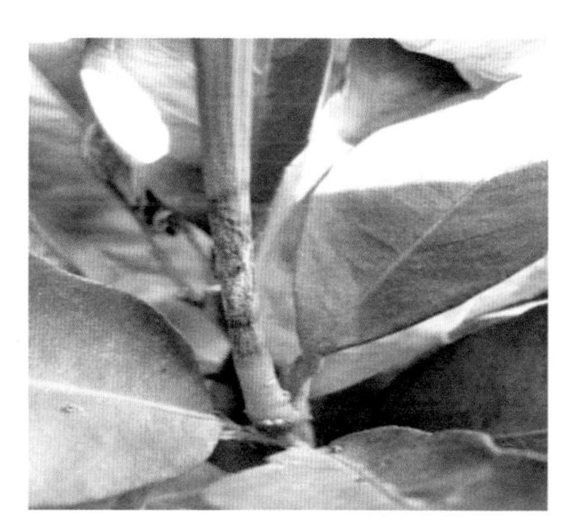

■图10-13 炭疽病枝梢症状

■图10-14 炭疽病果实症状

【防治方法】增强柑橘的树势是防治柑橘炭疽病的关键，因此要加强栽培管理及其他病虫害防治，增施有机肥，注意修剪等。柑橘炭疽病菌的附着孢对杀菌剂有较强的抗药性，但各种杀菌剂对该病菌的分生孢子杀伤力很强，能有效阻止孢子萌发、入侵和形成附着胞。在春、夏梢嫩梢抽发期（杂柑幼树是重点）和果实成熟前期进行观察，可在发病初期喷施80%代森锰锌可湿性粉剂600倍液，25%溴菌腈可湿性粉剂500倍液，70%甲基硫菌灵或5%多菌灵可湿性粉剂800倍液，每隔15天喷药1次，连喷2～3次。清洁果园，清除病枝叶、病树，消灭侵染源。

6. 流胶病

流胶病分布较普遍，是柠檬生产中的常见病和多发病，有些甜橙园也有发生。该病主要危害主干和主枝。

【症状】多发生在距离地面30厘米以上的主干上，病害初发时呈油浸状褐色小点，中间的裂缝可流出胶状物，后病斑扩大，有酒糟味，流胶增多，树皮腐烂（图10-15）。重病树叶片黄化脱落，树势衰退，落叶不结果，严重降低果实的产量和品质，有的甚至使植株枯死（图10-16）。

【病原】病因比较复杂，主要由菌核菌、树脂菌、疫菌和灰霉菌4种真菌引起。

【发病规律】病原菌在老病斑上越冬，第二年从伤口侵入皮层。该病在果园普遍发生，主要分布在主干和主枝及其分杈处，以及向阳的西、南枝干和易遭冻害的迎风部位。施氮肥较多的果园发病普遍，结果越多的树

■图10-15　流胶病症状

■图10-16　树干流胶病引起树势衰弱

流胶病发生愈严重。流胶病周年均可发生，以高温多湿的6～9月最为严重；果园土壤黏重排水不良发生重，大树较幼龄果树发病重，叶片含氮量高的植株流胶病发生普遍且严重。

【防治方法】根据不同的土壤条件选择不同的砧木，碱性土壤的橘园选用红橘作砧木，中性或偏酸性土壤的橘园用枳作砧木，对减少病害的发生较有效。彻底剪除病死枝干，烧毁病虫枝、枯枝残叶，减少病原。提高果园的管理水平，冬季气温下降前对果树进行培土防冻，增施钾、硼，有利于防治流胶病和提高果实品质。采用火焰灼烧法治愈效果较好，即用喷灯对准发病部位，从外缘向中央灼烧，使腐烂部与相接的健部不冒紫褐色的胶液为止。将树干用涂白剂（石灰∶食盐∶水=10∶1∶50）刷白或涂保护剂防止夏天日灼和冬季冻伤。对于枝干部发生的病斑，可用利器将枝干病斑处浅刮深（纵）刻后涂药。使用药剂：80%代森锌可湿性粉剂20倍液；80%乙磷铝可湿性粉剂100倍液；50%甲基硫菌灵可湿性粉剂100倍液；50%甲霜灵200倍液等。

7.黑斑病

柑橘黑斑病又称黑星病，主要危害果实，也可危害枝叶（图10-17、图10-18），果实受害严重时引起落果，未落果实不耐贮藏，品质下降，造成经济损失较大。

图10-17　黑斑病病果

图10-18　黑斑病病叶

【症状】黑斑病症状主要有两种类型，即黑星型和黑斑型。

黑星型初生红褐色小斑点，扩大后为暗紫色或黑褐色，病斑直径1～6毫米，一般以2～3毫米常见，病斑边缘稍隆起，中间凹陷，灰褐色至灰色，其上有很多细小黑色粒点，即分生孢子器。病斑仅限于果皮，不深入果肉，病斑多时引起落果。黑斑型初为淡黄色或橙色斑点，后扩大为直径1～3厘米凹陷的暗褐色、黑色大病斑，中部散生许多黑色小点，为病菌的分生孢子器，严重时病斑会串连，几乎至整个果面。此类型主要发生在运输和贮藏期间的果实上。

【病原】无性阶段为橘果茎点霉菌，学名为*Phoma ciricarpa*，属半知菌亚门，分生孢子器近球形，黑色，有孔口，分生孢子着生于分生孢子器内壁，分生孢子单孢、无色。有性阶段为橘果球座菌，学名为*Guignardia citricarpa*，子囊果球形、黑色，子囊束状排列，圆柱形，子囊内生8个子囊孢子，孢子两端有透明的胶状附属物。

【发病规律】病菌以子囊果、分生孢子器及菌丝体在病组织上越冬，翌年4～5月环境条件适宜，子囊果散出子囊孢子，分生孢子器内散出分生孢子，靠风雨及昆虫传播危害。病菌侵入后先受抑制而潜伏，在果实着色即将成熟时菌丝体迅速扩展并表现症状。该病在高温多湿条件下发病较严重，病菌发育温度为15～38℃。橘类和柠檬较感病，柑类和橙类较抗病，树龄对发病也有一定影响，4～5年生植株一般发病较少，7年以上大树，特别是老树发病较重。

【防治方法】因此病病菌只在幼果期侵染，落花后一个半月内，可进行药剂喷洒，减轻危害，每隔15天喷一次药，连喷2～3次。药剂防治可用80%代森锰锌可湿性粉剂600倍液，50%多菌灵可湿性粉剂1000倍液，50%甲基硫菌灵可湿性粉剂500～1000倍液等。另外，在柑橘采后剪去有病枝叶，并将落叶落果集中烧毁，冬季可用石硫合剂清园。增施肥料，注意氮、磷、钾的适当配合，增强树势，采果时尽量避免损伤果皮。

8.脚腐病

柑橘脚腐病又称裙腐病、烂蔸疤，此病对甜橙危害最严重，几乎遍及世界各柑橘产区。主要危害树干根颈部，引起皮层腐烂，严重时造成基部皮层腐烂一周，树势衰弱，最后死亡。

【症状】该病发病部位大多在土面上10厘米左右的根颈部，病部树皮呈不规则的水渍状，树皮腐烂、褐色、有酒糟气味、常有褐色胶液流出，气候温暖潮湿，病部迅速扩展；干燥时，病部开裂（图10-19）。可向下蔓延，引起主根、侧根甚至须根大量腐烂，也会横向扩展，形成皮层环状腐烂，导致全株死亡。该病发生较重时，对应的树冠上叶片主侧脉呈金黄色，易脱落，病树开花多，果实早落，残留的会提前转黄。

■ 图10-19 脚腐病树干病斑

【病原】大多数情况下为多种疫霉 *Phytophthora* sp.引起，如寄生疫霉和柑橘褐腐疫霉。寄生疫霉在PDA培养基上，菌丝呈絮状，孢子囊多顶生，圆形或洋梨形，具乳状突起，易脱落。有人认为本病是由疫霉菌和镰刀菌（*Fusarium* sp.）复合感染所致，有待于进一步研究。

【发病规律】病菌以菌丝和厚垣孢子在病株和土壤中的病残体中越冬，翌年雨量增多，菌丝形成孢子囊，释放出游动孢子，随水流或土壤传播，引起新的发病。在高温多雨季节发病较重，地势低洼、积水或地下水位高的果园发病重，本病4～9月均可发生，以6～8月发病最多。栽培管理不当及施肥烧伤树皮或根皆容易得病，天牛等引起的伤口，会加剧该病的发生。甜橙、柠檬等发病最重，橘次之，枳和酸橙高度抗病，而实生甜橙及以甜橙为砧木嫁接的甜橙树受害最重。

■ 图10-20 靠接抗病砧木防治脚腐病

【防治方法】防治该病的根本途径是使用较强抗病性砧木，枳、枳橙、枸头橙、宜昌橙等抗病力强，其次为酸橘和香橙砧木。用抗病砧木嫁接时，要提高嫁接的部位，定植不宜过深。注意柑橘园管理，保持果园排水良好，要做到雨季无积水，雨后园地不板结，合理密植以利果园通风，避免湿度过大。初夏查病斑，挖开主干基部泥土，直至根颈部，如有病斑，先刮去外表泥土及粗皮，现出较清晰病斑，再用刀纵刻病部深达木质部，然后涂药，可用的药剂有25%甲霜灵可湿性粉剂100倍液，50%多菌灵可湿性粉剂100倍液，50%甲基硫菌灵可湿性粉剂100倍液，80%乙磷铝可湿性粉剂100倍液等。对已用感病砧木植株主干靠接3株抗病砧木（图10-20）。

9. 煤烟病

又称煤病，分布普遍，覆盖柑橘组织表面，影响光合作用，因而使树势减弱，幼果易腐烂，果实品质低劣。

【症状】该病初始危害时，组织表面出现一层薄的褐色小斑，后逐渐扩大，覆盖整个组织，形成黑色或暗褐色的霉层，均匀布及全面，如粘附一层煤烟，霉层上可长出黑色的小粒点（分生孢子器、闭囊壳），有的可长出刚毛状突起物（长型分生孢子器）（图10-21）。

■ 图10-21　煤烟病病枝叶

该病的病原菌种类较多，引起的症状也有差异。煤炱属引起的病害，霉层薄纸状，较易撕下或自然脱落；刺盾炱属引起的病害，霉层易擦落，多生于叶正面；小煤炱属危害时，霉层为辐射状小霉斑，分散不连片，不易剥落。

【病原】柑橘煤炱 *Capnodium citri* 等十多种。以菌丝体，闭囊壳或分生孢子器在病部越冬。菌丝暗褐色，着生于寄主表面，形成子囊孢子及分生孢子。

【发病规律】病原菌的种类多样，除小煤炱属为寄生菌外，其余均属表面附生菌，以蚜虫、粉虱和蚧类等昆虫的分泌物为营养，不侵入寄主组织。病原菌以菌丝体、闭囊壳及分生孢子在病部越冬，翌年由风雨传播，孢子散落在昆虫分泌物上，引起再度发病，蚜虫类、蚧类和粉虱类害虫较多的果园，煤烟病发生严重。小煤炱属引起的发病与虫害关系不密切，凡管理差、郁闭潮湿的果园皆易发生。

【防治方法】做好对蚜虫类、蚧类及粉虱类害虫的防治，去除病原菌繁殖的营养条件；合理修剪，增加通风透光，减少发病；对小煤炱属引起的煤烟病，6月中下旬及7月上旬各喷一次铜皂液（硫酸铜0.5千克+松脂合剂2千克+水200千克），防治效果较好。在发病初期，可喷0.3%～0.5%石灰过量式波尔多液、50%多菌灵400倍液或95%机油乳剂200倍液抑制蔓延。煤烟病比较严重时，最好采用5%吡虫啉1500倍液+绿颖150倍液喷2次，间隔7～10天一次。

10.幼苗立枯病

本病在各柑橘产区普遍发生，引起实生苗出土过程中大量死亡，病株出现后病害迅速蔓延，危害较大。

【症状】病苗靠近土表的基部出现褐色水渍状斑块，后扩大，使基部缢缩腐烂，病苗的叶片萎蔫死亡（图10-22）。有的幼苗顶部叶片感染，产生褐色斑块，使叶片枯死，形成枯顶病株。病部能长出白色菌丝体，条件适宜时，后期可产生灰白色菌核。

【病原】病原为多种真菌，立枯丝核菌*Rhizoctonia solani*为主要病原，属半知菌亚门，菌丝分支近直角，菌核呈不规则形、暗褐色、外表粗糙，在缺乏营养和环境条件不良时产生菌核。此外还有半知菌亚门的腐霉菌*Pythium de-baryanum*及镰刀菌*Fusarium* spp.，鞭毛菌亚门的疫霉属*Phytophthora* spp.等。

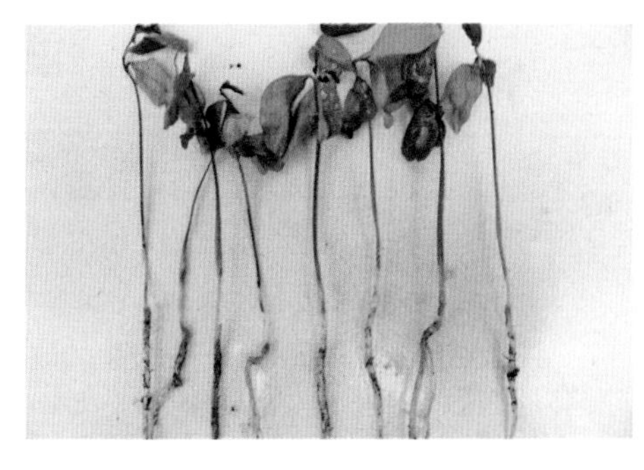

■图10-22 幼苗立枯病症状

【发生规律】立枯丝核菌是一种土壤习居菌，以菌丝体或菌核在病残组织及土壤中越冬，环境条件适宜时，菌丝体侵染幼苗，形成中心病株，迅速蔓延成灾，可通过雨水及农事操作进行传播。高温多雨的天气，排水不良和苗床透光不佳的环境易发生。未发现高抗品种和抗病材料，酸柚、枸头橙等为中抗品种。

腐霉菌和疫霉菌主要以菌丝体在土壤中的病残组织中越冬，也可以卵孢子在土壤中越冬。适宜条件下，产生孢子囊，随风雨传播，孢子囊侵入寄主发病，后又快速形成大量孢子囊，重复侵染。

镰刀菌以菌核或厚垣孢子在土中或以菌丝体和分生孢子在病残组织中越冬，还可以在土中腐生，存活2～3年。

苗圃地势低洼、排水不良、土壤含水量过高等各病菌皆易侵染，幼苗过密、连续阴雨等，可造成病害大量发生。疫霉菌侵染在春季抽梢期遇温度低、雨水多的天气发病重；丝核菌侵染春秋两季中发生较高。从品种来说，丝核菌侵染品种较广；幼苗在1～2片真叶时最感病，苗龄60天以上基本不发病。

【防治方法】柑橘立枯病是一种土传病害，因而防治的重点是苗圃地的选择和土壤消毒。苗圃地以地势高、沙壤土、排灌方便为佳，实行轮作尤其是与禾本科的作物轮作，可有效减轻病害。用五氯硝基苯混合细土覆盖种子，防止病害发生。发现病株，应及时拔出烧毁，并喷药防治。以后每隔1～2周喷一次，连喷3～4次。药剂可选用70%敌克松可湿性粉剂500倍液、50%多菌灵可湿性粉剂500倍液、50%甲霜灵可湿性粉剂500倍液等。另外在拔出病株根部附近的地面，撒入石灰粉及草木灰，也可防止此病蔓延。

第二节　柑橘主要害虫（螨）识别与综合防控技术

1.柑橘红蜘蛛

柑橘红蜘蛛属蛛形纲、蜱螨目、叶螨科，又名柑橘全爪螨、瘤皮红蜘蛛。我国各柑橘产区均有分布。该螨除为害柑橘外，还可为害梨、桃、木瓜、樱桃、木菠萝、核桃和枣等多种植物。

【为害症状】用刺吸式口器刺吸柑橘叶片、嫩枝、花蕾及果实等器官的汁液，尤以嫩叶受害最重。被害叶片初呈淡绿色，随后变为针头状大小的灰白色斑点，严重时叶片灰白色，失去光泽，引起脱落，导致减产（图10-23）。受害严重时，叶背面和果实表面还可以看见灰尘状蜕皮壳。枝上症状与叶片相似。果实受害后表面呈褪绿灰白色斑，着色不均（图10-24）。

■图10-23 柑橘红蜘蛛叶片为害状

■图10-24 柑橘红蜘蛛为害果实

【形态特征】雌成螨足4对，体长0.3～0.4毫米，宽0.24毫米，长椭圆形，体色暗红。背面有13对瘤状小突起，每一突起上长有1根白色长毛（图10-25）。雄成螨体较雌成螨小，背部有白色刚毛10对，着生在瘤状突上，后端尖削，呈楔形，鲜红色。卵：圆球形，略扁平，红色有光泽，卵上有柄，柄端有10～12条白色放射状细丝（图10-26）。幼螨足3对，体长0.2毫米，近圆形，红色。若螨似成螨，足4对，前若螨体长0.2～0.25毫米，后若螨为0.25～0.3毫米。

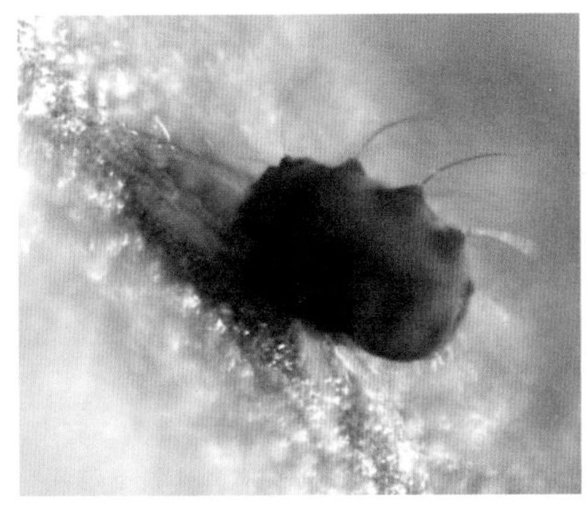

■图10-25 柑橘红蜘蛛雌成虫

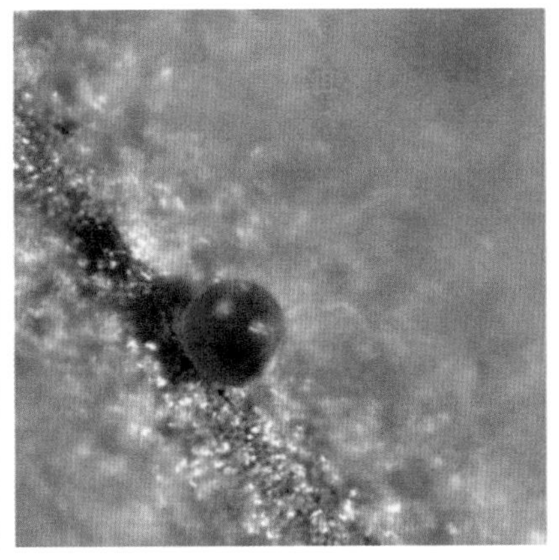

■图10-26 柑橘红蜘蛛卵

【发生规律】柑橘红蜘蛛的发生受温度、降雨、天敌数量及杀螨剂使用状况等多种因素的影响。气温对其影响最大。年平均温度15℃地区，1年发生12～15代；17～18℃地区，1年发生16～17代；20℃以上地区，1年发生20～24代。温度为19.83～29.86℃时，平均世代历期20.25～41天。在12℃时田间虫口开始增加，20℃时盛发，20～30℃和70%～80%相对湿度是其发育和繁殖的最适宜条件，低于10℃或高于30℃虫口受到抑制。4～5月发芽开花前后由于温度适合，又正值春梢抽发营养丰富，是其发生和为害盛期，因此是防治最为重要的时期。此后由于高温高湿和天敌增加，虫口受到抑制而显著减少。9～11月如气候适宜又会造成危害。每雌产卵量为31～62.5粒，日平均产卵量为2.97～4.87粒。雌成螨可行孤雌生殖，但其产生的后代均为雄螨。苗木和幼树受害较重。

【防治措施】①加强橘园肥水管理，增强树势，提高树体对害螨的抵抗力。②搞好橘园生草栽培，改善橘园小气候，为天敌生存提供有利条件。保护利用橘园内自然天敌：塔六点蓟马、食螨瓢虫、草蛉和捕食螨等。有条件的地方提倡饲养释放尼氏真绥螨和巴氏钝绥螨等捕食螨控制柑橘红蜘蛛。捕食螨在平均每叶有柑橘红蜘蛛1～2头时释放，根据树龄大小，每棵树原则上挂捕食螨1～2袋（500～600头/袋），悬挂在树冠基部的第一分叉上。在释放捕食螨前10～15天对病虫害进行一次喷药防治，释放后30天内不要用药，释放后1～2天最好不要下雨。③根据柑橘害螨发生时期和杀螨剂自身的特点，在害螨达到防治指标时，选用对捕食螨、蓟马及食螨瓢虫等天敌毒性较低的专用杀螨剂进行喷药防治。柑橘红蜘蛛防治适期：春芽萌发前为100～200头/100叶，春芽长1～2厘米或有螨叶达50%；5～6月和9～11月为500～600头/100叶。开花前低温条件下选用15%哒螨酮1500～2000倍液、5%噻螨酮2000～2500倍液、24%螺螨酯5000～6000倍液及20%四螨嗪1500倍液等药剂；花后和秋季气温较高选用25%三唑锡1500～2000倍液、50%苯丁锡2500倍液、50%丁醚脲1500～2000倍液、73%炔螨特2500～3000倍液、5%唑螨酯2000～2500倍液、99%矿物油200倍液等，药剂使用应均匀周到。其中，矿物油在发芽至开花前后及9月至采果前不宜使用。同时，注意杀螨剂交替使用，延缓害螨抗药性产生。

2. 四斑黄蜘蛛

四斑黄蜘蛛属蛛形纲、蜱螨目、叶螨科，又名柑橘始叶螨，分布较广。该螨除为害柑橘外，还为害葡萄及桃等果树。

【为害症状】四斑黄蜘蛛主要为害柑橘叶片和嫩梢（图10-27、图10-28），尤以嫩叶受害重，花蕾和幼果少有为害。该螨常在叶背主脉两侧聚集取食，聚集处常有丝网覆盖，卵即产在下面。受害叶片呈黄色斑块，严重时叶片扭曲畸形。树体受害严重时出现大量落叶、落花、落果，对树势和产量影响较大。

■ 图10-27 黄蜘蛛叶片为害状

■ 图10-28 黄蜘蛛嫩梢为害状

【形态特征】雌成螨近梨形图10-29，长0.35～0.42毫米，宽0.19～0.22毫米，体色橙黄色，越冬成虫体色较深，背部微隆起，上面有七横列整齐的细长刚毛，共13对，不着生在瘤突上。体背有明显的黑褐色斑纹4个，足4对。雄成螨较狭长，尾部尖削，体形较小，长约0.30毫米，最宽处0.15毫米。卵圆球形，光滑，直径0.12～0.14毫米，刚产时乳白色，透明，随后变为橙黄色，卵壳上竖着一根短粗的丝。幼螨初孵时淡黄色近圆形，长约0.17毫米，足3对，约1天后雌体背面即可见4个黑斑；若螨足4对，前若螨似幼螨，后若螨似成螨，但比成螨略小，体色较深，可辨雌雄。

■ 图10-29 雌成螨和卵

【发生规律】1年发生15～20代，世代重叠。以卵和雌成螨在树冠内膛、中下部的叶背受害处越冬，尤其在病虫为害的卷叶内螨口较多。该螨无明显越冬现象，在3℃以上就开始活动，卵在5.5℃时开始发育孵化，14～15℃时繁殖较快，20℃时大发生，20～25℃和低湿是其最适发生条件。故春季较红蜘蛛发生早15～30天。春芽萌发至开花前后（3～5月）是为害盛期，此时高温少雨为害严重。6月以后由于高温高湿和天敌控制，一般不会造成危害，10月以后如气温适宜也可造成危害。该螨喜欢在树冠内和中下部光线较暗的叶背取食，尤其喜欢聚集在叶背主脉、侧脉及叶缘部分吸食汁液。受害处凹下呈黄色或黄白色，向叶正面突起，凹处布有丝网，螨在网下生活，这给药剂防治带来困难。大树发生较幼树重。苗木很少受害。

■图10-30 捕食螨追逐黄蜘蛛

【防治措施】针对四斑黄蜘蛛发生比柑橘红蜘蛛稍早及发生与分布规律，及时周到喷药。其防治措施参见柑橘红蜘蛛。四斑黄蜘蛛防治指标开花前为100头/100叶，花后300头/100叶。单甲脒和双甲脒对四斑黄蜘蛛防治效果不理想。四斑黄蜘蛛对有机磷农药虽然很敏感，但由于对天敌和环境不安全，因此最好不要使用。有条件的地方可饲养释放捕食螨控制四斑黄蜘蛛（图10-30）。

3.柑橘锈壁虱

柑橘锈壁虱属蛛形纲、蜱螨目、瘿螨科，又称锈螨、锈蜘蛛，是为害柑橘最严重的害螨之一。国内许多柑橘产区均有分布，在三峡库区、广东、广西、浙江和福建等柑橘产区为害尤为严重。

【为害症状】主要在叶背和果实表面吸食汁液，果实、叶片被害后呈黑褐色或古铜色，果实表面粗糙，失去光泽，故称黑炭丸、火烧柑，影响果实外观和品质；严重被害时，叶背和果面布满灰尘状蜕皮壳，引起大量落叶和落果（图10-31、图10-32）。

【形态特征】成螨体长0.1～0.2毫米，身体前端宽大，后端尖削，楔形或胡萝卜形，体色初期淡黄色，逐渐变为橙黄色或橘黄色。头小，向前方伸出，具螯肢和须肢各1对。头胸部背面平滑，足2对，腹部有许多环纹（图10-33）。卵为圆球形，表面光滑，灰白色透明。若螨形体似成螨，较小，腹部光滑，环纹不明显，腹末尖细，足2对。第一龄若螨体灰白色，半透明；第二龄若螨体淡黄色。

■图10-31　柑橘锈壁虱植株为害状

■图10-32　柑橘锈壁虱果实受害状

■图10-33　锈壁虱成螨、若螨

【发生规律】柑橘锈壁虱以成螨在夏、秋梢腋芽和病虫为害的卷叶内越冬。年发生代数随地区及气候不同而异。一般年发生18～20代，在浙江黄岩一年约发生18代，福建龙溪年发生24代。有显著的世代重叠现象。该螨平均产卵量14粒。世代历期较短，卵期平均3.2～5.3天，若螨期平均3.9～9.8天，平均一代历期为10～19天。在日平均气温21.5～30.0℃时，成螨寿命为4～10天，因此，气温适宜时，该螨种群数量上升极为迅速。越冬成螨第二年3月开始活动，然后转向春梢叶片，聚集于叶背的主脉两侧为害，5～6月蔓延至果面上。6月下旬起繁殖迅速，7～10月为发生盛期。9月以后，部分虫口转至当年生秋梢为害，直到11月中、下旬仍可见较多的虫口在叶片与果实上取食。在7～9月高温少雨条件下，常猖獗成灾。6～9月是防治该螨的关键时期。高温干旱幼螨大量死亡。

■ 图10-34 侧多食跗线螨嫩梢为害状

■ 图10-35 侧多食跗线螨嫩梢及叶背为害状

【防治方法】①改善果园生态环境：园内种植覆盖作物，旱季适时灌溉，保持果园湿度，以减轻发生与为害。②为害调查：5～10月，检查当年春梢叶背或秋梢叶背有无铁锈色或黑褐斑，或个别果实有无暗灰色或小块黑色斑。若有，应立即喷药，以免造成损失。也可从6月上旬起，定期用手持放大镜观察叶背，6～9月出现个别受害果或2头/视野（手持10倍放大镜）害螨，气候适宜时开始喷药防治。③药剂防治：用于防治柑橘红蜘蛛的药剂除噻螨酮外，均对柑橘锈壁虱有效。除此之外，1.8%阿维菌素3000～4000倍液、80%代森锰锌600～800倍液的防治效果也很好。在高温多雨条件多毛菌流行时要避免使用铜制剂防治柑橘病害，同时保护好里氏盲走螨、塔六点蓟马、长须螨、草蛉等捕食性天敌。

4.侧多食跗线螨

侧多食跗线螨属蛛形纲、真螨目、跗线螨科，又称茶黄螨，俗名白蜘蛛，为杂食性害螨，已知为害寄主达70种以上，除为害茄子、辣椒、番茄、豇豆、黄瓜、丝瓜等多种蔬菜外，还为害茶、烟草等多种经济植物，近年对柑橘的危害日益严重。

【为害症状】侧多食跗线螨可为害柑橘的嫩叶、嫩芽、嫩枝和果实。嫩叶在伸展前期受害，受害叶多纵向卷曲呈筒状，叶狭小或呈扭曲状；在伸展中期受害后形成不规则畸形，畸形部分从叶尖或叶缘向叶片基部发展（图10-34）。受害叶叶肉增厚，受害处表皮呈银白色或银灰色而有龟裂纹，叶片失去光泽，硬脆而易脱落（图10-35）。嫩芽受害后顶端不能抽生而膨大呈瘤状，与瘤壁虱为害形成的胡椒状虫瘿相近，但在瘤状芽内无螨。果实受害后，多在果实上半部（尤以果蒂附近较多）表皮上，产生较大的银白色或银灰色表面有龟裂纹的薄膜状疤痕覆盖受害部位，使果实表皮形同覆盖着一层浓米汤状的膜，用手指甲可将其刮掉（图10-36）。

■图10-36 侧多食跗线螨果实为害状

【形态特征】雌成螨体椭圆形，长约0.21毫米，初为淡黄色，后为橙黄色，半透明，有光泽。体分节不明显。沿背中线有一条白色由前至后而逐渐加宽的条纹，颚体宽阔，螯肢针状，须肢圆柱状。足4对，第4对足纤细。雄成螨较雌成螨略小，菱形，腹部末端尖削，体色似雌成螨，足长而粗壮（图10-37）。卵椭圆形，无色透明，长约0.1毫米，表面有纵向排列成5～6行的白色小瘤。幼螨初孵时椭圆形或菱形，乳白色或淡绿色，足3对。若螨纺锤形，淡绿色，足4对。

■图10-37 侧多食跗线螨成虫

【发生规律】该螨在重庆一年发生20～30代，以成螨在杂草根部或柑橘叶片上介壳虫的空介壳内越冬。次年4～5月，当平均温度达20℃时开始发生，田间直至11月均有活动，世代重叠。生存和繁殖的最适条件为25～30℃，相对湿度80%以上。故夏、秋季高温多雨条件下发生多，为害重。夏、秋梢和幼果至果实膨大期受害重，春梢和大果很少

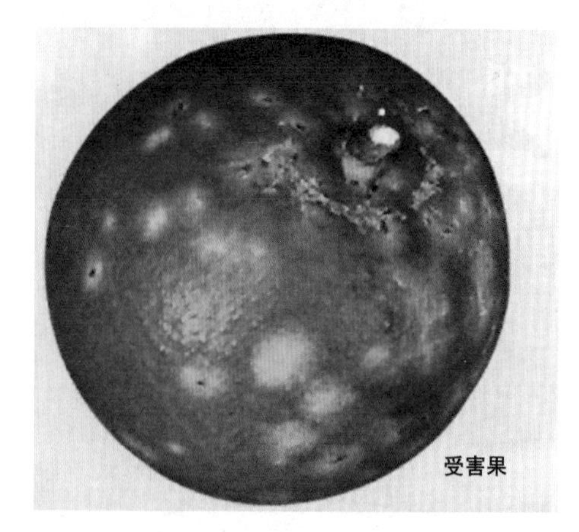

■图10-38 受矢尖蚧为害的病枝、病果及病树

受害。幼苗和幼树抽梢多受害重。树势生长旺抽梢次数多的受害重。果园或苗圃附近有茄科和豆科等蔬菜的柑橘苗木受害重。温室、网室和大棚内种植的苗木受害重。远距离传播主要靠苗木调运。近距离传播靠风、雨水等，株间或树冠内传播主要靠爬行。卵多产于叶片背面，一头雌成螨一生可产卵30～40粒。多行两性生殖，不交配能产卵，但其后代多为雄性。

【防治方法】①注意果园和苗圃规划，苗圃和橘园附近不要种植或间作茄科和豆科等蔬菜，也不要种植茶树，以免相互传播；②合理修剪改善柑橘园和树体的通风透气条件，以降低园内湿度，减轻为害；③在害螨大发生时，选择对尼氏真绥螨、长须螨和食螨瓢虫等天敌较安全的药剂进行喷药防治。主要药剂有20%哒螨酮2000～2500倍液、73%炔螨特2500～3000倍液、25%三唑锡或50%苯丁锡2000～2500倍液和1.8%阿维菌素3000～4000倍液等。每7～10天一次，连喷两次。

5. 矢尖蚧

矢尖蚧又名矢尖介壳虫，属同翅目、盾蚧科。我国各柑橘区均有分布，但以中亚热带和北亚热带柑橘区分布多、危害重。

【为害症状】仅为害柑橘类。其若虫和雌成虫均取食柑橘叶片、小枝和果实汁液，叶片受害处呈黄色斑点，若许多若虫聚集取食受害处反面呈黄色大斑，嫩叶严重受害后叶片扭曲变形，树体受害严重时则枝叶枯焦、树势衰退、产量锐减。果实受害处呈黄绿斑，外观差、味酸，受害早而严重的果实小而易裂果。但不诱发煤烟病（图10-38）。

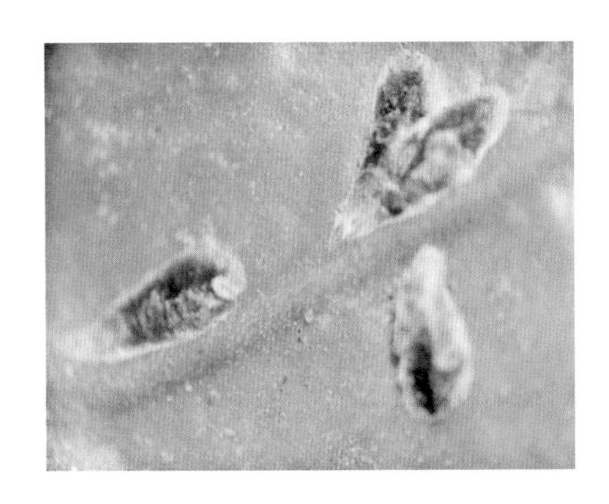

■ 图10-39 矢尖蚧雌成虫

【形态特征】雌成虫介壳长形稍弯曲褐色或棕色，长约3.5毫米，前窄后宽末端稍窄形似箭头，中央有一明显纵脊，前端有2个黄褐色壳点（图10-39）。雌成虫体橙红色长形，胸部长、腹部短。雄成虫体橙红色，复眼深黑色，触角、足和尾部淡黄色，翅无色。卵椭圆形橙黄色。初孵化的活动若虫体扁平椭圆形，橙黄色，复眼紫黑色，触角浅棕色，足3对淡黄色，腹末有尾毛一对，固定后足和尾毛消失，触角收缩。开始分泌蜡质形成壳（图10-40）。2龄雌虫介壳扁平淡黄色半透明，中央无纵脊，壳点1个，虫体橙黄色。雄虫背部开始出现卷曲状蜡丝，在2龄初期其介壳上有3条白色蜡丝带形似飞鸟状，后蜡丝增多而在虫体背面形成有3条纵沟的长筒形白色介壳，其前端有黄褐色壳点1个，虫体淡橙黄色（图10-41）。

■ 图10-40 矢尖蚧若虫

【发生特点】1年发生2～4代，以雌成虫和2龄若虫越冬。次年4月下旬至5月初当日均温达19℃时雌成

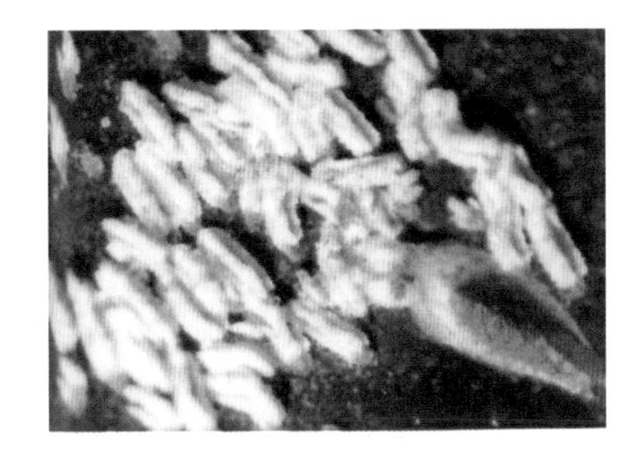

■ 图10-41 雌成虫介壳和雄成虫介壳

虫开始产卵孵化，各代1龄若虫分别于5月上旬、7月中旬和9月下旬达高峰。约10月下旬停止产卵孵化，各代中以第一代发生量大而较整齐，以后世代重叠。第一代1龄期约20天，2龄期约15天。温暖潮湿有利其发生，高温干旱幼蚧死亡率高，树冠荫蔽通风透光差有利发生，大树受害重。雌虫多分散取食，雄虫则多聚集取食。第一代多取食叶片。两性生殖。

【防治方法】①加强栽培管理，增强树势，提高抵抗力。剪除虫枝、干枯枝和荫蔽枝，减少虫源和改善通风透光条件，有利于化学防治。②化学防治：由于第一代发生多而整齐是化学防治重点，当有越冬雌成虫的去年秋梢叶片达10%或2个以上小枝组明显有虫，或越冬雌成虫达15头/100叶，或出现少数叶片枯焦应立即喷药防治。具体施药时间为枳砧锦橙初花后25天或第一代2龄雄若虫初见后5天，或第一代若虫初见后20天喷第一次药15天后再喷一次。如虫口不多，也可在2、3代若虫期防治。药剂有：40.7%毒死蜱或25%喹硫磷或25%噻嗪酮1000～2000倍液，25%阿克泰2000～3000倍液，0.5%苦参·烟碱800～1000倍液，99%绿颖（或敌死虫）100～200倍液，95%机油乳剂50～150倍液，或前4种药剂之一的2000～3000倍液+绿颖（或机油乳剂）300倍液混用效果更好，必要时15天后再喷一次。③保护利用天敌：日本方头甲、红点唇瓢虫、整胸寡节瓢虫、矢尖蚧黄蚜小蜂、花角蚜小蜂和红霉菌等是其重要天敌，在其第2、第3代时发生很多应注意保护。

6.糠片蚧

糠片蚧又名灰点蚧，属同翅目、盾蚧科，我国各柑橘区均有分布，取食柑橘、梨、苹果、山茶、樱桃和蔷薇等数十种植物。

【为害症状】可为害柑橘树干、枝、叶片和果实，尤以果蒂等灰尘较多处为多，常多个聚集取食。叶片受害处呈淡绿色斑点，果实受害处呈黄绿色斑点（图10-42、图10-43），由于其介壳呈灰白色，故枝干受害后其表面布满灰白色介壳（图10-44）。它还分泌蜜露诱发煤烟病使叶果表面覆盖一层黑色霉层，降低光合作用和养分制造功能，削弱树势，降低果实产量和品质。受害严重时树势很差，枝叶干枯死亡。

【形态特征】雌成虫介壳长1.5～2.0毫米，形状和颜色不定，但多为不规则椭圆和卵圆形，介壳多为灰褐或灰白色，中部略隆起，边缘颜色较淡，两个壳点较小、多重叠位于介壳边缘，第一壳点椭圆形暗黄色、第二壳点近圆形黄褐色。雌成虫近圆形淡紫或紫红色。雄虫介壳狭长灰白色，两边近平行，壳点淡黄色。卵椭圆形淡紫色。初孵若虫扁平椭圆形，淡紫色，复眼黑褐色，触角及足较短，尾毛1对。固定后足和尾毛消失。2龄雌虫介壳近圆形淡褐色，壳点淡黑色斜位于介壳前端，雄虫2龄介壳略长淡紫色。

图10-42　糠片蚧未成熟果实为害状

【发生特点】1年3～4代，多以雌成虫和卵越冬，也有少数以2龄若虫和蛹越冬。田间世代重叠，发生极不整齐。各代1～2龄若虫分别盛发 于4～6月、6～7月、7～9月和10月至次年4月，尤以7～9月为多，1～3代历期分别为50～59天、40～45天和53～58天。能行孤雌生殖。产卵期长达3个月。若虫孵化后或在母体下面固定或爬出介壳固定取食，并分泌蜡质形成白色绵状物覆盖虫体，并形成介壳。各代产卵雌成虫的高峰期比下一代初孵若虫盛期约早10天。第一代主要为害枝叶，第二代为害果实最重。它喜寄居在荫蔽和光线不足的枝叶上，尤以果园四周邻近公路有蛛网或灰尘沉积处最多，果实油胞下凹处及果蒂部等处较多。叶面多于叶背。一株树上先从主干和枝条蔓延至叶片和果实。

图10-43　糠片蚧成熟果实为害状

图10-44　糠片蚧枝干为害状

【防治方法】加强栽培管理增强树势提高植株补偿力，剪除虫枝、密弱枝和干枯枝减少虫源改善通风透光条件，清洁树体减少树上灰尘改善生态条件可减轻危害。做好虫情测报，抓住各代1、2龄若虫盛发期喷药1～2次进行化学防治。药剂种类和施用浓度同矢尖蚧防治。其天敌主要有日本方头甲、草蛉、长缨盾蚧蚜小蜂、黄金蚜小蜂、糠片蚧恩蚜小蜂、长缘毛蚜小蜂、柑橘蚜小蜂和红霉菌等应注意保护和利用。

7. 褐圆蚧

褐圆蚧又名茶褐圆蚧，属同翅目盾蚧科。为害柑橘、银杏、茶、栗和蔷薇等多种植物。我国各柑橘区均有发生，但以广东、福建和广西3省（自治区）南部和海南省等地发生及危害重。

【为害症状】它吸食柑橘枝干（图10-45）、叶片和果实汁液。叶片受害处叶绿素减退呈淡黄色斑点（图10-46），使光合作用减弱枝梢生长不良，严重时叶片大量脱落；受害果实表面斑点累累凹凸不平，降低果实品质和商品价值。不诱发煤烟病。

【形态特征】雌成虫介壳较坚硬，圆形，直径1.2～2.0毫米，紫褐或暗褐色，中央隆起，表面有密而圆的同心轮纹，介壳边缘较低，壳点圆而重叠位于介壳中央形似草帽状，第一壳点极小金黄或红褐色周围有暗褐圆圈似脐状，第二壳点暗紫红色。腹介壳较薄灰白色。雌成虫杏仁形淡黄或淡橙黄色，长约1.1毫米。雄介壳椭圆形长约1.0毫米，与雌介壳同色，但后端为灰白色，壳点偏向前端。雄成虫体淡黄色，触角、足、交尾器和胸部背面褐色。卵淡橙黄色长卵形长约0.2毫米。若虫初孵时淡橙黄色呈卵形，足3对，触角和尾毛各1对，口针较长，固定后附肢逐渐消失至2龄

■图10-45 褐圆蚧枝干为害状

■图10-46 褐圆蚧叶片为害状

时仅剩口针。

【发生特点】在各地年发生代数不一，一般1年约3代，多以雌成虫越冬，田间世代重叠。各代若虫分别盛发丁5月上中旬、7月中旬、8月中旬至9月中旬。卵不规则产于母体下，产卵期1～8周，卵期数小时至2～3天，若虫孵出后爬出介壳数小时后即固定，固定前称游荡若虫其活动力强。第一龄若虫发育及活动最适温度为26～28℃，27～28℃时一龄若虫期约15天，2龄期约11天。行两性生殖。其繁殖量与营养条件有关，果上雌成虫平均产卵145粒，叶片上的每雌仅产卵80粒。幼蚧自然死亡率高，一般仅1/5～1/2最终存活。第一代为害叶片和幼果尤以嫩叶受害重，第二代取食果实最重。雌虫多在叶背尤以叶片边缘为害较多，雄虫多在叶面取食。甜橙受害最重，柚次之，橘类最轻。

【防治方法】加强栽培管理增强树势提高树体抵抗和补偿力，剪除虫枝和干枯枝可减少虫口基数和恢复树势，也有利于药剂防治。加强虫情监测，在各代2龄若虫盛期喷药防治，每15～20天1次，连喷2次，药剂种类和浓度同矢尖蚧防治。其天敌很多，其中主要有日本方头甲、整胸寡节瓢虫、红点唇瓢虫、草蛉、纯黄蚜小蜂、印巴黄蚜小蜂、斑点蚜小蜂、夏威夷食蚧蚜小蜂和红霉菌等，应注意保护利用。

8.黑点蚧

黑点蚧又名黑点介壳虫和黑片盾蚧，属同翅目盾蚧科。我国各柑橘栽培区均有分布。为害柑橘、枣和椰子等多种植物。

【为害症状】其雌成虫和若虫常群集吸食柑橘叶片、果实和嫩枝汁液。叶片受害处呈黄色退绿斑，严重时叶片变黄（图10-47），果实和枝条受害后亦形成黄斑，使果实外观和内质差，严重时会延迟果实成熟（图10-48）。还能诱发煤烟病使枝叶和果实表面覆盖着黑色霉层，影响植物的光合作用减少养分供应，使树势衰弱，严重时枝叶干枯死亡。

【形态特征】雌成虫介壳长方形漆黑色，长1.6～1.8毫米，背面有3条纵脊，第一壳点深黑色椭圆形斜向或正向突出于介壳前端，第二壳点较大呈长形，介壳周围边缘附有灰白色蜡质膜（图10-49）。雌成虫倒卵形淡紫色。雄虫介壳略狭长而呈长方形灰黑色，长约1.0毫米，介壳后有较宽的灰白色蜡质膜。壳点1个椭圆形黑色位于介壳前端。雄成虫淡紫红色，复眼大而呈黑色，翅半透明有2条翅脉。卵椭圆形淡紫红色长约0.25

■ 图10-47 黑点蚧叶片为害症状

■ 图10-48 黑点蚧果实为害症状

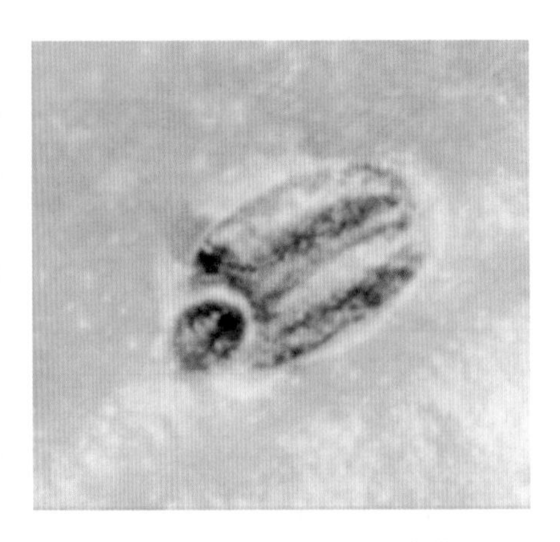

■ 图10-49 黑点蚧雌虫介壳

毫米。若虫初孵时紫灰色扁平近圆形，后为深灰色，固定后足、触角和尾毛消失，并分泌蜡质物在背部形成白色蜡质绵状物称绵壳期。2龄若虫椭圆形，壳点深黑色，中间有一条明显的纵脊，后部为灰白色介壳，虫体灰白色至灰黑色。蛹淡红色。

【发生特点】1年3代，田间世代重叠发生极不整齐。多数以雌成虫少数以卵越冬。第一代1龄若虫于4月中旬开始出现，并于7月上旬、9月中旬出现2次1龄若虫发生高峰，12月至次年4月很少出现。雌成虫则以11月至次年3月最多。卵产在母体下排列整齐，每雌平均产卵孵化出幼蚧50余头。若虫生存最适温度为日均20℃左右。幼蚧自然死亡率高达80%左右，第一代主要取食叶片5月下旬有少量上果，第二代多为害果实少部分取食叶片，第三代多取食叶片。叶面虫口多于叶背，树势衰弱受害重，树冠向阳处多于背阴处。

【防治方法】该虫发生广但不严重。通过加强栽培管理增强树势提高抗虫力和剪除虫枝减少虫口数等措施，一般可控制在经济阈值之内，不需进行化学防治。如越冬雌成虫达2头/叶时，要喷药防治，可在各代若虫高峰期每15～20天喷1次，连喷2次。药剂种类和浓度同矢尖蚧防治。其天敌有日本方头甲、红点唇瓢虫、整胸寡节瓢虫、小赤星瓢虫、盾蚧长缨蚜小蜂、纯黄蚜小蜂、长缘毛蚜小蜂、短缘毛蚜小蜂和红霉菌等，喷药时应注意保护发挥其自然控害效果。

9. 红圆蚧

红圆蚧又名柑橘红圆蚧和红圆蹄盾蚧，属同翅目盾蚧科。我国柑橘栽培区均有分布，辽宁、山东、河北和山西等地也有分布。寄主有柑橘、梨、苹果、茶、李、核桃和银杏等几十种。

【为害症状】雌成虫和若虫常群集吸食柑橘叶片、果实和嫩枝汁液。叶片受害处叶绿素减退而呈淡黄色，影响光合作用和养分供应，使树势衰弱，受害严重时枝叶枯死，柑橘产量和品质降低（图10-50、图10-51）。

【形态特征】雌成虫介壳圆形或近圆形，直径1.8～2.0毫米，橙红色或棕红色，介壳薄而略扁平，壳点位于中央，第一壳点略突起橙红色，中央略呈脐状，周围有灰褐色圆圈，腹介壳完整，介壳透明隐约可见壳内肾形虫体。雌成虫淡橙黄色或橙黄色，体长1.0～1.2毫米。雄虫介壳椭圆形初为灰白色后为暗橙黄色，长约1.0毫米，壳点1个呈橘红或黄褐色偏向介壳一边。卵椭圆形淡黄色至橙黄色。若虫初孵时长椭圆形橙红色长约1.0毫米。2龄若虫初为杏仁形淡黄色，后为肾脏形橙红色，足、触角和尾毛均消失。

■图10-50　红圆蚧枝叶为害状

【发生特点】1年发生3～4代，以雌成虫和2龄若虫越冬。次年4月越冬若虫变为成虫，5月即开始产生幼蚧出现胎生若虫，7月份出现第一代雌成虫，8月份即胎生若虫。第二、三代若虫各于8月和10月产出。一头雌成虫1生可产60～100头幼蚧，初产幼蚧在母体下停留数小时至2天再爬出介壳，活动1～2天即固定取食。若虫固定后1～2小时即开始分泌蜡质在虫体背面形成针尖大的灰白色蜡点并逐步形成介壳。在28℃时

■图10-51　红圆蚧果实为害状

1龄若虫期约12天，其中取食时间约3.5天蜕皮时间约8天，2龄若虫期约10天，其中取食期为3.5天蜕皮时间约6天。雌虫多在叶片背面取食，雄虫则多在叶片表面上为害。常成群聚集树冠和苗木中下部的枝叶上取食。雌成虫胎生若虫时间可达1～2个月。

【防治方法】加强栽培管理增强树势提高树体的补偿力和抗虫力；剪除有虫枝叶和树冠近地面的枝叶，可减少虫口基数也有利于化学防治。在各代若虫盛期尤其在第一代若虫盛期进行喷药防治，每15～20天1次，连喷2次，药剂同矢尖蚧防治。其天敌有双带巨角跳小蜂、黄金蚜小蜂、红圆蚧金黄蚜小蜂、岭南蚜小蜂、中华圆蚧蚜小蜂、整胸寡节瓢虫和红霉菌等，喷药时应注意保护，使其更好发挥对害虫的控制作用。

10. 黄圆蚧

■图10-52 黄圆蚧叶背为害状

■图10-53 黄圆蚧果实为害状

黄圆蚧又名黄肾圆盾蚧和橙黄圆蚧等，属同翅目盾蚧科。我国各柑橘栽培区均有分布，另在山西和陕西等省亦有分布。寄主有柑橘、梨、苹果、椰子、无花果和蔷薇等多种植物。

【为害症状】其雌成虫和若虫常在柑橘叶片、果实和小枝上吸食汁液，使受害处形成明显的退绿黄斑或形成黄边（图10-52、图10-53）。降低了叶片光合功能、削弱了树体养分供应，树势衰弱，严重时引起叶片脱落和枝条枯死。降低柑橘产量和品质。

【形态特征】雌成虫介壳圆形或近圆形，橙黄略带红色或黄褐色至淡黄色，介壳直径约2.0毫米，介壳薄而略扁表面有光泽，介壳半透明透过介壳可见虫体，壳点较扁平、褐色，位于介壳中央或近中央，脐状不明显，周围的灰白色隆起圆圈不明显或无圆圈（图10-54）。雌成虫的大小、形态和颜

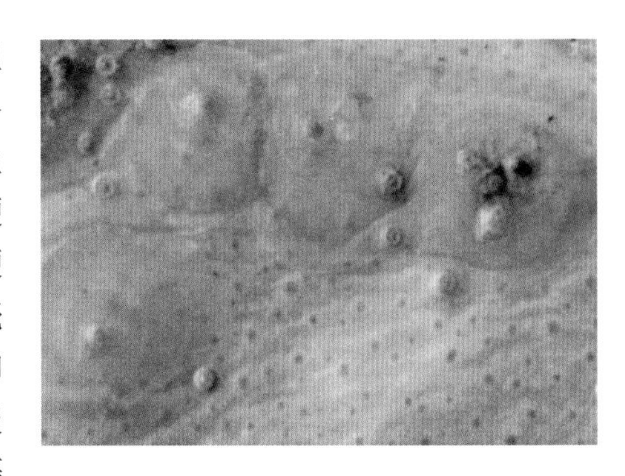

■ 图10-54　黄圆蚧雌成蚧

色均与红圆蚧很相似而易于混同，但黄圆蚧臀板腹面生殖孔的前方两侧各有1个倒“V”字形硬皮片，红圆蚧生殖孔前方两侧各有1个倒“U”字形硬皮片之外其上方两侧还横列有2个硬皮片。雄虫介壳长椭圆形直径约1.3毫米，壳点偏向于1端，介壳的色泽和质地同雌成虫介壳。1龄若虫近圆形淡黄色直径约0.25毫米，有触角和足等附肢，2龄若虫触角和足均消失，并逐渐形成淡黄色的介壳和壳点。

【发生特点】1年发生3～4代，主要以2龄若虫在枝叶上越冬。4月下旬越冬代雌成虫开始产出幼蚧，其卵在雌成虫腹中孵化。各代幼蚧产生盛期约在5月上中旬、7月中下旬和10月上中旬。一头雌成虫一生可胎生幼蚧100～150头。黄圆蚧在柑橘园中常与红圆蚧混合发生，但它的抗寒力较红圆蚧强，在温暖的山麓、溪谷和路边的柑橘园发生多为害重，树势弱、灰尘多的植株受害重。其他习性与红圆蚧相似。

【防治方法】加强栽培管理增强树势提高抗虫力，进行修剪剪除虫枝和弱枝以减少虫源更新树势，采用清洁柑橘园等措施改善橘园生态创造不利于害虫环境条件。做好虫情监测在若虫盛发期及时喷药防治，所使用的药剂和浓度同矢尖蚧，每15～20天1次，连喷1～2次。黄圆蚧的天敌种类与红圆蚧的天敌种类大多相同，如整胸寡节瓢虫、黄金蚜小蜂、双带巨角跳小蜂、岭南蚜小蜂和红霉菌等均对其有很好控制效果，喷药和其他栽培管理时应注意保护。

11. 长牡蛎蚧

长牡蛎蚧又名长蛎蚧、橘长蛎蚧和长牡蛎介壳虫，属同翅目盾蚧科。我国各柑橘栽培区均有分布，另在山东、江苏和河北等省亦有发生。寄主有柑橘、樱桃、葡萄、椰子、橄榄、茶、柳和玉兰等。

【为害症状】其雌成虫和若虫聚集柑橘枝干、叶片和果实上吸食汁液，尤以枝条和叶片上虫口最多（图10-55、图10-56）。叶片上多在叶两面的叶缘和主脉两侧较多。引起受害处退绿变黄，严重时引起落叶枯枝，也损

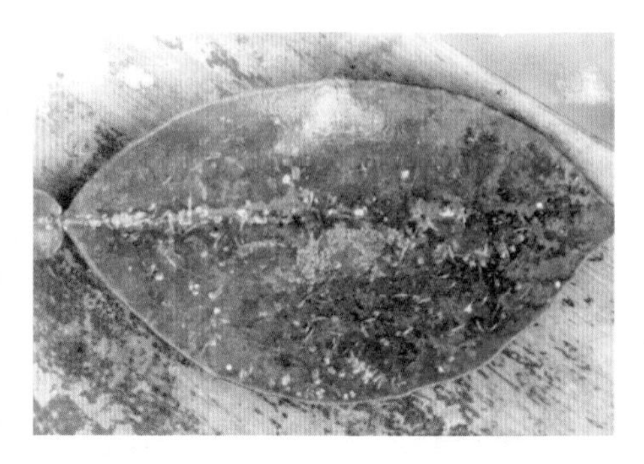

■图10-55 长牡蛎蚧叶片为害状

■图10-56 长牡蛎蚧枝干为害状

害果实外观降低商品价值，降低产量和品质。

【形态特征】雌成虫介壳呈狭长形，长2.5 ～ 3.3毫米，宽0.95毫米，介壳略向一边弯曲，后端略宽，柠檬色或暗棕色。壳点两个椭圆形或长椭圆形淡黄色至淡琥珀色，突出于介壳的前端。腹介壳灰白色，中央有较宽而长的裂缝，并从头到腹部末端将腹介壳分为左右两片，裂缝由前到后端渐大明显可见其虫体。雌成虫体细长淡紫色，体长1.5 ～ 2.0毫米。雄虫介壳似雌虫介壳，但颜色稍浅，长约1.5毫米，介壳两边略平行，壳点1个突出于介壳前端。雄成虫体长0.65毫米，淡紫色，翅透明，复眼紫红色。触角略紫色11节。卵长椭圆形长0.23毫米，初产时灰白色后变为淡紫红色似珍珠状，在雌成虫腹下排成2行，每行12 ～ 14粒。初孵若虫长椭圆形淡肉红色，有触角、足和尾毛，爬行较快，固定后附肢消失并开始分泌蜡质在背部渐形成微黄色蜡质物，2龄雌若虫体背蜡质层初为灰白色后为橙黄色。2龄雄若虫初期与2龄雌虫相同，后期介壳较狭长。蛹初为肉红色后为淡紫色。

【发生特点】该虫1年发生2 ～ 3代，以受精雌成虫越冬。次年4月上中旬开始产卵4月下旬至5月初为产卵盛期，第一代一龄若虫于5月上中旬盛发，第一代雌成虫于7月下旬至8月下旬盛发。第二代雌成虫于10月上旬至11月下旬产卵，10月中下旬达产卵盛期。柑橘园中它常与牡蛎蚧混合发生，幼树以树冠中部枝叶上较多，果实次之，大树以树冠中上较多。

【防治方法】加强栽培管理增强树势提高树体抵抗力和补偿力；结合修剪剪除有虫枝和密弱枝以减少虫口基数和改善树体生态条件，改善化学防治条件提高防治效果。加强虫情监测，需喷药防治时可在各代若虫盛发期喷药，每15～20天1次，喷1～2次。使用的药剂种类和浓度与矢尖蚧防治相同。其天敌有长牡蛎蚧黄蚜小蜂、红圆蚧金黄蚜小蜂、双带花角蚜小蜂、长缨恩蚜小蜂、瘦柄花翅蚜小蜂、双斑唇瓢虫和红霉菌等，对其有较好的控制效果应注意保护利用。

12. 长白蚧

长白蚧又名日本长白蚧和白橘虱等，属同翅目盾蚧科。

【为害症状】其雌成虫和若虫在柑橘的枝、干、叶片和果实上吸食汁液，常造成枝叶干枯和脱落，严重时植株枯死，严重影响柑橘的产量和果实外观及内质（图10-57）。

【形态特征】雌成虫介壳灰白色，长纺锤形，其前端附着1个呈点状的卵圆形褐色壳点（图10-58），雌成虫体长梨形黄色，体长0.6～1.4毫米，宽0.2～0.36毫米，口针很长，腹部明显可见8节。雄成虫体淡紫色，体长0.48～0.66毫米。头部和复眼的色泽较深，翅白色半透明，触角丝状共9节。腹部末端有针状交尾器。卵椭圆形淡紫色，长0.2～0.27毫米。初孵若虫椭圆形淡紫色，长0.20～0.31毫米，触角5节，足3对发达，腹部末端有尾毛1对，1龄后期体长约0.39毫米。2龄若虫体长0.36～0.92毫米，3龄若虫体淡黄色，腹部最后3～4节向前隆起。蛹体长0.66～0.85毫米。

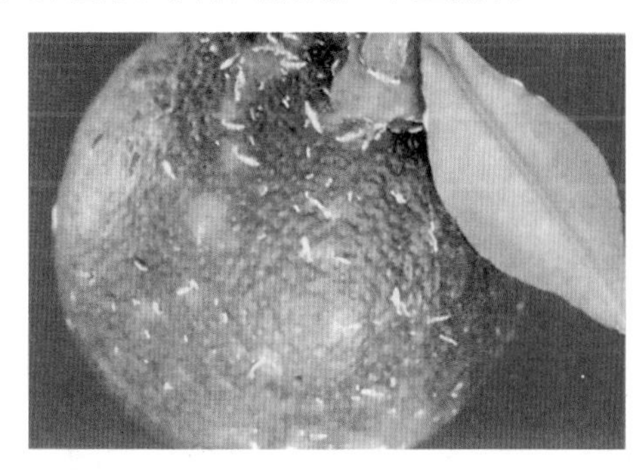

■图10-57 长白蚧果实为害状

【发生特点】1年发生3代，主要以老熟若虫和前蛹在枝干上越冬。次年3月中旬雄成虫开始出现，4月上中旬为雄成虫出现盛期，4月下旬为雌成虫产卵盛期，5月上旬卵开始孵化出现第一代若虫，5月下旬为第一代若虫盛

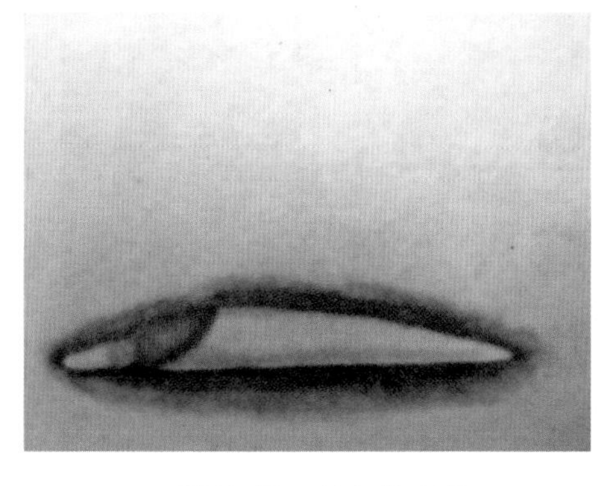

■图10-58 长白蚧介壳

发期。第2和第3代若虫分别盛发于7月下旬和9月中旬至10月上旬。田间雌成虫产卵期较长世代重叠严重。雄成虫多于下午羽化出来，其飞翔力较弱交配后即死亡。每雌平均产卵20余粒，卵期5～21天。晴天中午若虫大量从母体下爬出，经2～5小时爬行后即固定，并很快开始分泌蜡质形成灰白色介壳。该虫目前在浙江衡州橘区为害严重。寄主组织幼嫩有利其生长发育，一般小树受害重于大树，高温低湿不利于其生存。其生长最适条件为20～25℃和80%以上的相对湿度。

【防治方法】该虫目前仅在少数地区发生，要注意防止其传播蔓延，新区应加强苗木检查发现苗木等有虫时应立即销毁。剪除有虫枝、密弱枝和荫蔽枝，不间种高秆作物，一则可降低虫口数，二则降低果园湿度、改善光照条件、恶化害虫生存条件，也有利化学防治。化学防治应在各代1、2龄若虫盛期喷药，药剂种类和浓度同矢尖蚧。其天敌有长白蚧长棒蚜小蜂、长白蚧阔柄跳小蜂、长缨恩蚜小蜂和红点唇瓢虫等，应注意保护利用。

13.吹绵蚧

吹绵蚧又名吹绵介壳虫、白蚰和黑毛吹绵蚧，属同翅目硕蚧科，在我国分布很广泛。寄主植物有柑橘、梨、苹果、桃、芝麻、蔷薇、豆科和茄科植物等100余种。

■图10-59　吹绵蚧枝叶为害状

【为害症状】它的雌成虫常聚集柑橘枝、干上吸食，若虫尤其是低龄若虫多在叶片和小枝上取食，果梗和嫩芽也有少数虫体（图10-59）。受害叶片变黄，叶绿素含量降低，光合作用差。引起落叶落果。它分泌蜜露诱发严重煤烟病使枝叶和果实表面覆盖很厚的一层黑色霉层，不但降低光合作用功能还削弱植株呼吸作用，使树势衰弱。严重时枝叶干枯，植株死亡。严重降低柑橘产量和品质。

【形态特征】雌成虫椭圆形红褐色，长5～7毫米、宽3.7～4.2毫米，背面有很多短的黑色细毛，并覆盖着许多白色颗粒状蜡粉（图10-60、图10-61）。头、胸和腹分界明显，触角11节黑色，足黑色有刚毛。产卵前在腹部后部分泌蜡质在体后形成表面有14～16条沟较规则的白色卵囊，卵长椭圆形橘红色长0.7毫米，卵产在卵囊内。1龄若虫椭圆形橘红色，背面有蜡粉，复眼，触角和足黑色，腹末有3对长尾毛，触角6节。2龄若虫红褐色背面蜡粉淡黄色，3龄若虫体红褐色触角为9节。以后随虫体增大体色变深，体毛、蜡粉和背部边缘的毛丛增多，胸部和腹部边缘的毛呈毛簇状。雄虫极少。

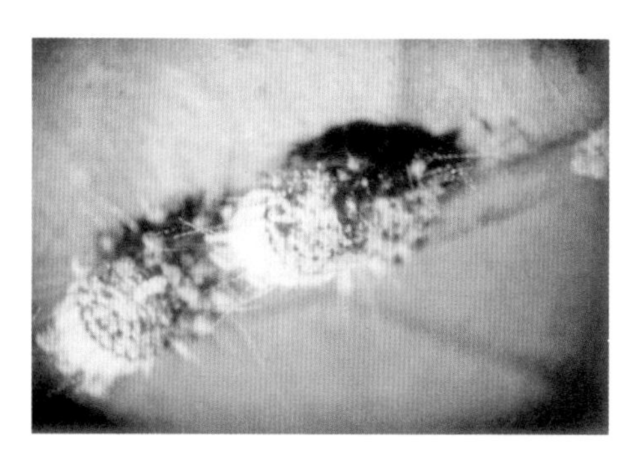

■ 图10-60　吹绵蚧有卵囊雌成虫

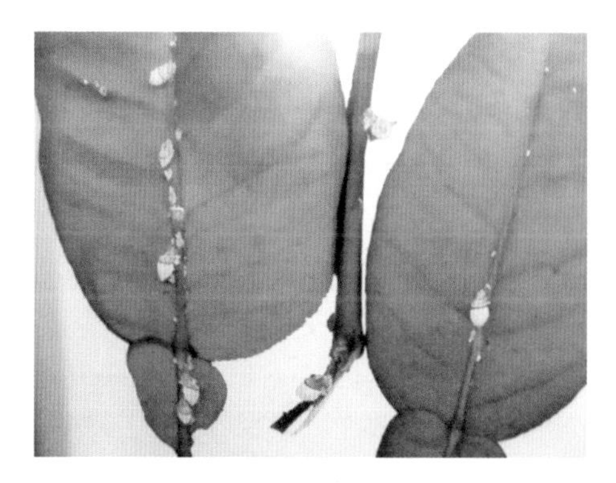

■ 图10-61　吹绵蚧初孵若虫和雌成虫

【发生特点】1年发生3代，各虫态均可越冬但以若虫越冬为主。田间世代重叠。越冬雌成虫3月份开始产卵5月达盛期，其繁殖量较大第一代平均每雌可产805粒卵。第一代若虫于5月上旬至6月中旬盛发。第二代若虫于7月中旬至11月下旬发生，8～9月盛发。田间若虫高峰期主要在5～6月和8～9月。田间雌成虫分别于4～5月、7～8月和9～10月为多，尤以4～5月、9～10月最盛。多进行孤雌生殖。温暖高湿适宜其发生，20℃和高湿最适于产卵，22～28℃最适于若虫活动，23～27℃最适于雌成虫活动。低于12℃或高于40℃若虫死亡率大增。雌成虫多在枝、干上群集取食，1龄若虫多在叶背主脉附近取食，2龄后逐渐分散取食，若虫每蜕皮1次就换1处取食。树势弱受害重。

【防治方法】加强田间管理增强树势提高抗虫力和补偿力。剪除虫枝、荫蔽枝和干枯枝可减少虫口基数、改善植株生长条件、恢复树势。橘园不间种高秆作物和豆类等，一则可降低果园湿度，二则可减少其他寄主植物，还可提高施药质量。由于吹绵蚧寄主广繁殖量大而易暴发成灾，故要

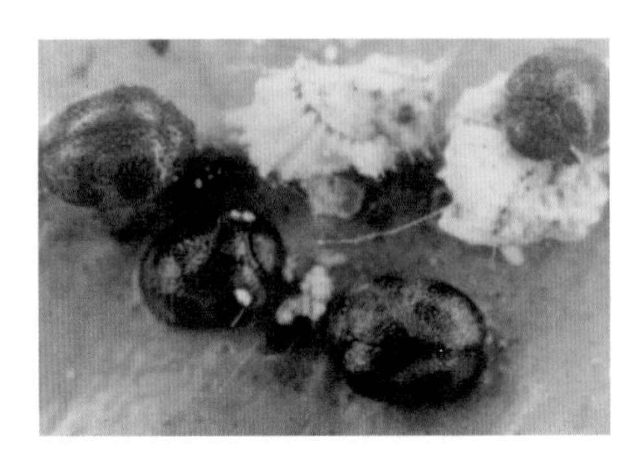

■图10-62 澳洲瓢虫取食吹绵蚧

严防传入无虫区，一旦发现有虫植株应立即销毁。澳洲瓢虫是其最有效的专食性天敌，有虫区应尽量利用其来控制害虫，放虫后要尽量不喷或少喷有机磷和拟除虫菊酯类杀虫剂以免杀死天敌（图10-62）。如无天敌时也可在若虫盛期喷药防治，药剂种类和浓度同矢尖蚧，但机油乳剂对其防治效果差。

14. 红蜡蚧

红蜡蚧又名红蜡介壳虫、红蚰，属同翅目蜡蚧科。我国各柑橘栽培区均有分布。寄主有柑橘、茶、柿、枇杷、梨、荔枝、樱桃、石榴和杨梅等数十种。

【为害症状】其若虫和雌成虫常聚集在柑橘当年抽发的春梢枝条上吸食汁液，果梗和叶柄上也有少数虫体取食（图10-63）。除吸食养分外它还分泌蜜露诱发严重的煤烟病，使枝叶和果面覆盖很厚的黑色霉层，既降低了光合效能、减少养分供应、降低产量，又严重损坏果实的外观。受害树枝叶抽发短小而少，开花少结果小，干枯枝多树势衰弱。使柑橘产量和品质损失很大。

【形态特征】雌成虫体椭圆形紫红色，背面有较厚的呈不完整的半球形中央稍隆起的粉红或暗红色直径3～4毫米的蜡质介壳，介壳四边向上反卷呈瓣状，从介壳顶端至下边有4条扭曲延伸的白色斜线。雄虫介壳较狭小而色较深。卵紫红色椭圆形，长0.3毫米。初孵幼蚧体扁平椭圆形，淡紫色，体长约0.4毫米，触角6节，腹末有尾毛2根，固定后触角、足和尾毛消失，随即分泌蜡质在体背形成白色蜡质小点（图10-64）。2龄若虫体稍突起广椭圆形紫红色，背部开始形成蜡壳和白色蜡线。3龄若虫长圆形体长约0.9毫米，蜡壳两侧的白色蜡线更显著，蜡

■图10-63 红蜡蚧雌成虫

壳更厚，介壳中央隆起成脐状。

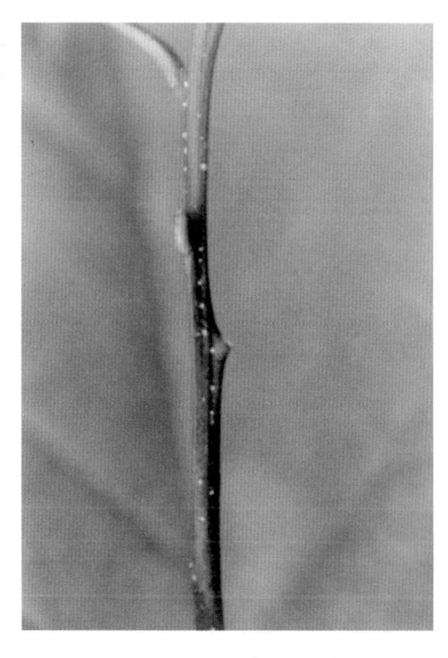

■图10-64 红蜡蚧幼蚧

【发生特点】该虫1年发生1代，以受精雌成虫越冬。次年5月中下旬开始产卵，卵期1～2天。幼蚧盛发于5月底至6月初，7月初为幼蚧发生末期。每雌平均产卵475粒。幼蚧孵出后即从介壳下爬行至当年生春梢枝条上固定取食，并很快分泌蜡质在体背形成白色蜡点，以后蜡质逐渐增多加厚形成介壳。雌虫1～3龄期分别为20～25天、23～25天和30～35天。雌雄比为9∶1，橘类和金柑受害重，橙和柑橘受害轻，大树受害重，幼树受害轻，尤以衰弱树受害最重。当年生春梢枝受害重，其他枝和叶片很少受害。雌虫多在枝条上取食，雄虫则多在叶背和叶柄上。

【防治方法】加强肥水管理多施有机肥增强树势，使树体新梢抽生整齐、生长快而健壮，可减轻危害。剪除虫枝、干枯枝和衰弱枝可减少虫口基数和更新树势，提高补偿力。从5月上旬开始每2天观察1次幼蚧孵出情况，如发现当年的春梢枝上有个别幼蚧爬出或固定之后20天左右喷第一次药剂，过20天后再喷1次，药剂种类和浓度同矢尖蚧防治。红蜡蚧的主要天敌有孟氏隐唇瓢虫、红蜡蚧啮小蜂、蜡蚧扁角跳小蜂、夏威夷软蚧蚜小蜂和红帽蜡蚧扁角跳小蜂等，喷药和修剪时应注意保护利用。

15.网纹绵蚧

网纹绵蚧又名多角绵蚧和多角絮蚧，属同翅目蜡蚧科。我国各柑橘栽培区均有发生，江西部分柑橘栽培区发生较重。

【为害症状】其若虫和雌成虫常群集柑橘叶片和小枝条上吸食汁液，尤以叶背主脉两侧较多，果实上极少（图10-65、图10-66）。它还诱发煤烟病使柑橘的枝叶和果实表面覆盖黑色霉层阻碍光合作用。它既消耗树体养分又降低了养分制造效能，使植株生长衰弱，枝梢抽发短小而少，使柑橘产量和品质降低。

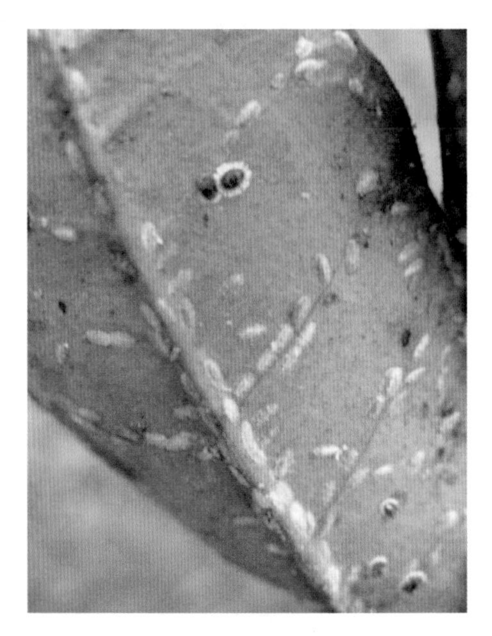

■图10-65　网纹绵蚧为害叶片

■图10-66　网纹绵蚧为害枝

【形态特征】雌成虫体长2.5～5.3毫米，宽约2.0毫米。扁平长椭圆形，体前后端稍窄而略圆。背面中央有稍隆起呈暗黄褐色或灰黑色脊纹，边缘略扁平而色稍淡（图10-67），至产卵前脊纹消失而呈现暗黄绿色，体周缘黄褐色。体背有一薄层白蜡粉，白色卵囊自腹末伸出近长圆形，带卵囊虫体长4～7毫米宽3～5毫米，其背面由前向后呈波状起伏并有2条横纹与3条略下凹而成的平行纵沟相交而成网状故名网纹绵蚧，又因虫体两侧有白色蜡质絮状物在近前端两侧各伸出几条稍长白色蜡质角状物故又名多角绵蚧，这有别于吹绵蚧的卵囊而不易混淆。卵椭圆形淡黄绿色长0.3毫米。初孵幼蚧长椭圆形淡黄绿色，触角和足发达，单眼红褐色，体周有缘毛，稍大时背中央有1条淡黄褐色纵纹。2龄若虫初期无色透明，雌虫后期体呈卵形中部稍宽背中央隆起有暗褐色纵纹，体边缘略扁平。雄虫体稍小而扁平呈淡黄色，背中央无暗褐色纵纹，背面呈网纹状。

【发生特点】1年发生2代，以2龄若虫在枝叶上越冬。次年4月越冬若虫从老叶迁至嫩梢和嫩叶上取食，并变为成虫，雌成虫产卵前形成卵囊产卵其中（图1-68），4月中下旬为产卵初期，4月末至5月中旬达盛期，5月上中旬卵大量孵化。每雌一生可产卵213～1791粒，平均1089粒，每日产卵多达150余粒，产卵期达10余天。若虫孵出后即爬至新枝新叶寻觅取食和栖息处，若虫遇惊后可迁至他处。第二代若虫于7月下旬至8月上旬出现，但以第一代若虫发生多危害重。郁闭和密弱柑橘园受害重。

【防治方法】加强肥水管理增强树势提高树体抗虫力和补偿力，剪除有虫枝、郁闭枝和干枯枝等可减少虫口基数、改善柑橘园生态条件、减轻危害，也有利于化学防治。化学防治应在第一代若虫期进行，也可在第二代或越冬后若虫期进行，药剂种类和浓度同矢尖蚧防治。其天敌有黑缘红瓢虫、红点唇瓢虫、蜡蚧花翅蚜小蜂、夏威夷软蚧蚜小蜂、草蛉和刀角瓢虫等，喷药时应注意保护和利用。

■图10-67 网纹绵蚧雌成虫

■图10-68 网纹绵蚧有卵囊雌成虫

16.柑橘小粉蚧

柑橘小粉蚧又名橘棘粉蚧，属同翅目粉蚧科。我国各柑橘栽培区均有分布。

【为害症状】它多聚集在柑橘叶柄、果梗近萼片处和枝叶交接处等荫蔽地方取食，尤以萼片和叶背主脉近叶柄两侧较多（图10-69）。叶片受害处多呈黄斑，严重时叶片变黄脱落，果梗受害导致落果。它还诱发严重的煤烟病使枝叶和果实表面布满黑色霉层，阻碍光合作用、降低养分制造功能，使植株生长势衰弱，使果实产量和品质降低。分泌的蜜露还招引蚂蚁

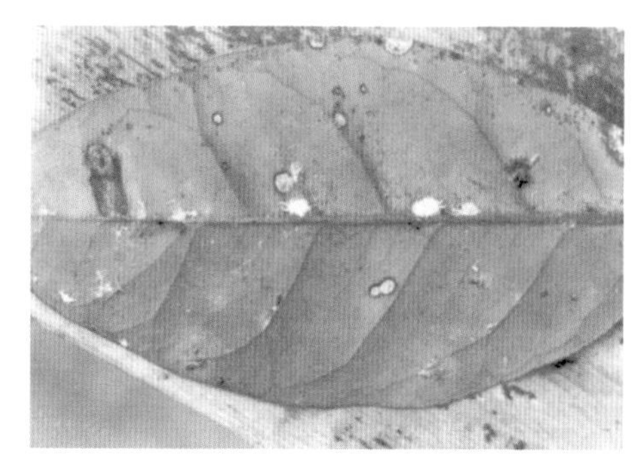

■图10-69 柑橘小粉蚧为害叶片

■图10-70　柑橘小粉蚧雌成虫

上树而妨碍天敌活动。

【形态特征】雌成虫体长2.0～2.5毫米，椭圆形，淡红或黄褐色，体背隆起，体表被有较厚的白色蜡粉，但各体节处较少，隐约可见淡红色虫体（图10-70）。体边缘有14对白色而细长的蜡质刺突，前端的蜡刺长度不及体宽之半，其长度由前至后逐渐增长，最后1对蜡刺特别长约为体长的1/3～2/3，相差极大。触角8节其中2、3节和末节最长。足细长，卵淡黄色椭圆形长约0.37毫米，产于母体的蜡质絮状卵囊内。卵囊前端窄后端宽略向一边弯曲。初孵若虫体扁平椭圆形淡黄色，足和触角较发达。2、3龄若虫与雌成虫相似，但虫体较小体表的蜡粉少而薄。

【发生特点】1年发生4～5代，多以雌成虫、少数以若虫越冬。11月上旬日平均温度达15℃以下时虫体即不活动，4月中下旬越冬雌成虫开始产卵，每雌平均可产卵300～500粒，最多的可产卵1000余粒。其雌成虫和若虫均不固定取食，终身可爬行。第一代若虫多在叶背、叶柄、果蒂、小枝剪断处和干、枝裂口处取食，第二、三代则主要在果蒂取食。一般管理差、枝叶密集荫蔽的柑橘园和温室、网室内的植株上发生多危害较重。它喜荫蔽和潮湿环境，常与柑橘粉蚧混合发生。

【防治方法】该虫一般为害很轻，但近年由于设施栽培的发展在一些温室、网室和大棚内栽培的植株和苗木上有加重危害之势。除加强管理增强树势外，剪除郁闭密弱和虫口多的枝叶，可减少虫口基数、改善树体通风透光条件，以减轻为害。大棚和温室、网室还应注意开窗通风以降低空气湿度。加强虫情监测，需化学防治时应在第一代1～2龄若虫盛期喷药防治，间隔15天再喷1次，药剂种类和浓度同矢尖蚧防治。其天敌有孟氏隐唇瓢虫、黑方突瓢虫、粉蚧三色跳小蜂、粉蚧长索跳小蜂和粉蚧蓝绿跳小蜂等，应注意保护利用。

17. 柑橘粉蚧

柑橘粉蚧又名紫苏粉蚧，属同翅目粉蚧科。我国各柑橘栽培区均有分布。

【为害症状】其雌成虫和若虫常群集在柑橘树枝、叶片背面和果蒂处吸食汁液（图10-71），使受害处出现黄斑，严重时造成落叶落果。它还诱发严重的煤烟病使枝叶和果实表面盖着一层黑色霉层，妨碍光合作用，减少了养分供应，削弱树势，降低了柑橘的产量和品质。

■图10-71 柑橘粉蚧树枝为害状

【形态特征】雌成虫椭圆形肉黄色（图10-72），体长3～4毫米，宽2.0～2.5毫米，体前端稍窄后端钝圆，体背覆盖白色蜡粉，体边缘有18对粗短的白色蜡质刺突，蜡刺短而略尖，腹末的1对较粗而略长（这是与柑橘小粉蚧的主要区别）。触角和足较发达，触角8节末节最长。产卵前腹部末端形成白色蜡质絮状卵囊产卵其中。卵椭圆形淡黄色，初孵若虫淡黄色无白色蜡粉，扁平椭圆形。若虫分散后开始分泌白色蜡粉，2、3龄若虫与雌成虫相似但体略小，蜡粉也较少。

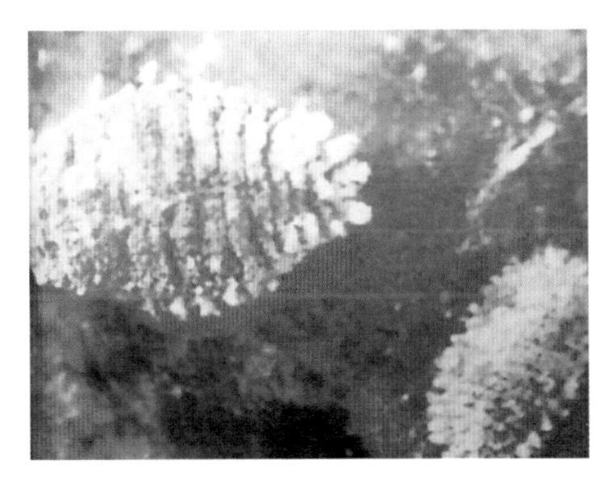

■图10-72 柑橘粉蚧雌成虫和若虫

【发生特点】该虫1年发生3～4代，以雌成虫在树皮裂缝和树洞等处越冬，田间发生不整齐。雌成虫产卵前将虫体固定并分泌蜡质形成白色絮状卵囊产卵其中，每一雌虫可产卵300～500粒，卵常成堆产在一起。在生长季节一般变为雌成虫后2周即开始产卵，在夏季产卵期为6～14天，卵期为6～10天。1龄若虫期平均为15天，2、3龄若虫期各约为15天。该蚧多行孤雌生殖。卵孵化后若虫即爬出卵囊，喜群集在嫩叶背面中脉两侧、嫩芽、果蒂、果与果或叶接合处和叶片折叠处等比较荫蔽之处取食。它喜荫蔽潮湿环境，故在枝叶密集的柑橘园、网室和大棚栽培的苗木和幼树上发生多危害重。其生长和繁殖的最适宜温度为22～25℃。它常和柑橘小粉蚧混合发生。它分泌的蜜露还易诱致蚂蚁上树妨碍天敌活动。

【防治方法】由于该虫常和柑橘小粉蚧混合发生，它们的生活习性也很相似，故其防治措施也基本上与柑橘小粉蚧相同。其天敌种类也基本相同。

18. 柑橘根粉蚧

柑橘根粉蚧属同翅目粉蚧科。我国台湾地区分布较多，近年在浙江、福建、江西和云南等省的少数柑橘园也有发生。其寄主有柑橘、莲子草、女贞、酸浆草和加拿大蓬等植物。

【为害症状】其雌成虫和若虫常群集在柑橘的须根和细根上部吸食汁液，造成根皮霉烂。严重时还可危害主根和大根的皮层，造成根部皮层和形成层死亡脱落（图10-73）。在土壤积水时它还可迁移到地面上30厘米的根颈的表皮吸食。受害树呈现缺肥（氮）黄化症状，枝叶抽发少而弱，叶片小而色淡，落花落果多。

【形态特征】雌成虫体长1.5～2.2毫米长椭圆形淡黄色，体表被有白色蜡粉，触角5节多毛（图10-74）。体背前后部各有背唇裂1个，第3、4腹节腹面各有1个圆形脐斑，前面1个较小，肛门环上有6根刚毛。雄成虫体长约0.67毫米纺锤形两端尖削，淡黄色，体上被白色蜡粉，触角和足淡黄色，口器、眼和翅均退化，触角7节念珠状，头部很小几乎全被胸部所覆盖。足发达，腹部9节。卵椭圆形乳白色，长约0.25毫米。初孵若虫形似雌成虫，触角4节，体上有白色蜡粉。

【发生特点】1年发生3～4代，以若虫和少数未成熟雌成虫越冬。在福建邵武3月下旬越冬若虫变为初期成虫，未成熟雌成虫发育为成熟雌成虫，4月上中旬越冬雌成虫开始产卵，4月下旬至5月下旬为第一代产卵

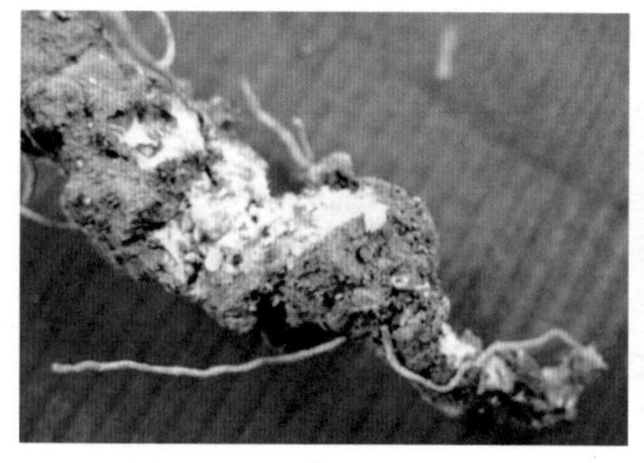

■图10-73　柑橘根粉蚧为害状

■图10-74　柑橘根粉蚧成虫

期，7月下旬和9～10月分别为第2、第3代产卵盛期。6月、8月和9～11月为各代若虫盛期，7月下旬、9月中下旬和次年4～5月为各代雌成虫盛发期。在江西南丰其各代若虫分别于5月上旬、7月上中旬、8月下旬至9月上旬和10月份以后盛发。其雄虫很少，故多行孤雌生殖。成虫产卵在细根上的卵囊内，1个卵囊有卵数十至一百余粒。该虫适宜的温度为15～25℃，适宜的土壤含水量为27.6%～52.5%，因此它在土壤中栖息深度与土壤含水量有关，土壤含水量高则分布浅、土壤含水量低则分布深，若土壤积水该虫会大量死亡。因此多雨时它常向土表迁移，有时甚至会爬到距地表30厘米的主干表皮取食。雌成虫耐饥力强，无食物时可存活6～19天。

【防治方法】由于该虫分布范围有限，故应严格控制其传播蔓延。要对苗木严格检查禁止带虫苗木进入无虫区，一经发现应立即销毁。在越冬雌虫产卵前或在生长期间连日下大雨后，用50%辛硫磷2000～3000倍和40%毒死蜱3000倍液等浇灌土壤里根部和喷根颈部。挖除受害严重的植株及其根部销毁，并用辛硫磷和毒死蜱等药剂喷灌土壤杀死土中害虫。

19.黑刺粉虱

黑刺粉虱属同翅目粉虱科。我国各柑橘产区均有分布。

【为害症状】黑刺粉虱主要为害叶片。以幼虫聚集叶片背面刺吸汁液，形成黄斑，其排泄物能诱发煤烟病，枝叶发黑，枯死脱落，严重影响植株生长发育，枝梢抽发少而短小，降低果实产量。

【形态特征】成虫体长0.96～1.3毫米，橙黄色，薄敷白粉。复眼肾形红色。前翅灰褐色，上有6个不规则的白斑；后翅较小，淡紫褐色（图10-75）。卵新月形，长0.25毫米，有1小柄，直立附着在叶上，初乳白后变淡黄，孵化前灰黑色（图10-76）。幼虫共3龄，初孵淡黄色，随后变为黑色，体长0.27～0.30毫米。2龄雌虫长0.39～0.43毫米。3龄雌虫长0.64～0.73毫米。蛹：椭圆形，黑色。蛹壳椭圆形，雌蛹壳长0.98～1.3毫

■图10-75　黑刺粉虱成虫

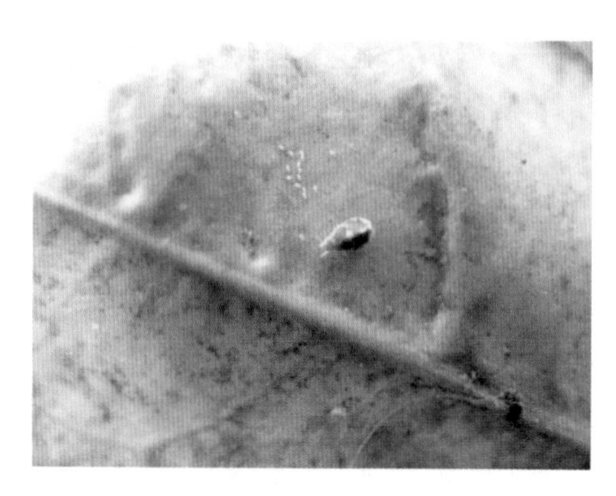

■图10-76 黑刺粉虱成虫及卵

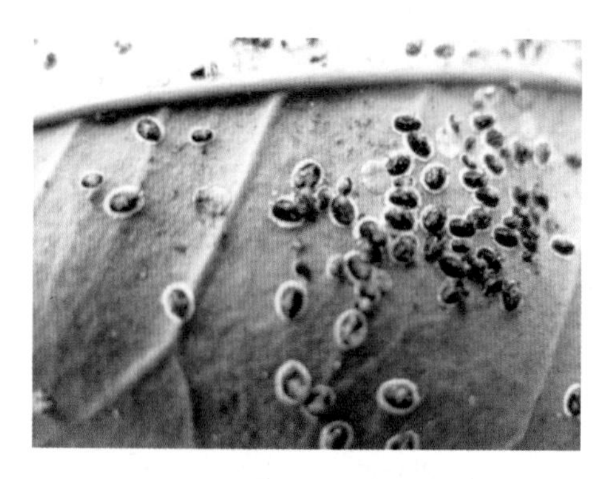

■图10-77 黑刺粉虱为害叶及背面的蛹

米，雄蛹壳较小，漆黑有光泽，壳边锯齿状，周缘有较宽的白蜡边，背面显著隆起（图10-77），胸部具9对长刺，腹部有10对长刺，两侧边缘雌有长刺11对，雄10对。

【发生特点】一年发生4～5代，以2～3龄幼虫在叶背越冬。越冬幼虫于3月上旬至4月上旬化蛹，3月下旬至4月上旬大量羽化为成虫。成虫多在早晨露水未干时羽化，初羽化时喜欢荫蔽的环境，日间常在树冠内幼嫩的枝叶上活动，可借风力进行远距离传播。羽化后2～3天便可交尾产卵，卵多产在叶背，散产或密集呈圆弧形。每雌产卵量10～100粒不等。幼虫孵化后作短距离爬行后吸食植物汁液。一生共蜕皮3次，2～3龄幼虫固定为害，诱发煤烟病。5月至6月、6月下旬至7月中旬、8月上旬至9月上旬、10月下旬至11下旬是各代1～2龄幼虫盛发期，此时是化学防治关键时期。第一代幼虫发生相对整齐，因此生产上要特别重视第一代幼虫期防治。已发现的天敌有刺粉虱黑蜂、斯氏寡节小蜂、黄盾恩蚜小蜂、东方刺粉虱蚜小蜂、方斑瓢虫、刀角瓢虫、黑缘红瓢虫、黑背唇瓢虫、整胸寡节瓢虫、大草蛉、草间小黑蛛、芽枝霉、韦伯虫座孢菌等。

【防治方法】①剪除密集的虫害枝，使果园通风透光，加强肥水管理，增强树势，提高植株抗虫能力。②保护和利用天敌。保护刺粉虱黑蜂和黄盾恩蚜小蜂等天敌。若果园天敌数量较多，能有效控制黑刺粉虱的为害，就不使用化学药剂。若天敌数量较少，可以从外地引入。③化学防治。果园天敌不能有效控制黑刺粉虱为害时，则应在幼虫盛发期喷药防治。第一代防治适期为越冬代成虫初见后40～50天。可选用99%矿物油200倍液、20%松脂酸钠100～200倍液、48%毒死蜱1200倍液、25%扑虱灵

1000倍液等。矿物油和除松脂酸钠外的上述杀虫剂混用效果更佳，还可适当降低使用浓度。发生严重的地区在成虫盛发期也可选用10%吡虫啉2000～3000倍液、3%啶虫脒1500倍液、10%烯定虫胺3000～5000倍液进行防治。

20.柑橘粉虱

柑橘粉虱属同翅目粉虱科。又名橘黄粉虱、橘绿粉虱、通草粉虱，我国许多柑橘产区均有分布。

【为害病症】主要为害柑橘叶片，嫩叶受害尤其严重，在叶片背面吸食诱致煤烟病，引起枯梢。少数果实也有受害，受害果实生长缓慢，以致脱落。

【形态特征】雌成虫：体长1.2毫米，黄色，被有白色蜡粉。翅半透明，亦敷有白色蜡粉。触角第3节较4、5两节之和长，第3～7节上部有多个膜状感觉器。复眼红褐色，分上下两部分，中有一小眼相连（图10-78）。雄成虫：体长0.96毫米（图10-78），阳具与性刺长度相近，端部向上弯曲。卵：椭圆形，长0.2毫米，宽0.09毫米，淡黄色，卵壳平滑，以卵柄着生于叶背面（图10-79）。幼虫：初孵时，体扁平椭圆形，淡黄色，周缘有小突起17对。蛹：蛹壳略近椭圆形，自胸气道口至横蜕缝前的两侧微凹陷。胸气道明显，气道口有两瓣。蛹未羽化前蛹壳呈黄绿色，可见透见虫体，有两个红色眼点（图10-80）；羽化后的蛹壳呈白色，透明，壳薄而软，长1.35毫米，宽1.4毫米（图10-81），壳缘前、后端各有1对小刺毛，背上有3对瘤状短突，其中2对在头部，1对在

■图10-78 柑橘粉虱成虫

■图10-79 柑橘粉虱成虫及卵

■图10-80 柑橘粉虱蛹和成虫

■图10-81 柑橘粉虱蛹壳

腹部的前端。管状孔圆形，其后缘内侧有多数不规则的锐齿。孔瓣半圆形，侧边稍收缩，舌片不见。靠近管状孔基部腹面有细小的刚毛1对。

【发生特点】以幼虫及蛹越冬。一年发生3代，暖地可发生6代。第1代成虫在4月间出现，第2代在6月间，第3代在8月间。卵产于叶背面，每头雌成虫能产卵100多粒。第一代幼虫5月中旬盛发。有孤雌生殖现象，所生后代均为雄虫。

【防治方法】农业防治和化学防治参照黑刺粉虱。粉虱座壳孢菌是柑橘粉虱最重要的寄生菌。橘园最好不要喷铜制剂和其他广谱杀菌剂。同时加强对捕食性瓢虫、寄生蜂等天敌的保护。有条件的地方可人工移引刀角瓢虫，或在多雨季节采集带有已被粉虱座壳孢菌寄生虫体的叶片，带至荫蔽潮湿的粉虱发生橘园散放，也可以人工培养粉虱座壳孢菌孢子悬浮液在田间施用。

21.柑橘木虱

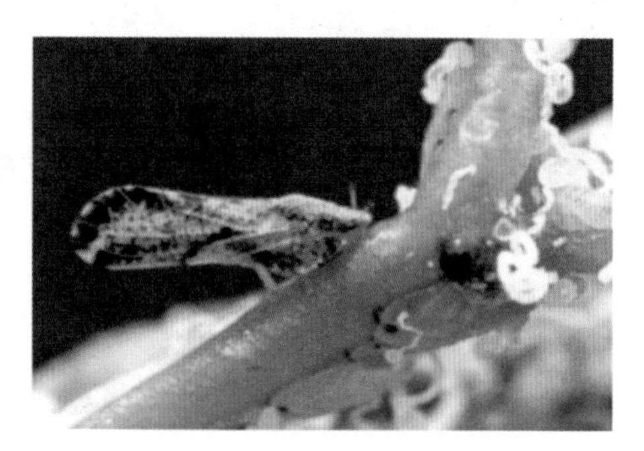

■图10-82 柑橘木虱及白色分泌物

柑橘木虱属同翅目木虱科。在华南柑橘产区普遍发生，华东和西南局部地区也有分布，是传播黄龙病的媒介昆虫。

【为害症状】柑橘木虱主要以若虫为害新梢、嫩芽，春、夏、秋梢均受害严重。被害嫩梢幼芽干枯萎缩，新叶畸形卷曲。若虫取食处有许多白色蜡丝（图10-82），其分泌排泄物能引起煤烟病，影响植物光合作用。

【形态特征】成虫体形小（图10-83），自头顶至翅端长2.4毫米，全身青灰色，其上有小的灰褐色刻点，头顶突出如剪刀状，头部有三个黄褐色大斑，品字形排列；复眼赤色，单眼2个位于复眼内侧，赤色。触角10节，灰黄色，末端2节黑色。翅半透明，有灰黑色不规则斑点；腹部棕褐色，足灰黄色。卵近梨形，橘黄色，顶端尖削，底有短柄插入植物组织内，使卵不易脱落。老熟若虫体长约1.6毫米，体扁似盾甲，黄色或带绿色，体上有黑色块状斑。翅芽半透明，黄色或带淡绿色（图10-84）。

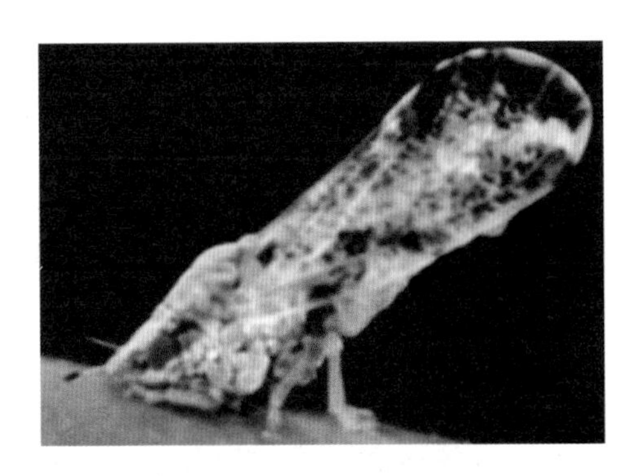

■图10-83 柑橘木虱成虫

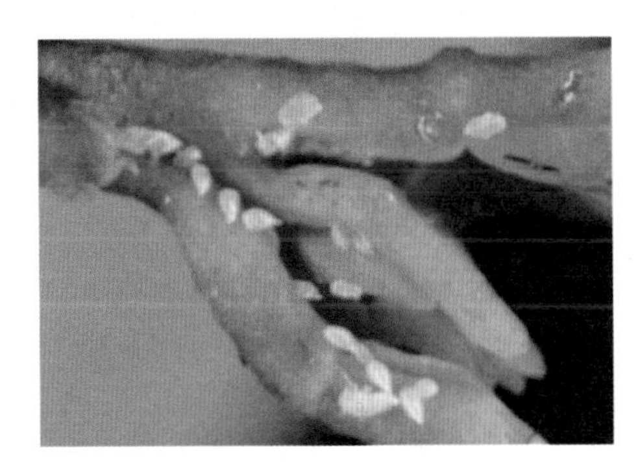

■图10-84 柑橘木虱卵及若虫

【发生特点】在柑橘周年有嫩梢发生的情况下，一年可发生11～14代，各代重叠。3～4月开始在新梢嫩芽上产卵繁殖，为害各次嫩梢，以秋梢期虫量最多。苗圃和幼年树经常抽发嫩芽新梢，容易发生木虱为害。光照强度大，光照时间长，柑橘木虱成虫存活率高，繁殖量大，发生严重。木虱在8℃以下时静止不动，14℃时能飞会跳，平时分散在叶背叶脉上和芽上栖息。18℃以上开始产卵繁殖，卵产于嫩芽缝隙处，一头成虫多的能产卵300多粒。木虱只在柑橘嫩芽上产卵，没有嫩芽，初孵若虫也不能成活。在夏季，卵期为4～6天，若虫有5龄，各龄期多为3～4天，自卵至成虫需15～17天。成虫喜在通风透光好处活动，树冠稀疏、弱树发生较重。越冬代成虫寿命半年以上，其余世代30～50天。

【防治方法】① 加强肥水管理，增强树势。② 搞好果园规划，合理布局。同一果园内尽量做到品种、砧木、树龄一致，使其抽梢一致。③ 柑橘木虱在3月中旬开始活动，此时虫体较虚弱，需要重点防治1～2次。冬季和各次放梢期，萌芽后芽长5厘米时和新梢自剪前后及时喷药防治。

可选择10%吡虫啉1500～2000倍液，1.8%阿维菌素2000～2500倍液，25%噻虫嗪4000～5000倍液，48%毒死蜱1500倍液，20%甲氰菊酯3000倍液。注意以上药剂交替使用。

22.橘蚜

■图10-85 橘蚜为害枝叶

■图10-86 橘蚜为害叶片

橘蚜属同翅目蚜科。各柑橘产区均有分布。

【为害症状】成虫和若虫聚集在柑橘新梢、嫩叶、花蕾和花上吸食汁液（图10-85、图10-86），为害严重时常造成叶片卷曲、新梢枯死，同时诱发烟煤病，使枝叶发黑，影响光合作用。此外，橘蚜诱使蚂蚁吸食蜜露，妨碍天敌活动。橘蚜还是传播衰退病的媒介。

【形态特征】分无翅蚜和有翅蚜两种。无翅胎生雌蚜体长1.3毫米，体漆黑色，复眼黑红色，触角6节，灰褐色，腹部后部两侧的腹管成管状，末端尾片乳突状，上生丛毛。有翅胎生雌蚜与无翅型相似，翅白色透明，前翅中肪分3个叉。无翅雄蚜与无翅雌蚜相似，体深褐色。卵黑色有光泽，椭圆形，长0.6毫米左右。若虫体褐色，有翅若蚜的翅芽在第3、4龄时已明显可见。

【发生特点】一年发生10～20代不等，主要以卵在树枝上越冬。越冬卵到次年3月下旬至4月上旬孵化为无翅若蚜，随即上新梢嫩叶为害，若虫成熟后即胎生若蚜，继续繁殖为害。每头无翅胎生雌蚜一代最多可胎生若蚜68头。繁殖最适温度为24～27℃。雨水多，温度过高或过低，均不利于蚜虫的发生，因此，橘蚜在春夏之交及秋季数量最多，为害最重，而夏季温度高，死亡率高，寿命短，生殖力低。如环境不适或虫口密度过大，即有大量有翅蚜迁飞到条件适合的其他植株上继续为害。

【防治方法】①农业防治：冬季结合修剪，除去被害枝及有蚜卵枝，并销毁。②保护利用天敌：蚜虫的天敌较多，有七星瓢虫、草蛉（图10-87）、异色瓢虫（图10-88）、食蚜蝇和蚜茧蜂等，有一定的控制作用，要尽量减少用药。③在天敌少、蚜虫为害较重、新梢蚜害率达到25%时，开始使用下列对天敌毒性较低的药剂进行防治，或挑治喷药：10%吡虫啉2000～3000倍液、3%啶虫脒1500倍液、10%烯定虫胺3000～5000倍液、1.8%阿维菌素3000倍液、25%吡蚜酮3000～4000倍液，每10天一次，连喷两次。尽量少用菊酯类和有机磷类广谱性杀虫剂，以免杀伤天敌。

■图10-87　蚜虫天敌——草蛉卵

■图10-88　异色瓢虫捕食蚜虫

23.橘二叉蚜

橘二叉蚜属同翅目蚜科，又称茶二叉蚜、可可蚜，我国各柑橘产区均有分布。

【为害症状】成虫、若虫吸食新梢、嫩叶的汁液（图10-89），常造成枝叶卷缩硬化，不能正常抽发新梢，并能诱发煤烟病而使枝叶发黑，影响果实品质及产量。

■图10-89　橘二叉蚜为害状

【形态特征】有翅胎生雌蚜体长1.6毫米，黑褐色，触角暗黄色，翅展2.5～3.0毫米，透明，前翅中脉2分叉，故名为二叉蚜，并可据此与橘蚜相识别，腹管黑色。无翅胎生雌蚜体长2毫米，暗褐色或黑褐色。有翅雄蚜和无翅雄蚜与雌蚜相似。若虫体长0.2～0.5毫米，淡黄色。

【发生特点】1年发生10多代，多孤雌生殖。以无翅雌蚜或老龄若虫在树上越冬。3～4月，越冬雌蚜开始活动取食和为害新梢嫩叶，以5、6月间繁殖最盛，为害最为严重。

【防治方法】同橘蚜。

24. 绣线菊蚜

绣线菊蚜属同翅目蚜科，又称橘绿蚜。寄主植物有柑橘、苹果、沙果、海棠和多种绣线菊等。

【为害症状】以若虫和成虫群集在新梢的叶面吸取汁液，被害新梢叶片卷缩成簇，使新梢不能伸长，甚至枯死（图10-90），亦诱发煤烟病。

■图10-90 绣线菊蚜枝叶为害状

■图10-91 绣线菊蚜成虫

【形态特征】成虫：有翅胎生雌蚜体长约1.5毫米，翅展4.5毫米左右，近纺锤形。头部、胸部、腹管、尾片黑色，腹部绿色或淡绿至黄绿色。腹管后斑大于前斑，第1～8腹节具短横带。口器黑色，复眼暗红色。触角6节，丝状，较体短，第3节有次生感觉圈5～10个，第4节有0～4个。体表网纹不明显。无翅胎生雌蚜体长1.6～1.7毫米，宽0.94毫米，长卵圆形，多为黄色，有时黄绿或绿色（图10-91）。头浅黑色，具10根毛。口器、腹管、尾片黑色。体表具网状纹。腹部各节具中毛1对，除第1和第8节有1对缘毛外，第2～7节各具2对缘毛。触角6节，丝状，无次生感觉圈，短于体躯，基部浅黑色，3 ～ 6节具瓦状纹。尾板生毛12 ～ 13根，腹管长亦生瓦状纹。若虫：鲜黄色，复眼、触角、足、腹管黑色。无翅若蚜体小，腹部肥大，腹管短。有翅若蚜胸部较发达，具翅芽。卵：椭圆形，长0.5毫米，初淡黄至黄褐色，后漆黑色，具光泽。

【发生特点】以卵越冬，每年发生10 ～ 20代。春季，随寄主植物芽苞萌动转绿时，绣线菊蚜越冬卵开始孵化为干母，20天左右，干母成熟，产生干雌，雌蚜从春至秋都以孤雌胎生繁殖。绣线菊蚜为害柑橘属全年发生、秋季重发的类型。新梢在10厘米以下适合其吸食，无翅雌蚜常群集在叶面为害，当新梢伸长老化，长度超过15厘米后，或种群过于拥挤时，即大量发生有翅雌蚜，迁移到较幼嫩的新梢或其他寄主上为害。4 ～ 6月为害春梢和早夏梢，虫口密度以6月为最大。7月由于高温虫口密度迅速减少。8 ～ 12月再形成一次高峰，为害秋梢和晚秋梢，且随着嫩梢的抽发转绿，虫口在高水平上波动。捕食蚜虫的天敌有：七星瓢虫、四斑月瓢虫、六斑月瓢虫、异色瓢虫、黑背小瓢虫、双斑隐胫瓢虫、大草蛉、长小食蚜蝇等及蚜霉寄生菌。这些天敌对蚜虫为害有较好的防治效果。

【防治方法】同橘蚜的防治方法。

25. 长吻蝽

长吻蝽属半翅目蝽科，又名角肩蝽、橘大绿蝽。中国大多数柑橘产区均有分布。

【为害症状】若虫和成虫吸食嫩梢、嫩叶和果实汁液，近成熟果实受害后，果皮一般不形成水渍状，刺孔不易发现（这点可与吸果夜蛾为害状区别），被害部分渐渐变黄，被害果实常腐烂脱落。幼果受害后引起果实脱落，未脱落的果实表面生有疤痕，果实小而硬，水分少，味淡、品质下降。枝梢受害后，引起叶片枯黄，嫩枝干枯。

【形态特征】雌成虫体长18.5 ～ 24.0毫米，宽15.0 ～ 17.5毫米。雄成虫体长16 ～ 22毫米，宽11.5 ～ 16.0毫米。体长盾形，绿色，也有淡黄、黄褐或棕褐等色，前盾片及小盾片上绿色更深。复眼、触角、吻部末端、头部中侧片的线条、前盾片侧角上的粗点、侧接缘的节缝及刺、足部跗节及胫节的末端，均为黑色。头部中片和侧片等长。前盾片的侧角突出，稍阔而似翼，向上翘起，其角尖指向后方，故称角肩蝽。侧接缘每腹节角为刺状。吻长，向后伸，达于腹部末节，故称长吻蝽。腹面中间有隆

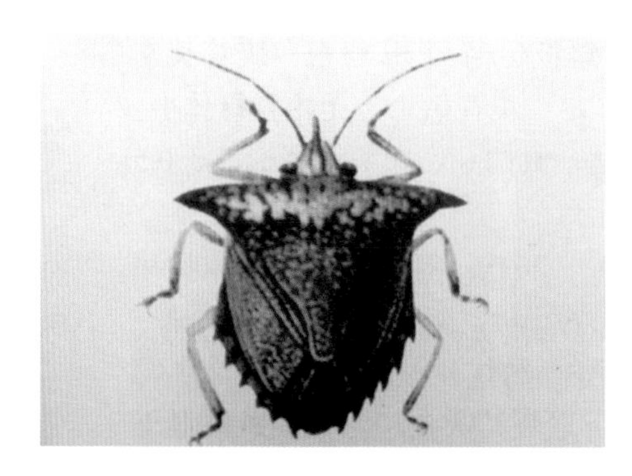

■图10-92 长吻蝽成虫

■图10-93 长吻蝽若虫为害果实

■图10-94 长吻蝽卵

起纵脊。雌虫腹部末端的生殖节中央分裂，雄虫则不分裂。卵：圆桶形，长1.8毫米，宽1.5毫米，灰绿色，卵盖周围有25个突起，卵盖中央较平，卵表面有贯串斜行的刻点。卵末端有胶质粘于叶上。若虫共5龄，初孵若虫淡黄色，椭圆形，第二龄若虫体赤黄色，腹部背面有3个黑斑，第三龄若虫触角第四节端部白色，第四龄若虫前胸与中胸特别增大，腹部黑斑又增多2个，第五龄若虫体绿色。长吻蝽的成虫、若虫、卵见图10-92～图10-94所示。

【发生特点】1年发生1代，成虫于11月中旬开始在果树枝叶茂密处、屋檐或石隙等荫蔽处越冬。第二年5月开始活动产卵，成虫一生产卵3次，每次产卵14粒左右，卵期5～6天，卵孵化率为92%～100%。若虫孵化后，第一龄集聚在一起，第二龄开始分散为害，若虫期40～50天。7～8月为低龄若虫发生盛期。成虫不好动，常栖息于果实上或叶间，若受惊扰，立即飞迁。成虫从11月越冬，往往到次年8月间开始死亡，寿命将近1年。

【防治方法】①人工捕杀：清晨露水未干、长吻蝽活动力弱时，人工捕捉栖息于树冠外面叶片上的成虫和若虫。5～9月人工摘除未被寄生的叶上卵块，有寄生蜂的卵粒（卵盖下有一黑环）则留田间。②保护利用寄生蜂、螳螂和黄惊蚁等天敌，有条件的地方在5～7月人工繁殖平腹小蜂在橘园释放。③药剂防治：1～2龄若虫盛期，寄生蜂大量羽化前对虫口密度大的果园进行挑治。药剂可用10%联苯菊酯乳油1500～2500倍液，20%甲氰菊酯或20%氰戊菊酯2000～3000倍液，48%毒死蜱1500倍液。

26.麻皮蝽

麻皮蝽属半翅目蝽科，又名黄斑椿象，俗名放屁虫，我国各柑橘产区大都有分布。

【为害症状】与长吻蝽相似。麻皮蝽为害果实如图10-95所示。

■图10-95 麻皮蝽成虫取食果实

【形态特征】雌成虫体长19～23毫米，雄成虫体长18～22毫米，体黑褐色（图10-96）。头比较长，颜色较深，有粗刻点。侧片与中片等长。有1条黄白线从中片尖端向后延伸，直贯前盾片的中央而达小盾片的基部。前盾片、小盾片均为棕黑色，有粗刻点，散布了许多黄白小斑点。革质部呈棕褐，有时稍现红色，刻点更细，除中部外，也散布了一些黄白色小点。膜质部棕黑色，稍长于腹。腹部背面深黑色。侧接缘黑白相间，白中带有黄色，或微红色。卵圆球形，直径为1.5毫米，淡黄色，顶端有1圈锯齿状刺。若虫黑褐色，胸部背面中央有淡黄色纵线（图10-97）。

■图10-96 麻皮蝽成虫

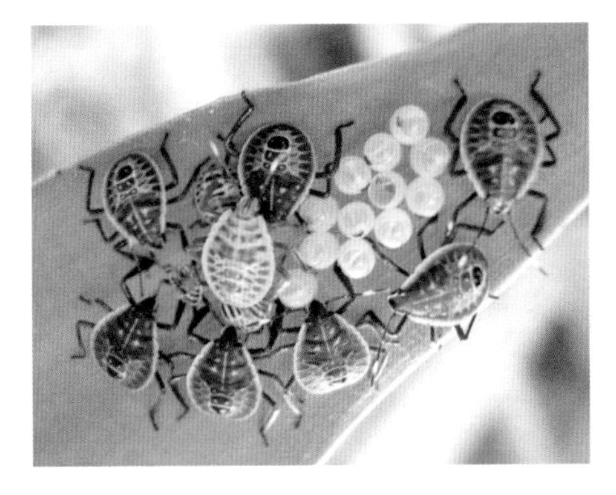

■图10-97 麻皮蝽卵壳及初孵若虫

【发生特点】1年发生1代，以成虫在草丛或树洞、树皮裂缝、墙缝及屋檐下越冬，第二年气温升高开始活动取食，5～7月交配产卵，卵块常12粒聚在一处，多产于叶背，卵期4～6天，5月中下旬可见初孵若虫，7～8月羽化为成虫，为害至深秋，10月开始越冬。

【防治方法】参见长吻蝽。

27.柿广翅蜡蝉

柿广翅蜡蝉属同翅目广翅蜡蝉科，近年来对柑橘的为害逐渐加重，在一些地区已经成为橘园主要害虫。

【为害症状】柿广翅蜡蝉不仅为害枝叶，而且为害果实，常以成虫、若虫群集于柑橘枝叶上，刺吸汁液，叶片受害后卷曲皱缩，失去光泽，严重时枯萎。在枝叶上分泌有絮状白色蜡丝（图10-98）。果实被害后，果皮受害处有油状物渗出，且有口器刺伤的小黑点。

■图10-98 柿广翅蜡蝉枝条取食处絮状白色蜡丝

【形态特征】成虫体长10～12毫米，黑褐色。前翅三角形，外缘近顶角1/3处有一黄白色三角形斑，后缘直，静止时两翅并拢呈脊状。前翅腹面及后翅为黑褐色，带金属光泽。卵长0.2毫米，乳白色。若虫淡绿色，体被白色蜡质，尾部带有棉絮状白色蜡丝，静止时呈圆形或扇形，披于腹部背面（图10-99）。

■图10-99 柿广翅蜡蝉若虫

【发生特点】以卵在寄主枝条、叶脉或叶柄的产卵痕内越冬。1年发生2代。第一代以4月下旬为卵盛孵期，6月上、中旬为成虫羽化高峰期。第二代以6月下旬到7月初为卵盛孵期，7月下旬到8月上旬为低龄若虫高峰期，成虫全天均可羽化，但以21时至次日10时羽化最盛。成虫、若虫均善于跳跃，成虫羽化后3～11天开始交配，每头雌虫一生可交配1～3次，雌虫交配后次日开始产卵。产卵时，先用产卵器将嫩梢、叶柄或叶背主脉的皮层刺破，然后将卵产入木质部，再分泌白色棉絮状蜡质覆盖物。柿广翅蜡蝉性喜温暖干旱，最适发育气温24～32℃，相对湿度50%～68%。

【防治方法】①橘园安置黑光灯，诱杀成虫，压缩虫口基数。②冬季结合修剪，剪除有卵块的受害枝条和叶片，并集中烧毁。③药剂防治：采用10%蚜虱净可湿性粉剂2000～3000倍液、20%甲氰菊酯2000～3000倍液、48%毒死蜱1000倍液等防除若虫。

28. 黑蚱蝉

黑蚱蝉属同翅目蝉科，俗名知了，分布广泛，我国各柑橘产区基本上都有分布。

【为害症状】若虫在土壤中刺吸植物根部。成虫产卵时将产卵器插入枝条组织内造成“爪”状卵窝，产卵其中，由于产卵器刺伤柑橘枝条表皮使其养分输送受阻，进而引起枝条干枯死亡，影响树势降低果实产量（图10-100）。

■图10-100　黑蚱蝉为害状

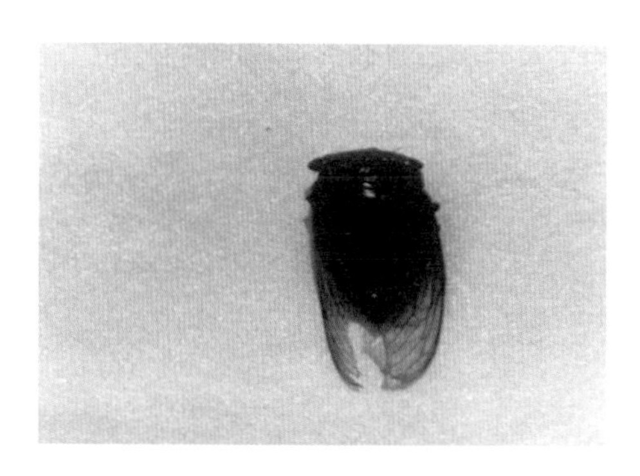

■图10-101 黑蚱蝉成虫

■图10-102 黑蚱蝉蛹壳

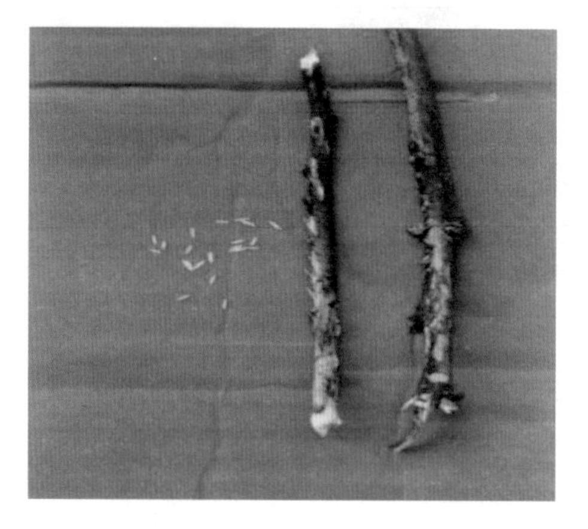

■图10-103 黑蚱蝉为害枝及黑蚱蝉所产卵

【形态特征】雄成虫体长44～48毫米，体漆黑而具有光泽，被金色微毛，翅展约125毫米。复眼淡黄褐色，头中央及颊的上方有红黄色斑纹。中胸背板宽大，中央有黄褐色“X”形隆起，体背有金黄色绒毛。翅透明，翅脉浅黄或黑色。雄虫腹部第1～2节有鸣器，腹板长达腹部之半。雌成虫体长38～44毫米，无鸣器，有听器。卵长椭圆形，微弯，一端略小，乳白色。若虫形态略似成虫，黄褐色，缺鸣器和听器，翅芽发达。黑蚱蝉成虫、蛹壳、卵如图10-101～图10-103所示。

【发生特点】12～13年发生1代，以若虫在土壤中或以卵在寄主枝条内越冬。若虫在土壤中刺吸植物根部，为害数年，老熟若虫在雨后傍晚钻出地面，爬到树干及植物茎秆上蜕皮羽化。一年当中，6月上旬老熟若虫开始出土羽化为成虫，6月中旬至7月中旬为羽化盛期。绝大多数在夜间羽化。尤以夜晚8～10时最多。一般平均气温达22℃以上，始见蚱蝉鸣叫。成虫寿命60～70天。羽化的成虫经15～20天后才交尾产卵，6月中旬成虫即开始产卵，6月下旬末到8月为产卵盛期，9月后为末期。卵穴大部分以直线排列，少数为弯曲排列或螺旋状排列，每个枝条上卵穴数量一般为20～50穴，多者可达105穴。每一卵窝有卵

5～6粒。每一产卵枝平均有卵100余粒。每雌产卵量可达500～600粒。在橘园中卵主要产在直径为4～5毫米的枝条上，大于7毫米、小于2毫米的枝梢产卵很少。卵期长达10个月左右，于次年5月中旬开始孵化，5月下旬至6月初为卵孵化盛期，6月下旬终止。孵化后的若虫由枝条落入土中生活，秋后向深土层移动越冬，来年随气温回暖，上移刺吸为害。

【防治方法】由于黑蚱蝉具有一定迁飞为害的能力，连片种植果园统一行动，才会取得较好的防治效果。①结合冬季和夏季修剪，剪除被产卵而枯死的枝条，同时还要剪除橘园附近林木上的产卵枝，以消灭其中大量尚未孵化入土的卵粒，剪下枝条集中烧毁。由于蚱蝉卵期极长，利用其生活史中的这个弱点，坚持数年，收效显著。此方法是防治此虫最经济、有效、安全简易的方法。②老熟若虫足端无爪间突，不能在光滑面上爬行。在树干基部包扎塑料薄膜，可阻止老熟若虫上树羽化，使其滞留在树干周围可人工捕杀或放鸡捕食。③利用成虫有趋光和赴火的习性，在6～7月的夜间，在1公顷内装2只40瓦的黑光灯，可以诱杀部分成虫。或在黑蚱蝉成虫盛发时，夜间于橘园空地堆柴生火，同时振动枝干，蚱蝉自然赴火而亡。

29. 星天牛

成虫又名花牯牛、白星天牛、牛头夜叉，幼虫又叫盘根虫、抱脚虫、围头虫、蛀木虫、脚虫或烂根虫等。属鞘翅目，天牛科。寄主较多，各柑橘产区均有分布。

【为害症状】成虫啃食枝条嫩皮，食叶成缺刻（图10-104）；成虫将卵产在柑橘根颈或主根的树皮内，幼虫迂回蛀食韧皮部，并推出粪屑，堵塞虫道，多横向蛀食形成迂回的螺旋形虫道，数月后蛀入木质部，并向外蛀1通气排粪孔，危害轻者植株部分枝叶变黄干枯，削弱树势，严重时造成根颈环割切断养分和水分输送而死树。产卵处有泡沫状树液流出。

■图10-104 星天牛成虫啃食树皮

【形态特征】成虫体长19～39毫米，漆黑有光泽（图10-105）。触角丝状11节，第3～11节各节基半部有淡蓝色毛环。前胸背板中央有3个瘤突，侧刺突粗壮。鞘翅基部密布黑色颗粒，翅表面有排列不规则的白色毛斑每翅约20余个，形成不规则的5横行，十分醒目。小盾片和足跗节有淡蓝色细毛。本种与光肩星天牛的区别就在于鞘翅基部有黑色小颗粒，而后者鞘翅基部光滑。卵长椭圆形，长5～6毫米，宽2.2～2.4毫米，初产时白色，以后渐变为浅黄白色至黄色。老熟幼虫长45～70毫米，乳白色至淡黄色，头部褐色，长方形，中部前方较宽，后方缢缩；额缝不明显，上颚较狭长，黑色；单眼1对，棕褐色；触角小，3节，第3节近方形。前胸背板前方有1对黄褐色飞鸟形斑纹，后方有1块黄褐色凸形大斑纹。中胸腹面、后胸和1～7腹节背、腹面均有长圆形移动器。胸足退化。蛹纺锤形，长30～38毫米，初淡黄色后黑褐色。

■图10-105 星天牛成虫

【发生特点】南方1年发生1代，均以幼虫于木质部内越冬。翌春在虫道内做蛹室化蛹，蛹期18～45天。4月下旬至5月上旬开始羽化，5～6月为盛期。羽化后经数日才出树洞，成虫晴天中午活动和产卵，交配后10～15天开始产卵。卵产在主干上，以距地面3～6厘米内较多，产卵前先咬破树皮呈“L”或“T”形伤口达木质部，产1粒卵于伤口皮下，产卵处表面隆起且湿润有泡沫，5～8月为产卵期，6月最盛。每雌可产卵70余粒，卵期9～15天。孵化后蛀入皮层，多于根颈部迂回蛀食，粪屑积于虫道内，约2个月后方蛀入木质部，并向外蛀1通气排粪孔，排出粪屑堆积干基部（图10-106），虫

■图10-106 树干星天牛为害状

道内亦充满粪屑，幼虫为害至11～12月陆续越冬。

【防治方法】①4～6月在成虫发生期白天中午捕杀成虫；夏至前后在主干基部发现星天牛产卵处后，可用小铁锤对准刻槽锤击或用小刀等削除以杀死其中的卵或初孵幼虫；或用80%敌敌畏乳油10～50倍液涂抹产卵痕，毒杀幼虫。也可用钢丝刺杀或钩出幼虫。②用生石灰1份、清水4份，搅拌均匀后，自主干基部围绕树干涂刷0.5米高，可以防止星天牛成虫产卵。③查有新鲜木屑通气排粪孔，轻挑洞口粪屑，用家用灭害灵对准空洞喷一下药，即可杀死幼虫。④星天牛的天敌发现不多，仅卵寄生蜂一种；蚂蚁搬食幼虫，蠼螋取食幼虫和蛹。此外，发现幼虫体上有一种寄生菌，可加以利用。

■图10-107　褐天牛蛀孔

30. 褐天牛

褐天牛别名黑牯牛、牵牛虫、干虫、老木虫、橘天牛。属鞘翅目，天牛科。寄主主要是柑橘类，吴茱萸、厚朴、枳壳、木瓜、忍冬、菠萝、葡萄、花椒也受害。各柑橘产区均有分布。

【为害症状】成虫产卵于距地面33厘米以上的树干和主枝的树皮裂缝和孔口处，幼虫蛀食木质部，蛀孔处常有木屑排出落于地面（图10-107），严重时将干枝造成许多孔洞，妨碍水分和养分输送，树势衰弱，蛀道纵横交错，干旱时受害枝易干枯死亡或被大风吹折断（图10-108）。

■图10-108　褐天牛为害状

【形态特征】成虫黑褐色，具光泽，体长26～51毫米，宽10～14毫米，被覆灰黄色短绒毛（图10-109）。头顶有1条深纵沟，额区的中央又有2条弧形沟纹。雄虫触角超过

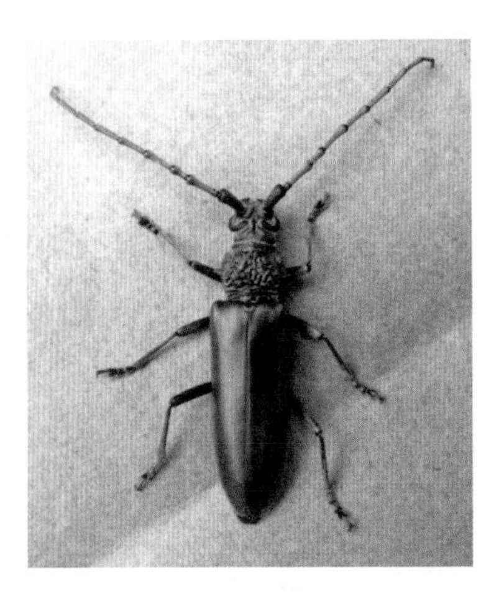

■ 图10-109 褐天牛成虫

体长1/2 ～ 2/3，雌虫触角与体长相近或略短。前胸背板多脑纹状皱褶，侧刺突尖锐，鞘翅肩部隆起。鞘翅两侧近于平行，末端斜切。卵长约3毫米，椭圆形，初产时乳白色，以后逐渐变黄，孵化前为灰褐色。卵壳上具网状纹和细刺状突起，上端具乳头状突起。老熟幼虫体长46 ～ 80毫米，淡黄色或乳白色，扁圆筒形（图10-110）。前胸背板浅褐色，横列棕色的宽带4段。蛹长40 ～ 50毫米，淡黄色，形似成虫。翅芽叶片状，伸达第3腹节后缘。

【发生特点】2周年完成1代，以成虫或当年幼虫、2年生幼虫在虫道中越冬。翌年4月开始活动，5 ～ 8月产卵。初孵幼虫蛀食为害皮层，约经60天即蛀入木质部为害，经过2年到第3年5 ～ 6月化蛹后羽化为成虫，成虫白天潜伏，夜晚活动，活跃于枝干间，交尾、产卵。每处产卵1或2粒，老树皮层粗糙、侧枝分叉处、多凹陷处卵粒较多。幼壮树受害轻，老弱树受害重。根据虫粪的形状特征可辅助判别幼虫的大小，一般粪屑呈白色粉末状，且附着在被害处的，为小幼虫；粪屑呈锯屑状，且散落在地面的，为中等幼虫；粪屑呈粒状的为大幼虫；若虫粪中混杂粗条状木屑，则表明幼虫已老熟，开始做室化蛹。

■ 图10-110 褐天牛幼虫

【防治方法】①加强果园管理，促使果树生长旺盛、树干光滑，使之不利于天牛产卵和生存。枝干上的孔洞用黏土堵塞。在成虫产卵前用石灰浆刷主干、主枝，阻止成虫产卵。刷除枝干裂皮和苔藓等使其不利于天牛产卵。②成虫盛发期，于闷热的晴天夜晚，捕捉成虫。③夏至前后，5 ～ 7月，在枝干孔口附近用刀削除流胶或刷除裂皮，可刮除卵和初孵幼虫。④钩杀或药杀幼虫，同星天牛。

31.爆皮虫

爆皮虫又名柑橘锈皮虫和橘长吉丁虫，我国大部分柑橘产区均有分布，寄主植物仅限柑橘类。

【为害症状】成虫取食柑橘嫩叶，主要以幼虫蛀食枝、干树皮形成层。受害处开始呈流胶点，后幼虫迂回蛀食形成层，并排除木屑充塞虫道，使形成层中断，树皮与木质部分离，树皮爆裂，阻碍养分和水分输送，致使树衰弱甚至枯死（图10-111）。

图10-111 爆皮虫树干为害状

【形态特征】成虫体长7～9毫米，古铜色有金属光泽，触角锯齿状11节，复眼黑色，前胸背板与头等宽且密被细皱纹，鞘翅紫铜色密布小刻点，上有由黄白色绒毛组成的花斑（图10-112）。卵：扁平椭圆形长0.5～0.6毫米，乳白色至土黄色。幼虫：扁平细长，乳白至淡黄色。体表多褶皱，头小，褐色，口器黑褐色，前胸特别膨大，中、后胸小，腹部9节呈正方形，但后缘略宽，前8节各有一对气孔。腹部末端有一对硬的黑褐色尾叉，尾叉末端钝圆，老熟时长16～21毫米（图10-113）。幼虫共4龄，一龄虫体长1.5～2毫米，二龄虫体长2.5～6毫米，三龄虫体长6～14毫米，四龄虫体长12～20毫米。蛹：扁圆锥形，

图10-112 爆皮虫成虫

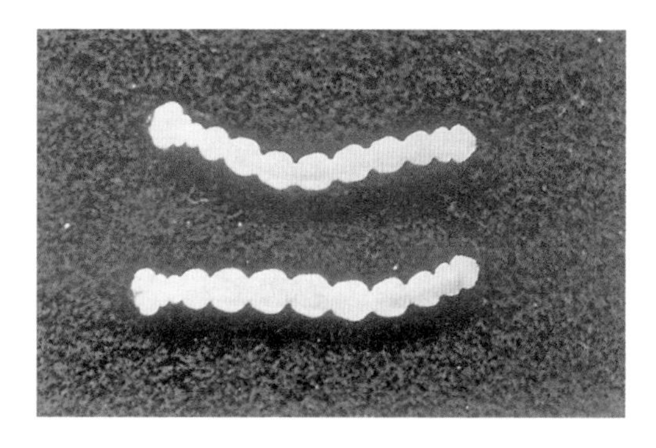

图10-113 爆皮虫幼虫

长约9毫米，乳白色至蓝黑色有金属光泽。

【发生特点】爆皮虫每年发生1代，少数2年1代，多数以老熟幼虫在木质部越冬，少数低龄幼虫可在树皮内越冬，次年4月上旬成虫开始羽化，后在洞内潜伏7～8天，咬破树皮外出，4月下旬为化蛹盛期。5月下旬为第一批成虫出洞盛期，6月中、下旬为产卵盛期，7月上、中旬为卵孵化盛期。后期出洞较集中的两批成虫分别在7月上旬和8月下旬。成虫出洞后约1周开始交尾，其后1～2天产卵，卵多产在树干皮层的细小裂缝处。初孵幼虫为害处树皮表面呈现芝麻状的油浸点，随后有泡沫状的流胶物出现。

【防治方法】①春季成虫出树洞前清除枯枝残桩，集中烧毁消灭虫源。②成虫出树洞前刮除枝干裂皮，用80%敌敌畏10～20倍液涂刷枝干。③幼虫孵化初期刮除被害处胶粒和一层薄皮，然后涂抹80%敌敌畏乳油30倍液进行毒杀。④加强栽培管理，做好柑橘园抗旱、防涝、施肥、防冻及防治其他病虫害等工作，使树势生长旺盛，提高抗虫性。

32.溜皮虫

溜皮虫又叫柑橘缠皮虫，仅为害柑橘类植物。

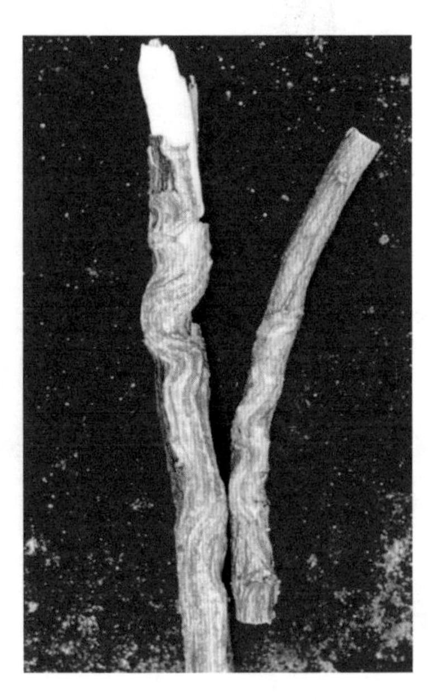

■图10-114　溜皮虫枝条为害状

【为害症状】幼虫蛀食柑橘树直径2～3厘米的枝条，在皮层（韧皮部）和木质部之间从上而下蛀食树皮，成螺旋形蛀道，阻碍养分和水分输送，蛀道两边树皮可随树体生长而愈合（图10-114）。严重时每棵树上可达数百条幼虫，树势衰弱，产量减低。

【形态特征】成虫（图10-115）：体长9.5～10.5毫米，宽2.5～3.0毫米，全体黑色；腹面呈现绿色；头部具纵行皱纹。前胸背板有较粗的横列皱纹。翅鞘上密布细小刻点，并有不规则的白色细毛形成的花斑。触角锯齿状，11节。复眼黄褐色，肾脏形。卵：馒头形，直径0.17毫米，初产时乳白色，渐变黄色，孵化前变为黑色。幼虫：老熟时体长26毫米左右，体扁平，白色。胴部13节。前胸特别膨大，黄色，中央有一条纵带，中央隆起，各节前狭后宽呈梯形，腹部末端有黑褐色钳形突起1对。蛹：纺锤形，长9～12毫米，宽约3.7毫米，先为乳白色，羽化前呈黄褐色。

■ 图10-115 溜皮虫成虫（左雄、右雌）

【发生特点】1年1代，以幼虫在树枝木质部越冬。4月中旬开始化蛹，5月上旬开始羽化，5月下旬开始出洞，6月上旬为出洞盛期，迟者可到7月出洞。成虫出洞后5～6天交尾。交尾后1～2天产卵。卵产于树枝表皮外，常有绿色物覆盖。卵期15～24天，平均19.4天。由于成虫出现期有早有晚，故其产卵、孵化、幼虫活动期不齐。初孵幼虫取食处表面有泡沫状流胶，以后沿枝蛀食形成螺旋形虫道，久之受害处表皮开裂形成明显的溜道，溜道两边树皮可愈合。夏天羽化的成虫于5～6月产卵，幼虫为害时间较长，喜在小枝条上为害。幼虫在7月上旬为害甚烈，7月下旬前后潜入木质部，翌年5～6月羽化为成虫。

【防治方法】①于成虫出洞前剪除虫枝销毁。②刺杀幼虫：用小刀在有泡沫状流胶液处，刮杀初孵幼虫。或在已入木质部幼虫的最后一个螺旋弯道内寻找半月形的进口孔处，顺螺旋纹方向转45度角，距进孔口约1厘米处，用尖钻刺杀幼虫。③毒杀成虫：5月中旬成虫尚未出洞前，在幼虫进口处周围1.5厘米范围内，涂抹药剂。④树冠喷药：在成虫出洞高峰期，用80%敌敌畏乳油600倍液，或2.5%溴氰菊酯乳油3000倍液，连同枝干在内喷洒一次。

33.柑橘潜叶甲

柑橘潜叶甲又名橘潜斧、橘潜叶虫和潜叶绿跳甲等，在江西等局部地区成灾。寄主仅柑橘。

【为害症状】成虫于叶背面取食叶肉和嫩芽，仅留叶面表皮，被害叶上多透明斑（图10-116）；幼虫蛀入嫩叶中取食，使嫩叶上出现不规则弯曲虫道，虫道中间有一条由排泄物形成的黑线。被幼虫为害的叶片不久便萎黄脱落（图10-117）。每年5～6月份为害较重。

■图10-116 柑橘潜叶甲成虫为害叶片状

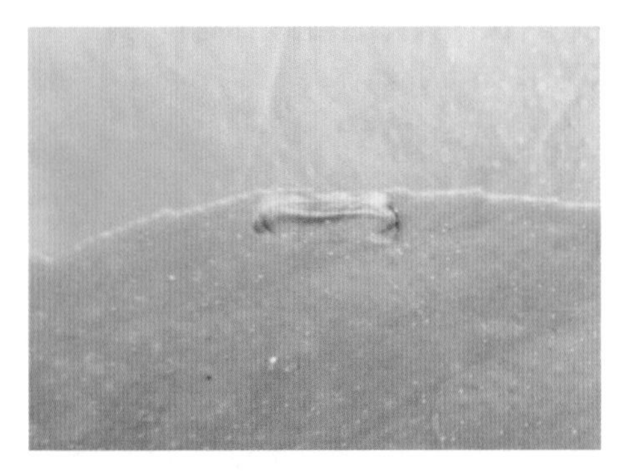

■图10-117 柑橘潜叶甲幼虫为害叶片状

【形态特征】成虫（图10-118）：体长3～3.7毫米，宽1.7～2.5毫米，椭圆形。头及前胸黑色，鞘翅及腹部均为橘黄色。眼球形，黑色。触角丝状，11节。前胸背板遍布小刻点，鞘翅上有纵列刻点11行。足黑色，中、后足胫节各具1刺，跗节4节，后足腿节膨大。卵：椭圆形，长0.68～0.86毫米，宽0.29～0.46毫米，黄色，表面有六角形或多角形网状纹。幼虫（图10-119）：蜕皮2次共3龄，成熟后体长4.7～7.0毫米，深黄色。触角3节，胴部13节。前胸背板硬化，胸部各节两侧圆钝，从中胸起宽度渐减。各腹节前狭后宽，几成梯形。胸足3对，灰褐色，末端各具深蓝色微呈透明的球形小泡。蛹：长3～3.5毫米，宽1.9～2.0毫米，淡黄至深黄色。头部向腹部弯曲，口器达前足基部，复眼肾脏形，触角弯曲。

■图10-118 柑橘潜叶甲成虫

■图10-119 柑橘潜叶甲幼虫

【发生特点】1年发生1代，以成虫越冬越夏，越冬成虫翌年4月上旬开始活动和产卵，4月下旬幼虫盛发，5月上、中旬化蛹，5月下旬至6月上旬羽化成虫，约10天后即开始蛰伏。成虫群居，喜跳跃，有假死习性，取食嫩芽嫩叶，卵产于嫩叶叶背或叶缘上。每雌虫平均产卵300粒左右，卵期4～11天。幼虫孵化后，即钻入叶内，蜿蜒前行取食。新鲜的虫道中央，有幼虫排泄物所形成的黑线1条。幼虫共3龄，经12～24天。幼虫老熟后多随叶片落下，咬孔外出，在树干周围松土中做蛹室化蛹，入土深度一般3厘米左右。蛹期7～9天。成虫在10℃以下时，要在10点后才爬出土面，12℃以上时则终日在枝叶上。越冬成虫取食嫩叶，使之呈缺刻状，当年羽化成虫先取食叶片背面表皮，再食叶肉，残留叶面表皮成薄膜状圆孔，活动不久，随即交配，有多次交配习性。柑橘潜叶甲的幼虫在嫩叶内生活。幼虫孵化后爬行1～2厘米，经半小时至1小时后，即从叶背面钻入叶内，向前取食叶肉，残留表皮，形成隧道，虫体清晰可见。幼虫一生可为害叶片2～6片，造成隧道3～6个，幼虫蜕皮后，遇气候不适或食料不足，常出孔迁移，为害别的叶片。

【防治方法】4月上旬至5月中旬成虫活动和幼虫为害盛期各防治1次，可使用80%敌敌畏1000倍液和20%甲氰菊酯3000倍。此外，作为防治的辅助措施，可摘除被害叶，扫除新鲜落叶，清除地衣和苔藓，中耕松土灭蛹等。

34.恶性叶甲

恶性叶甲又名恶性橘啮跳甲、恶性叶虫、黑叶跳虫、黄滑虫等，属鞘翅目，叶甲科。恶性叶甲分布面广，历史上曾造成严重危害，寄主为柑橘类。

■图10-120　恶性叶甲幼虫取食叶片

【为害症状】成虫取食嫩叶、嫩茎、花和幼果；幼虫食嫩芽、嫩叶和嫩梢（图10-120、图10-121），其分泌物和粪便污染致幼嫩芽、叶枯焦脱落，嫩梢枯死。成虫取食柑橘幼果，导致果实脱落或产生疤痕。

■图10-121　恶性叶甲为害叶片状

■图10-122　恶性叶甲成虫

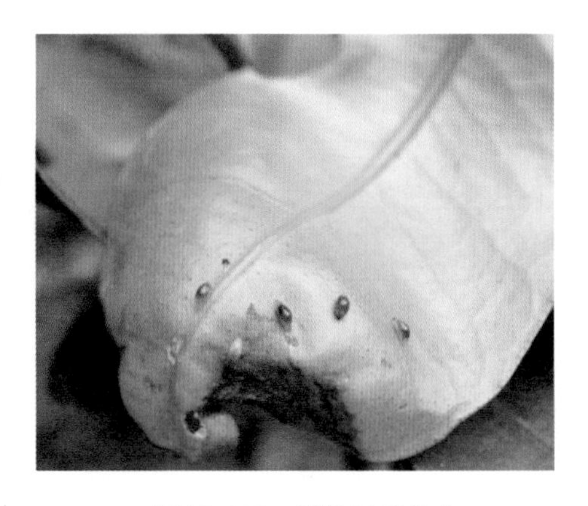

■图10-123　恶性叶甲幼虫

春梢受害最重。

【形态特征】成虫（图10-122）：体长2.8～3.8毫米，长椭圆形，蓝黑色有光泽。触角基部至复眼后缘具1倒“八”字形沟纹，触角丝状黄褐色。前胸背板密布小刻点，鞘翅上有纵刻点10行。足黄褐色，后足腿节膨大，善于跳跃。胸部腹面黑色，腹部腹板黄褐色。卵：长椭圆形，长0.6毫米，乳白至黄白色，外有一层黄褐色网状黏膜。幼虫（图10-123）：体长6毫米，头黑色，体草黄色。前胸盾半月形，中央具1纵线将其分为左右两块，中、后胸两侧各生一黑色突起，胸足黑色。体背面有黏液粪便黏附背上。蛹：长2.7毫米，椭圆形，初黄白后橙黄色，腹末具2对叉状突起。

【发生特点】1年3～7代，均以成虫在树皮裂缝、地衣、苔藓下及卷叶和松土中越冬。春梢抽发期越冬成虫开始活动，3代区一般在3月底开始活动。各代发生期：第1代3月上旬到6月上旬，第2代4月下旬到7月下旬，第3代6月上旬到9月上旬，第4代7月下旬至9月下旬，第5代9月中旬至10月中旬，第6代11月上旬，部分发生早的可发生第7代。全年以第1代幼虫为害春梢更重，以后各代发生甚少，夏、秋梢受害不重。成虫善跳跃，有假死性，卵产在叶上，以叶尖（正、背面）和背面叶缘较多，产卵前先咬破表皮成1小穴，产2粒卵并排穴中，分泌胶质涂布卵面。初孵幼虫取食嫩叶叶肉残留表皮，幼虫共3龄，老熟后爬到树皮缝中、苔藓下及土中化蛹。

【防治方法】①清除叶甲越冬和化蛹场所，结合修剪，彻底清除树上的霉桩、苔藓、地衣，堵树洞，消灭苔藓和地衣可用松脂合剂，春季用10倍液，秋季用18倍液或结合介壳虫防治进行。②成虫和老熟幼虫可采用振落搜集捕杀；根据幼虫有爬到主干及其附近土中化蛹的习性，在主干上捆扎带有大量泥土的稻草，诱集幼虫化蛹，在成虫羽化前集中烧毁。③化学防治，第一代幼虫孵化率达40%时，开始喷药，药剂可选用20%甲氰菊酯2000倍、2.5%鱼藤酮乳油160～320倍液、48%毒死蜱乳油1200倍液。

35.金龟子类

金龟子属鞘翅目金龟子科，其幼虫统称蛴螬，我国各地均有分布。为害柑橘的金龟子有10多种，其主要种类有铜绿金龟子，茶色金龟子和花潜金龟子。金龟子多为杂食性害虫。

【为害症状】铜绿金龟子和茶色金龟子成虫取食柑橘叶片、嫩梢、花蕾和花等，将叶片咬成缺刻或孔洞，咬断花梗；花潜金龟子成虫主要取食花，引起落花而降低坐果率，幼虫取食土中嫩根和刚萌发种子和幼苗根茎造成死苗。

【形态特征】铜绿金龟子（图10-124）：成虫体长18～21毫米，宽8～10毫米。前胸密布细刻点，体侧绿黄色，前缘明显凹入，前缘角尖锐，后缘角钝圆。鞘翅铜绿色有光泽，翅上有3条纵脊。体腹面黄褐色密生细毛，足基节和腿节黄褐色，胫节和跗节红褐色。跗节5节。卵初产时长椭圆形，乳白色，长1.8～2.5毫米。幼虫称蛴螬，体长30～33毫米。茶色金龟子（图10-125）：成虫体长15～17毫米，宽8～10毫米。茶褐色，体

■ 图10-124　铜绿金龟子

密布灰色绒毛。鞘翅上有4条不明显纵线。腹面黑褐色有绒毛。卵椭圆形长1.7～1.9毫米。幼虫体长13～16毫米，乳白色。花潜金龟子（图10-126）：成虫体长13毫米。深绿色，鞘翅上有红色和黄色斑纹。卵球形，白色，长约1.8毫米。幼虫长约22毫米，乳白色，头黑褐色，足细长。

■图10-125　茶色金龟子

【发生特点】铜绿金龟子：1年发生1代，以幼虫在土中越冬。5月中旬出现成虫，5月下旬至7月中旬为成虫发生和为害盛期。成虫白天潜伏在土面和树干等的隐蔽处，傍晚开始取食和交配，次日清晨又潜伏不动。成虫有趋光性和假死性。成虫寿命约1个月，卵产于土中，卵期7～11天。一雌一生可产卵40粒。成虫活动的适宜条件为25℃以上和70%～80%相对湿度。以晴天闷热无雨夜晚活动最甚，低温和雨天少活动。茶色金龟子：1年发生2代，以幼虫在土中越冬。成虫于5月开始出土，6～7月为盛发期，是主要的为害时期。第一代成虫6月初开始产卵，6月中旬开始孵化。第2代成虫8月初出现，幼虫于9～10月开始越冬。花潜金龟子：1年发生1代，以幼虫在土中越冬。当柑橘开花时金龟子成虫群集花上取食花蜜，舔食子房影响结果，有时还会给果实造成疤痕。

■图10-126　花潜金龟子

【防治方法】冬春季翻土以杀死土中幼虫，果园内放养鸡鸭用以啄食成虫；成虫盛发时在地面铺塑料薄膜，摇动树干使成虫坠落其上再捕杀；成虫为害严重时进行树冠喷药防治：50%辛硫磷1000倍液和20%甲氰菊酯或10%氯氰菊酯或2.5%溴氰菊酯2000～3000倍液等。

36.象鼻虫类

象鼻虫又名象甲，属鞘翅目象鼻虫科。我国柑橘栽培区均有分布。各地区为害种群不同，以大绿象甲和泥翅象甲为主。

【为害特征】成虫咬食柑橘叶片、嫩梢、花蕾和幼果，造成叶片孔洞或缺刻，咬断新梢和幼果果梗造成落花落果。

【形态特征】泥翅象甲（图10-127）：成虫体长8.0～12.5毫米，体表覆盖着灰白色鳞片，复眼黑褐色，口吻长大，中央有一条沟，前胸背板上有许多不规则的细小瘤状突起，头和前胸背板中有一条明显的黑色纵带。鞘翅基部灰白色，翅上有一近球状的褐色斑纹。卵长筒形，初为乳白色，后为灰黑色，长1.5毫米。幼虫长11～13毫米，黄白色，头黄褐色，无足。蛹淡黄色，头爱向前弯曲，腹末有1对黑褐色刺突。大绿象甲（图10-128）：成虫体长15～18毫米，体表有绿、黄、棕和灰色等闪闪发光的鳞片和灰白色绒毛。鞘翅以肩部附近最宽向后渐变窄，鞘翅上有10行细刻点排成的纵沟。

■图10-127 泥翅象甲成虫

【发生特点】泥翅象甲每年发生1代，以成虫及幼虫在土中越冬。成虫于3月开始活动和上树取食，有假死性。3～8月均可见成虫，4月为盛发期，前期主要取食春梢嫩叶，5月开始取食幼果。卵多产在两重叠叶片之间，在近叶片边缘处排成卵块，每个卵块的

■图10-128 大绿象甲成虫

卵数不等。卵于4月下旬开始孵化，随后幼虫从叶片上掉落，入10～15厘米的土层取食植物根部和土中腐殖质。大绿象甲：1年发生1代，以成虫和幼虫在土中越冬。4月中旬成虫开始出土活动，6月后达盛期，田间7～9月可见较多的成虫活动和取食。成虫有假死性和群集性。

【防治方法】在成虫出土上树为害前用宽塑料薄膜包围树干一圈，以阻止成虫上树，如在薄膜上涂一层粘胶效果更好，每天检查薄膜下树干上虫子并进行捕杀；冬春翻土可杀死土中越冬成虫和幼虫；利用成虫假死性，在地面铺塑料薄膜再摇动树干，使虫子掉到地面进行捕杀；在成虫出土期可用80%敌敌畏800倍液、40%毒死蜱1000倍液、20%甲氰菊酯或2.5%溴氰菊酯或20%杀灭菊酯2000～3000倍液喷洒地面，在成虫取食盛期，如虫口量大，也可用上述药剂和浓度喷洒树冠均有好效果。

37.潜叶蛾

【为害症状】柑橘潜叶蛾属鳞翅目橘潜蛾科，俗称绘图虫、鬼画符等，该虫以幼虫蛀入柑橘嫩梢、嫩叶和果实表皮层下取食，形成银白色的弯曲隧道，受害叶片卷曲、变形、易于脱落，影响树势和来年开花结果（图10-129、图10-130）。受害果易腐烂脱落，被害叶片常常是害虫的越冬场所，其造成的伤口有利于柑橘溃疡病菌的侵入。

■图10-129　枝梢受害状

【形态特征】成虫（图10-131）：体长2毫米，翅展5.3毫米。头部平滑，银白色，触角丝状，前胸披有银白色毛。前翅披针形，翅基部有两条褐色纵纹，翅中部有“Y”字形黑纹；翅尖有一个黑色圆斑，大斑之内有一较小白斑。后翅银白色，针叶形，缘毛极长。足银白色。雌蛾腹末端近于圆筒形，雄蛾腹末端较尖细。卵：椭圆形，白色透明，底部平而呈半圆形突起，长0.3～0.6毫米。幼虫

（图10-132）：初孵幼虫浅绿色，形似蝌蚪。3龄幼虫虫体黄绿色，4龄幼虫虫体乳白色，略带黄色，虫隧道明显加宽。预蛹和蛹：预蛹长筒形，长约3.5毫米，纺锤形，初化蛹时淡黄色，后渐变黄褐色。

■图10-130　果实受害状

【发生特点】年发生9～15代，世代重叠，以蛹或老熟幼虫在晚秋梢或冬梢叶缘卷曲处越冬。4月下旬越冬蛹羽化为成虫，5月即可在田间为害，7～8月夏、秋梢抽发盛期为害最重。成虫白天潜伏在叶背或杂草丛中，傍晚6～9时产卵。雌虫选择在嫩叶背面中脉两侧产卵，幼虫孵化后从卵底潜入嫩叶或嫩梢表皮下蛀食，形成弯曲的隧道。隧道白色光亮，有1条由虫粪组成的细线。4龄幼虫不再取食，多在叶缘卷曲处化蛹。潜叶蛾适宜的温度为20～28℃，26～28℃温度条件下发育快，夏、秋季雨水多有利于嫩梢抽发，为害比较严重，幼树和苗木受害较重，秋梢受害重。

■图10-131　潜叶蛾成虫

【防治方法】①农业防治：适时抹芽控梢，摘除过早或过晚抽发不整齐的嫩梢，减少其虫口基数和切断其食物链。放梢前半个月施肥，干旱时灌水，使夏、秋梢抽发整齐，以利于集中施药。②生物防治：寄生性天敌有白星啮小蜂等、捕食性天敌有草蛉，应注意保护。③化学防治：多数新梢长0.5～2厘米时施药，7～10天1次，连续2～3次。使用药剂有1.8%阿维

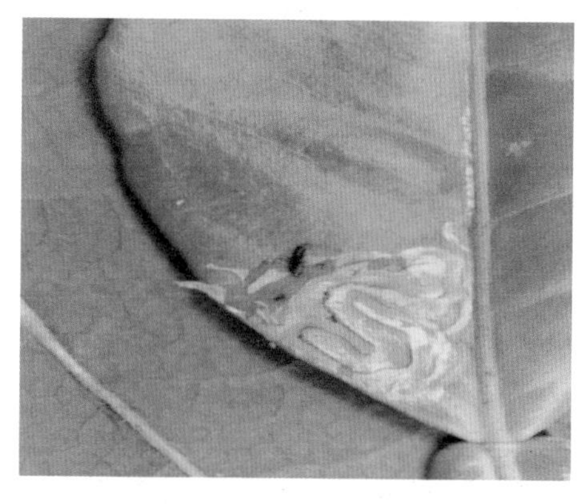
■图10-132　潜叶蛾幼虫及为害状

菌素乳油2000～3000倍液，3%啶虫脒乳油1500～2500倍液，10%吡虫啉可湿性粉剂1500～2000倍液，20%除虫脲悬浮剂1500～2500倍液，20%甲氰菊酯乳油或2.5%溴氰菊酯乳油1500～2000倍液。

38. 拟小黄卷叶蛾

拟小黄卷叶蛾分布于我国各柑橘产区。

【为害症状】以幼虫为害柑橘的嫩芽、嫩叶、花蕾和果实。常将数张幼嫩叶片或将叶片与果实缀合在一起，躲藏于其中取食；开花期蛀食花蕾后，花蕾不能正常开放；为害果实常从果蒂处钻蛀进入，幼果被蛀食后大量脱落，蛀食即将成熟的果实，使病菌从伤口处入侵，从而腐烂脱落。

【形态特征】成虫（图10-133）为黄色小蛾，雌成虫长8毫米，翅展18毫米；雄成虫体较小，翅展17毫米。前翅黄色，翅上有褐色基斑、中带和端纹；后翅淡黄色，基角及外缘附近白色，前翅的R5脉共长柄，这些特征区别于其他卷叶蛾类。雄虫前翅后缘近基角处有近方形的黑褐色纹，两翅并拢时成六角形斑点，可以此花纹与雌虫区别。卵（图10-134）椭圆形，初产时淡黄色，后变深黄褐色，孵化时褐色，卵粒呈鱼鳞状排列成卵块，上覆盖胶质薄膜。幼虫（图10-135）体黄绿色，初孵幼虫体长1.5毫米，老熟幼虫体长11～18毫米。除第一龄幼虫头部黑色外，其余皆为黄色。头壳和前胸背板黄色或淡黄白色，胸足淡黄褐色。蛹（图10-136）：纺锤形，黄褐色，长9毫米，宽1.8～2.3毫米。

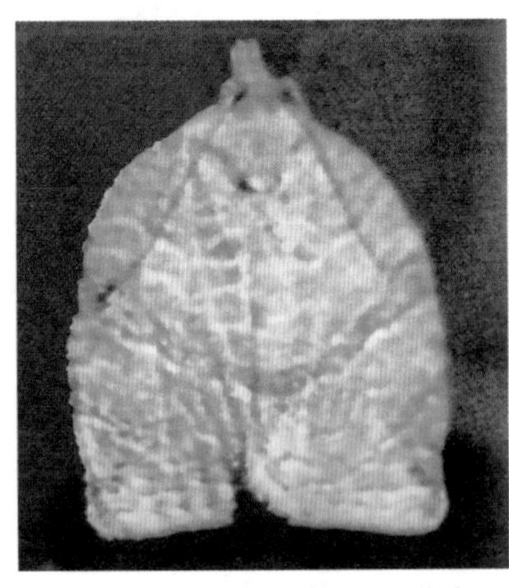

■ 图10-133　拟小黄卷叶蛾成虫

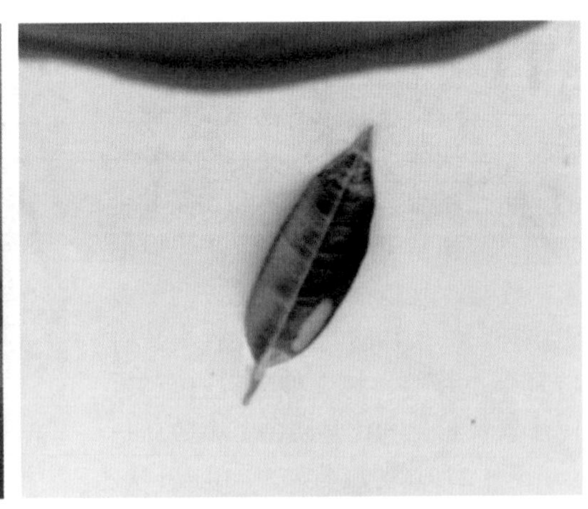

■ 图10-134　拟小黄卷叶蛾卵块

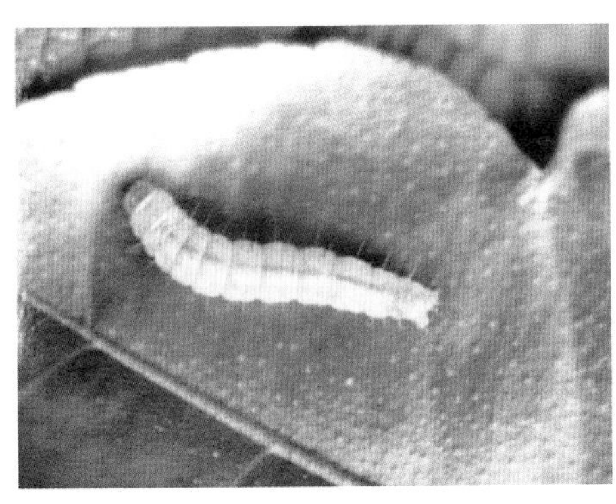

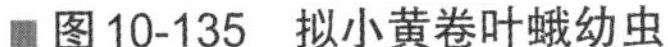

■图10-135 拟小黄卷叶蛾幼虫

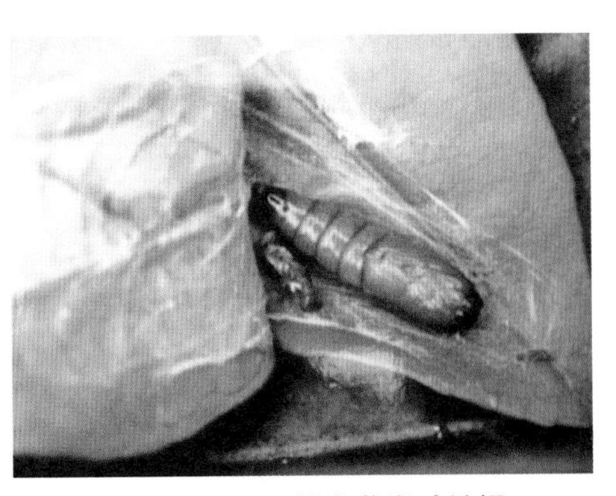

■图10-136 拟小黄卷叶蛾蛹

【发生特点】1年发生7～9代，世代重叠。多以老熟幼虫在潜叶蛾等为害的卷叶内或杂草中越冬，次年3月中、下旬化蛹，羽化为成虫。成虫多在清晨羽化，羽化当日或2～3天后交尾，交尾后当日或2～4日后产卵。成虫夜间活动，日间栖息于柑橘叶上，静伏不动。成虫趋光性较强，喜食糖醋及发酵物，不取食补充营养物也能正常交尾产卵。卵多产于叶正面，每雌产1～7个卵块，平均2～3个卵块，每卵块有卵3～152粒，平均54～64粒。成虫产卵有向光性，喜在粗糙处产卵。幼虫非常活泼，遇惊扰后常迅速向后爬行或吐丝下垂，遇风便飘散迁移他枝为害。每头幼虫可转移为害幼果多达十几个。拟小黄卷叶蛾卵期5～6天，幼虫期14～25天，蛹期5～7天，成虫寿命1周左右。幼虫一生蜕皮3～5次，一般5龄。以第2代在第一次生理落果后严重为害幼果，引起大量落果；5～8月转而为害嫩叶，9～12月果实即将成熟，转而蛀果，引起果实腐烂。

【防治方法】①橘园不宜种植豆科等间作物。②冬季清扫橘园枯枝落叶和杂草，清除越冬幼虫和蛹，减少越冬虫源。③在5～8月，人工捕捉幼虫，摘除卵块、蛹。④在成虫发生高峰期，将糖酒醋液（红糖：黄酒：醋：水=1：2：1：6）盘置于柑橘园，溶液深1.5厘米，置于距地面1米处，诱杀成虫，每公顷放置30盘。⑤在发生严重的橘园，在4～5月成虫产卵期间释放松毛虫赤眼蜂控制1、2代卵，每亩每次2.5万头，连放3～4次。⑥在谢花后期、幼果期或果实成熟前的幼虫盛孵期，喷药防治幼虫，每隔5～7天喷1次，防治1～2次。药剂可选用苏云金杆菌可湿性粉剂（8000国际单位）400～600倍液、2.5%溴氰菊酯乳油或10%氯氰菊酯乳油2000～3000倍液、20%灭幼脲悬浮剂1500倍液、20%杀灭菊酯乳油1000～2000倍液等。同时注意保护寄生蜂、胡蜂、绿边步行虫、核多角体病毒等天敌。

39. 褐带长卷叶蛾

褐带长卷叶蛾又名柑橘长卷蛾、茶淡黄卷叶蛾、柑橘茶卷蛾。属鳞翅目，卷叶蛾科。幼虫为害柑橘，我国各柑橘产区均有分布。

【为害症状】幼虫吐丝将几片叶结成包，在其中取食叶肉，留下一层表皮，形成透明枯斑，后随虫龄增大，食叶量大增，蚕食成叶和蛀果，潜伏于两果实接触处啃食果皮，蛀入果实。幼果和成熟果实均可受害，常引起落果（图10-137）。

【形态特征】成虫（图10-138）全体暗褐色，雌虫体长8～10毫米，翅展25～28毫米；雄虫体略小。胸部背面黑褐色，腹面黄白色。前翅暗褐色，翅基部黑褐色斑纹约占翅长1/5。雌蛾前翅近长方形，翅尖深褐色；雄蛾前翅前缘基部有1近圆形突出部分，休息时反折于肩角。后翅淡黄色。雌虫前翅长于腹部，雄虫前翅较短仅遮盖腹部，具宽而短的前缘褶，向翅背面卷折成圆筒形。卵椭圆形，淡黄色，多粒卵排列呈鱼鳞状，上方覆有胶质薄膜。幼虫（图10-139）共6龄，体长1.2～23毫米，6龄幼虫体长20～23毫米，黄绿色。幼虫头部黑至深褐色，前胸背板颜色1龄为绿色，其他各龄为黑色。雌蛹长12～13毫米，雄蛹长8～9毫米，黄褐色。

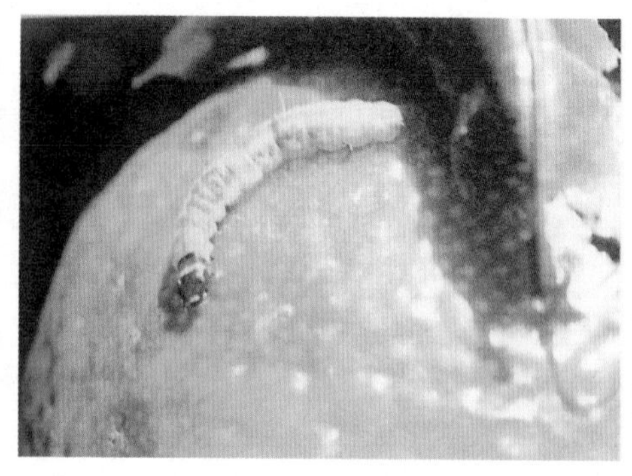

■图10-137　褐带长卷叶蛾幼虫为害果实状

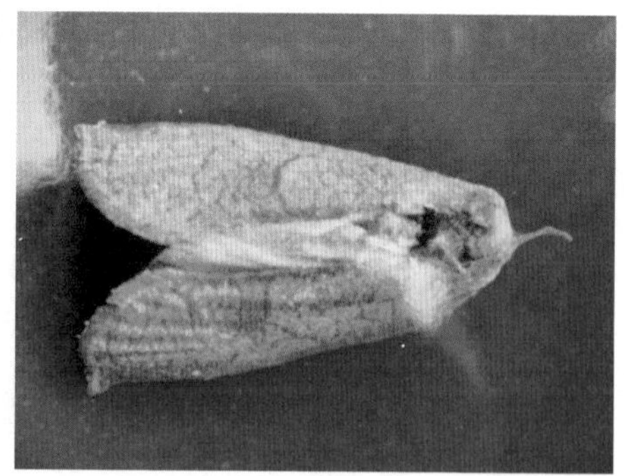

■图10-138　褐带长卷叶蛾成虫

【发生特点】一年发生4代，广州约7代。以幼虫在柑橘卷叶或附近杂草中越冬。越冬幼虫于早春先在嫩叶嫩梢、花蕾、幼果上取食一段时间后化蛹，继而羽化。以第二代在第一次生理落果后危害严重。成虫在清晨羽化，白天静伏于枝叶上，夜间活动，略具趋光性。卵多产于叶面主脉附近或叶面稍凹下部分。卵鱼鳞状排列呈椭圆形卵块，成虫寿命长的可达13天，短的仅3.5天，平均8天。通常每头雌虫产卵2块，卵数150～220粒。各代卵期6～12天不等。幼虫期平均12.1～21.5天，越冬代幼虫期长达177天。越冬代幼虫多在老叶间化蛹。部分幼虫可在落果中化蛹，其他均在老叶间化蛹。蛹期5～9日。幼虫共6龄。幼虫趋嫩且活泼，吐丝连结3～5片叶，藏居其中，受惊即吐丝下坠逃跑。芽叶稠密发生较多，5～6月多雨高湿利其发生，秋季干旱发生轻。

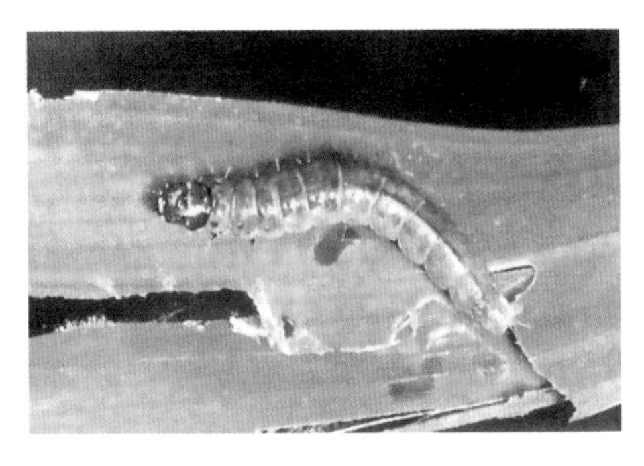

■图10-139 褐带长卷叶蛾幼虫

【防治方法】同拟小黄卷叶蛾。

40. 拟后黄卷叶蛾

拟后黄卷叶蛾又名苞头虫、裙子虫。属鳞翅目，卷叶蛾科。

【为害症状】以幼虫吐丝将1叶折合或缀合3～5片叶，藏在其中食害嫩叶（图10-140），有时可将一个嫩梢叶吃光；或钻蛀幼果，引起落果，幼虫为害近成熟果，常引起腐烂脱落（图10-141）。

【形态特征】成虫（图10-142）体和翅黄褐色。雌成虫体长约8毫米，翅展19毫米，前翅具褐色网状纹。静止时，翅外形似裙子，故称“裙子虫”。雄成虫略小，前翅花纹复杂，前缘近基角处深褐色，近顶角前方有指甲形黑褐色纹，其后下方有一浅褐色纹斜向臀角；后缘近基部有似梯形的深褐色纹，两翅相连时，在中部形成长方形纹。卵椭圆形，深褐色，长径约0.8毫米，横径约0.6毫米，常由140～200粒卵鱼鳞状排列形成卵块，卵块两侧各有1列黑色鳞毛。老熟幼虫长约22毫米，头、前胸背板红褐色，前胸背板后缘两侧黑色。胴部黄绿色。前、中足黑褐色，后足浅黄色。蛹（图10-143）体长约11毫米，宽2.7毫米，红褐色。

■图 10-140　拟后黄卷叶蛾嫩梢为害状

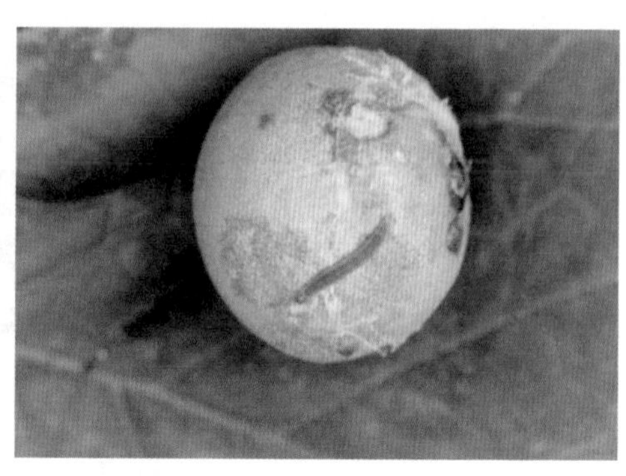

■图 10-141　拟后黄卷叶蛾取食果实

■图 10-142　拟后黄卷叶蛾成虫

■图 10-143　拟后黄卷叶蛾蛹

【发生特点】每年发生6代。以幼虫在杂草丛中或卷叶内越冬。5月下旬幼虫开始食害嫩梢。在重庆于5月中旬和6月上旬各有一次为害高峰期；在广东于4～5月与拟小黄卷叶蛾、褐带长卷叶蛾混合发生，为害幼果，引起落果，5月下旬转移为害嫩叶，吐丝将1叶折合或3～5叶片缀合成包，藏在其中为害，9月开始转移为害果实，造成落果。

【防治方法】同拟小黄卷叶蛾防治。

41. 小黄卷叶蛾

【为害症状】别名苹果卷叶蛾、棉褐带卷蛾、茶小卷蛾。我国各柑橘产区均有发生。为害嫩梢嫩叶、花蕾和果，为害症状与拟小黄卷叶蛾相似

（图10-144）。

【形态特征】成虫（图10-145）体长6～10毫米，黄褐色；前翅有两条深褐色斜纹形似“h”状，外侧比内侧的一条细；雄成虫体较小，体色稍淡，前翅有前缘褶。卵（图10-146）扁平，椭圆形，淡黄色，数十粒至上百粒排成鱼鳞状。初孵幼虫淡绿色；老龄幼虫头较小，前胸背板淡黄色，胸腹部翠绿色，体长13～15毫米；雄虫腹部背面有1对性腺，腹末有臀栉6～8根。蛹体长9～11毫米，黄褐色。

【发生特点】在浙江黄岩每年发生6代，福建7代，多以幼虫越冬，当冬季气温较高时幼虫也能活动取食。4月中、下旬成虫羽化，雌虫常在清晨和晚间7～9时羽化，而雄虫则在上午9～11时和午后3～5时羽化。成虫白天潜伏在林间，晚上活动，黄昏后9～11时最活跃，具趋光性和趋化性，但飞行力弱。成虫羽化后的当日就可交尾，交尾常在傍晚7时以后和清晨9时以前，交尾4～6小时后产卵，每雌可产1～3个卵块，共300～400粒，卵块常产在叶片上。初孵幼虫活泼，借吐丝和爬行分散，将叶片缀合在一起，藏在其中取食嫩叶和幼果，共5龄。

【防治方法】同拟小黄卷叶蛾。

■图10-144 小黄卷叶蛾果实为害状

■图10-145 小黄卷叶蛾成虫

■图10-146 小黄卷叶蛾卵

42.海南油桐尺蠖

海南油桐尺蠖俗称拱背虫、量尺虫，属鳞翅目尺蛾科。是柑橘、油桐和茶树的重要害虫，该虫食性复杂，也是典型的暴食性害虫。

【为害症状】幼虫取食柑橘叶片，常将叶片吃成缺刻，甚至将整株叶片吃光（图10-147），降低植株光合能力削弱养分供应，影响树势等。

■图10-147 海南油桐尺蠖幼虫为害状

【形态特征】雌成虫体长22～25毫米，翅展60～65毫米；雄蛾体形略小，体灰白色，体长19～21毫米，翅展52～55毫米（图10-148）。雌成虫触角丝状，雄成虫触角羽毛状，前后翅灰白色，前后翅均杂有灰黑色小斑点，有3条黄色波状纹，雄成虫中间1条不明显。足黄色，腹末有黄褐色毛一束。卵椭圆形，直径0.7～0.8毫米，青绿色，堆成卵块，上有黄色绒毛覆盖。幼虫（图10-149）共6龄，初孵时灰褐色，2龄后变成绿色，4龄后有深褐、灰褐和青绿色等，常随环境而变化，老熟时体长60～75毫米，头部密布棕色小点，顶部两侧有角突，前胸背板及第八腹节背面有两个瘤状突起。腹足两对，气门紫红色。蛹长22～26毫米，黑褐色。

■图10-148 海南油桐尺蠖成虫

■图10-149 海南油桐尺蠖幼虫

【发生特点】1年发生3代，以蛹在土中越冬。3月底至4月初羽化。4月中旬至5月下旬第一代幼虫发生，7月下旬至8月中旬第二代幼虫发生，9月下旬至11月中旬第三代幼虫发生。以第二代、第三代为害最严重。成虫在雨后土壤含水量大时出土，昼伏夜出，飞翔力强，有趋光性，卵成块产于叶背，每只蛾产卵一块，每块有卵800～1000粒。初孵出的幼虫常在树冠顶部的叶尖直立，幼虫吐丝随风飘散为害。较大幼虫常在枝条分杈处搭成桥状，或贴在枝条上，很像树枝。活动性不强，行走时拱成桥形。低龄幼虫较为集中，老熟幼虫在晚间沿树干爬至地面寻找化蛹场所。一般多在主干周围50～60厘米范围内的疏松浅层土壤中化蛹。

【防治方法】①农业防治：在各代蛹期，翻挖主干周围50～60厘米内、1～3厘米深的表土，拣出虫蛹；或结合冬季深翻挖蛹，人工捕杀与刮除卵块。成虫、幼虫体型大，目标显著，成虫喜在背风面停息不动，而幼虫常撑在枝条的分杈处长久不动，宜在上、下午用树枝捕打；幼虫受惊动后有垂直下坠的习性，在树下铺薄膜振树枝，使幼虫掉落其上，集中杀灭或让家禽啄食。在老熟幼虫入土化蛹前，用塑料薄膜铺设在主干周围，并铺湿度适中的松土6～10厘米厚，诱集幼虫化蛹，集中消灭。②物理防治：每2公顷土地设一盏频振式杀虫灯诱杀成虫。③化学防治：抓住第一、二代的1～2龄幼虫期药剂防治是全年防治的关键，此期幼虫多在树冠顶部活动，可选用2.5%溴氰菊酯乳油或20%氰戊菊酯乳油2000～3000倍液进行喷杀。

43. 大造桥虫

大造桥虫又名寸寸虫。其寄主植物有柑橘等。

【为害症状】幼虫蚕食柑橘叶片，轻者造成缺刻，重者全叶吃光，仅留叶片中脉（图10-150）。

■图10-150 大造桥幼虫叶片为害状

【形态特征】成虫（图10-151）雌蛾体长16～20毫米，雄蛾约15毫米，体色变异大，常为浅灰褐色，散布黑褐色与淡黄色鳞片。雌蛾触角为暗灰色，呈鞭状，雄蛾为淡黄色，呈羽状。前、后翅近中室端各有一个不规则的星状斑，内、外横线为暗褐色。卵长椭圆形，青绿色。幼虫（图10-152）老熟幼虫体长约40毫米，体圆筒形，黄绿色。第

■ 图10-151 大造桥虫成虫

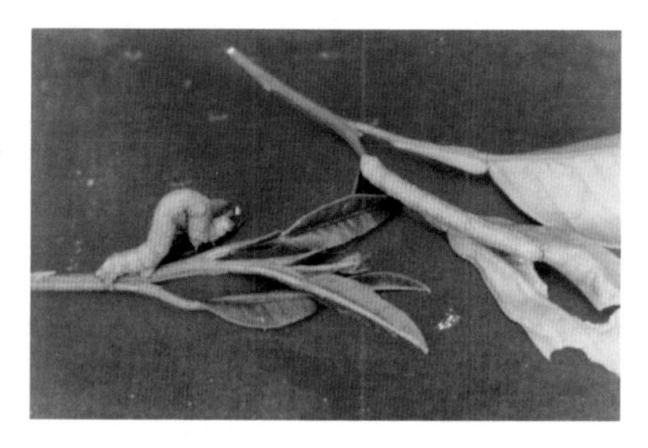

■ 图10-152 大造桥幼虫

2腹节背面有1对较大的棕黄色瘤突，第8腹节也有同样的瘤突1对，但较小。蛹长14～19毫米，棕褐色至深褐色，有光泽。

【发生特点】大造桥虫在长江一带每年发生4～5代。各代幼虫发生期分别为：第一代5月上、中旬，第二代6月中、下旬，第三代7月中、下旬，第四代8月中、下旬，第五代9月中旬至10月上旬。在浙江黄岩地区观察，发现6月下旬至7月上旬有较多的大造桥虫幼虫为害柑橘，9月下旬虫数明显减少，10月上旬仅能采到极少数幼虫，全年以7月至9月上旬幼虫最多，为害柑橘最烈。成虫在阴雨天土壤湿润时羽化出土，晚上活动，飞翔力弱，趋光性强，交尾后1～2天内即可产卵，卵常数十粒集中成块状。初孵幼虫群集性较强，常吊于所吐丝上随风飘移。初龄幼虫取食嫩叶叶肉，留下表皮。平时以腹足与尾足立在小枝上，极像小断枝。长大后取食叶片成缺刻，平时常在枝叶间搭成桥状。老熟幼虫活动性增强，常沿树干爬下，入土化蛹。卵期5～8天，幼虫期18～20天，蛹期8～10天。在浙江黄岩地区发现大造桥虫的天敌寄生蜂有3种，对幼虫寄生率极高，很有利用前途。此外两点螳螂可捕食幼虫。

【防治方法】参见海南油桐尺蠖。

44.蓑蛾

蓑蛾又名袋蛾、避债蛾和口袋虫，属鳞翅目蓑蛾科，在我国分布较广。它是一类杂食性害虫，可取食柑橘、茶、苹果、梅、樟、板栗和油桐等几十种植物。柑橘园的袋蛾主要有大袋蛾、茶袋蛾（图10-153）、小袋蛾和白囊袋蛾（图10-154）4种。

■图10-153 茶袋蛾成虫

■图10-154 白囊袋蛾

【为害症状】它们的幼虫常取食柑橘小枝的树皮使枝条枯死，或将叶片吃成缺刻或孔洞，使树势生长衰弱，降低果实产量，小袋蛾还啃食果实表皮引起果实腐烂脱落。

【形态特征】4种袋蛾形态特征对比见表10-1。

表10-1 4种袋蛾形态特征

虫态	大袋蛾	茶袋蛾	小袋蛾	白囊袋蛾
成虫	雌体长25毫米，淡黄色，无翅。体多绒毛，足退化，在袋囊中生活。雄蛾体长15～20毫米，翅展35～40毫米，黑褐色，触角羽状，前翅深褐色，有4～5个半透明斑	雌体长12～16毫米，蛆状，头黄褐色，腹部黄白色，无翅，足退化，在袋囊中生活。雄蛾体长11～15毫米，翅展22～30毫米，淡褐色，触角羽状，前翅近翅尖处有一透明斑，中央有长方形透明斑	雌体长7毫米，蛆状，无翅，在袋囊中生活。雄蛾体长4毫米，前翅黑色，后翅银灰色，有光泽	雌体长9毫米，在袋囊中生活，无翅。雄蛾体长4毫米，前、后翅透明，体被白色鳞毛
卵和幼虫	卵椭圆形淡黄色，长0.9～1毫米。幼虫在3龄后雌、雄明显不同。雌体肥大，长24～40毫米，头部赤褐色，胸部背板黄褐色，背部两侧各有1个赤褐色斑，腹足和尾足退化；雄体长17～24毫米，头部赤褐色，中央有一个白色人字纹	卵椭圆形，长0.8毫米，乳黄色。成长幼虫体长16～26毫米，头部黄褐色，有黑褐色斑纹，胸腹部黄色，胸部背面有两条褐色纵纹，两侧各有1褐斑	卵椭圆形米色。成长幼虫体长约8毫米，乳白色，雄体略小，中、后胸硬皮板褐色，分为4块，中央两块较大	成长幼虫体长约25毫米，红褐色，中、后胸背面硬皮板分为两块，上有深红色斑纹
护袋和蛹	护囊长40～60毫米，囊外附有1～2片树叶或排列不整齐的枝梗。雌蛹长28～32毫米，赤褐色，无翅芽；雄蛹长18～23毫米，暗褐色有翅芽	雌护囊长约30毫米，雄的长约25毫米，有许多平行排列整齐的小枝梗附在外面。雌蛹长14～18毫米，纺锤形，深褐色，无翅芽；雄蛹长13毫米，深褐色有翅芽	护囊长7～12毫米，雌虫的较雄虫的大，囊表面附有细碎叶片或枝皮，其口附近有丝一条。雄蛹长4.5～6毫米，雌蛹长5～7毫米	护囊长30毫米，护袋完全用丝编织，其质地紧密，白色，表面不附梗、叶碎片

【发生特点】大袋蛾在长江沿岸1年发生1代，在华南发生2代，以幼虫越冬。茶袋蛾1年发生1～2代，台湾可发生3代，以幼虫越冬。小袋蛾1年发生2代，以幼虫越冬。白囊袋蛾1年发生1代，亦以幼虫越冬。次年3～4月幼虫开始取食。雌成虫羽化后仍在袋内，雄蛾羽化后飞到雌虫袋口交配，卵产在袋内，幼虫孵出后再爬出袋外吐丝下垂，随风漂移或爬行传播到枝叶上吐丝做护囊终身躲在囊中取食，其护囊随虫体增大而增大，取食时头伸出袋口，叶片吃完后虫体随袋移动。茶袋蛾和白囊袋蛾以春季为害重，大袋蛾和小袋蛾7～9月为害重，幼虫喜光，多集中在树冠外围取食。1月幼虫在袋内越冬。

【防治方法】①农业防治：结合修剪人工摘除护囊或剪除有护囊的枝条，烧毁或踩死袋内幼虫。②物理防治：对有趋光性的，用频振式杀虫灯诱杀成虫。③生物防治：大袋蛾的天敌有伞裙追寄蝇，大腿小蜂，黑点瘤姬蜂，南京扁股小蜂，多角体病毒，鸟类和蚂蚁等；茶袋蛾天敌有蓑蛾瘤姬蜂，大腿小蜂，黄瘤姬蜂，桑蟥聚瘤姬蜂，鸟类，线虫和细菌等，药剂防治和摘除虫袋时应注意保护。④药剂防治：为害重时最好在低龄幼虫发生期喷药防治。药剂种类和浓度参见青刺蛾的防治。

45.青刺蛾和黄刺蛾

刺蛾类又名痒辣子和毛辣虫，属鳞翅目刺蛾科。我国南北许多地区均有分布。寄主有柑橘、梨、苹果、柳、梧桐、桃、柿、枣、核桃、杨和乌桕等。

【为害症状】幼虫取食柑橘叶，低龄幼虫常取食叶肉留一层表皮，大龄幼虫则将叶片吃成缺刻仅留下叶脉。使叶片受害处干枯，幼虫体上的刺毛对人体有毒，接触后皮肤痒痛难忍，甚至红肿。

【形态特征】青刺蛾：成虫体长10～19毫米，头、胸背面青绿色，腹部黄色，前翅青绿色翅基角褐色，外缘有淡黄色宽带，带内、外各有一条褐色纵纹。卵扁平长椭圆形淡黄绿色，排列成块状。幼虫长21～27毫米，淡绿色，头部有1对黑斑，体背有两排橙红色刺毛，腹部末端有4个黑色瘤状突起。蛹体长13～16毫米椭圆形，其茧壳坚硬灰褐至黄褐色。黄刺蛾：成虫（图10-155）体长10～17毫米，体黄色，复眼黑色，前翅黄色，其外缘棕褐色呈扇形其间有两条深褐色斜纹，每翅上有两个褐色小点。后翅淡黄色。卵扁平椭圆形黄色，常几粒几十粒产在一起。幼虫（图

■ 图10-155 黄刺蛾成虫

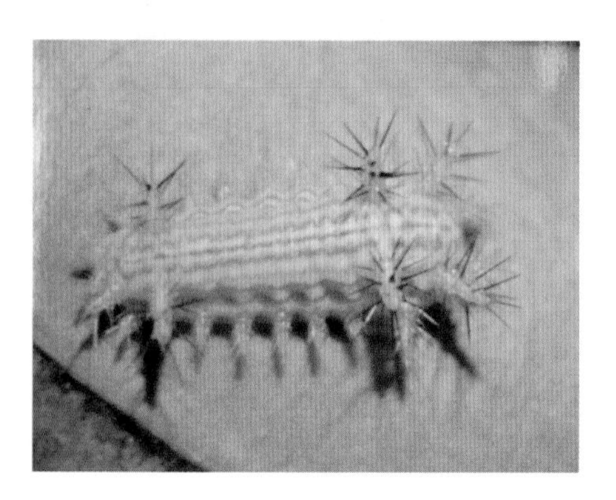

■ 图10-156 黄刺蛾幼虫

■ 图10-157 刺蛾蛹

10-156）老熟时长约25毫米淡黄绿色，背面有紫褐色前后宽中间细的大斑。每体节上有4个突起其上长有淡黄色枝刺，但胸部上的6根和臀节上的2根特别大。蛹（图10-157）长约13毫米椭圆形，黄褐色，其茧壳坚硬上有黑褐色纵纹。

【发生特点】青刺蛾：每年发生2～3代，以幼虫在土中结茧越冬。4月下旬至5月上中旬化蛹，5月下旬至6月上旬羽化为成虫，第一、二代幼虫分别于6～7月和7月下旬至9月出现。成虫期3～8天，卵期5～7天，幼虫期25～35天，蛹期5～96天。成虫夜间活动，有趋光性。卵产在叶背面，初孵幼虫先静止在卵壳附近不取食，2龄后取食叶肉，4～5龄常群集取食，以后分散取食，6龄后常自叶缘向叶内取食，幼虫老熟后在树干下部结茧化蛹。黄刺蛾：每年发生1代，以老熟幼虫在树干茧内越冬。6月中旬化蛹，6月中旬至7月中旬为成虫发生期，卵常产于叶背，幼虫孵出后常集中在一起取食，后逐渐分散为害。7月中旬至8月为幼虫发生期，9月以后开始越冬。

【防治方法】① 农业防治：消灭越冬虫茧，结合修剪除去枝条上的虫茧，冬春翻土挖出土中虫茧予以消灭，摘除有幼虫叶片消灭幼虫。② 物理防治：在6～8月利用成虫趋光性夜间用灯光引诱青刺蛾成虫进行杀灭。③ 药剂防治：在幼虫发生期用苏云金杆菌可湿性粉剂（8000国际单位）400 ～ 600倍液，2.5%鱼藤酮乳油300 ～ 400倍液，20%甲氰菊酯乳油或2.5%溴氰菊酯乳油或20%氰戊菊酯乳油2000 ～ 3000倍液，48%毒死蜱乳油1000 ～ 1200倍液，均有很好的效果。

46. 褐刺蛾和扁刺蛾

褐刺蛾（又名桑刺蛾和毛辣子）和扁刺蛾均属于鳞翅目刺蛾科，主要为害柑橘。

【为害症状】褐刺蛾幼虫咬食柑橘叶片成缺刻或吃掉叶片仅留叶柄。扁刺蛾幼虫除取食柑橘叶片外还取食柑橘果实表皮，引起果实腐烂脱落（图10-158）。其小幼虫常将叶背表皮吃去留下叶肉，高龄幼虫将叶片吃成缺刻或孔洞甚至吃掉叶片大半。它们的幼虫体上的刺毛都对人的皮肤有毒，引起皮肤痛痒和红肿。

■ 图10-158 扁刺蛾幼虫为害果实表皮状

【形态特征】褐刺蛾：成虫体长15毫米，褐色，前翅褐色，其前缘近三分之二处起到内缘尖角和臀角处有深褐色弧线两条，后翅褐色。卵扁平椭圆形，黄色，长约2毫米。成长幼虫（图10-159）体长约33毫米黄色，亚背线红色，背线和侧线天蓝色，各节上有2对刺突，其上着生红棕色刺毛。蛹长约16毫米，卵圆形，黄褐色，茧壳鸟蛋形，淡灰褐色，表面有褐色小点。扁刺蛾：雌成虫体长13 ～ 18毫米，雄虫体长约10毫米，体褐色，前翅浅灰褐色，前缘近2/3处到内缘有褐色横纹1条，雄蛾前翅中室末端有一黑点，后翅淡黄色（图10-160）。卵扁平，长椭圆形，淡黄绿色，长约1.1毫米。成长幼虫

■ 图10-159 褐刺蛾幼虫

■图10-160　扁刺蛾成虫

■图10-161　扁刺蛾幼虫

（图10-161）体长21～26毫米，扁平，长椭圆形，翠绿色，背部各节有4个刺突，背中央后前方的两侧各有一个红点。蛹长约14毫米，黄褐色至黑褐色，鸟蛋形，茧子淡黑褐色坚硬。

【发生特点】褐刺蛾：每年发生2代，以幼虫在果木附近3.3～6.6厘米深土中结茧越冬。次年6月上中旬出现成虫，第一代幼虫于6月下旬至7月初发生，8月上旬出现第一代成虫，成虫寿命5～15天，羽化后1～2天即可交配产卵，卵期约为一周。第二代幼虫8月中旬至9月中下旬出现，是主要为害时期。9月下旬后开始越冬。成虫白天潜伏夜间活动，有趋光性。扁刺蛾：一年发生2代，个别有3代，亦以老熟幼虫在土中结茧越冬，越冬代成虫于5月中旬至6月中旬出现，卵单产在叶上，第一代产卵期在5月中旬至6月下旬。第一代幼虫于5月下旬至7月下旬出现，第一代成虫于7月中旬至8月下旬出现，7月中旬至8月下旬产卵。第二代幼虫于7月下旬至次年4月出现。初孵幼虫取食叶片表皮形成透明斑，大幼虫吃叶片成缺刻。小幼虫还取食果实表皮引起果实腐烂脱落。

【防治方法】同青刺蛾和黄刺蛾。扁刺蛾的天敌有寄生蝇、寄生真菌和病毒等，其幼虫和蛹染病率很高。

47.柑橘凤蝶

柑橘凤蝶又名金凤蝶或橘黑黄凤蝶，该虫分布于我国各柑橘栽培区。

【为害症状】柑橘凤蝶以幼虫为害柑橘的芽、嫩叶、新梢，初龄时取食成缺刻与孔洞状，稍大时常将叶片吃光，只残留叶柄。苗木和幼树受害最重，尤以山区发生较多，影响枝梢抽生。

【形态特征】成虫（图10-162）分春型和夏型两种。春型雌虫：体长21～28毫米，翅展69～95毫米。翅黑色，斑纹黄色。胸、腹部背面有黑色纵带直到腹末。前翅三角形黑色，外缘有8个月牙形黄斑。后翅外缘有6个月牙形黄斑。臀角有一橙黄色圆圈，其中有小黑点。前翅近基部的中室内有4条放射状黄纹；翅中部从前缘向后缘有7个横形的黄斑纹；向后依次逐渐变大。夏型个体较大，黄斑纹亦较大，黑色部分较少。卵（图10-163）直径约1.5毫米，圆球形、初产时淡黄色，渐变为深黄色，孵化前淡紫色至黑色。初孵幼虫暗褐色，有肉状突起，头、尾黄白色极似鸟类（图10-164）。老熟幼虫体长38～42毫米，鲜绿色至深绿色，后胸前缘有一齿状黑线纹，其两侧各有1个黑色眼状纹，眼斑间有深褐色带相连；体侧气门下方有白斑1列，4条斜纹细长，灰黑色，有淡白色边；臭角腺黄色，有肉状突起。蛹长30～32毫米，初化蛹时淡绿色，后变为暗褐色，腹面带白色。

【发生特点】1年发生4代，以蛹在枝梢上越冬，翌年春暖羽化成虫。成虫日间活动，飞翔于花间，采蜜、交尾，卵散产于柑橘嫩芽或嫩叶背面；卵期约一周，初孵幼虫为害嫩叶，在叶面上咬成小孔，稍长后将叶食成锯齿状，第五龄幼虫（图10-165）食量大，一日能食叶5～6片，遇惊动时，迅速伸出前胸前缘黄色的臭角，放出强烈的气味以拒避敌害。老熟幼虫（图10-166）选在易隐蔽的枝条或叶背，吐丝作垫，以尾足抓住丝垫，然后吐丝在胸腹间环绕成带缠在枝条上，用以固定，蛹的颜色常因化蛹环境而异（图10-167）。

■图10-162 凤蝶成虫

■图10-163 凤蝶卵

■ 图10-164 凤蝶3日龄幼虫

■ 图10-165 凤蝶7日龄幼虫

■ 图10-166 凤蝶老熟幼虫

■ 图10-167 凤蝶蛹

【防治方法】①人工捕杀：清晨露水未干时，人工捕杀成虫；白天网捕成虫，其次在新梢抽发期捕杀卵、幼虫和蛹。②生物防治：保护利用卵和幼虫寄生蜂凤蝶赤眼蜂或寄生蛹的凤蝶金小蜂和广大腿小蜂。③药剂防治：在幼虫发生量大时，用2.5%溴氰菊酯乳油或20%杀灭菊酯乳油5000倍液、20%虫酰肼悬浮剂3000倍液、50%杀螟硫磷乳油1000～1500倍液、苏云金杆菌可湿性粉剂（8000国际单位）400～600倍液、1.8%阿维菌素乳油3000倍液喷杀。

48.玉带凤蝶

玉带凤蝶又名白带凤蝶、黑凤蝶等，属鳞翅目凤蝶科。寄主植物除柑橘外，尚有花椒、山椒等芸香科植物。我国各柑橘产区均有分布。

【为害症状】玉带凤蝶幼虫为害柑橘和芸香科植物，蚕食嫩叶和嫩梢（图10-168），常造成树势衰弱。初龄幼虫食叶成缺刻与孔洞，稍大常将叶片吃光，大量发生时果园嫩梢也可受害，严重时新梢仅剩下叶柄和中脉，影响枝梢的抽发，产量降低。

【形态特征】成虫（图10-169）体长25～32毫米，翅展90～100毫米，黑色。雄虫前翅外缘有黄白色斑点7～9个，从前向后逐渐变大，后翅中部从前缘向后缘横列着7个大型黄白色斑纹，横贯前后翅，形似玉带。后翅外缘呈波浪形，尾突长如燕尾。雌蝶有二型，一型色斑与雄蝶相似，另一型后翅外缘具半月形红色小斑点6个，在臀角处有深红色眼状纹，中央有4个大型黄白色斑。卵（图10-170）直径约1.2毫米，圆球形，初产时淡黄白色，后变为深黄色，近孵化时变为灰黑色。第1、2龄幼虫为黄白色至黄褐色（图10-171）、3龄黑褐色、4龄鲜绿色（图10-172）。

■图10-168　玉带凤蝶为害状

■图10-169　玉带凤蝶成虫

■图10-170　玉带凤蝶卵

■图10-171　玉带凤蝶3日龄幼虫

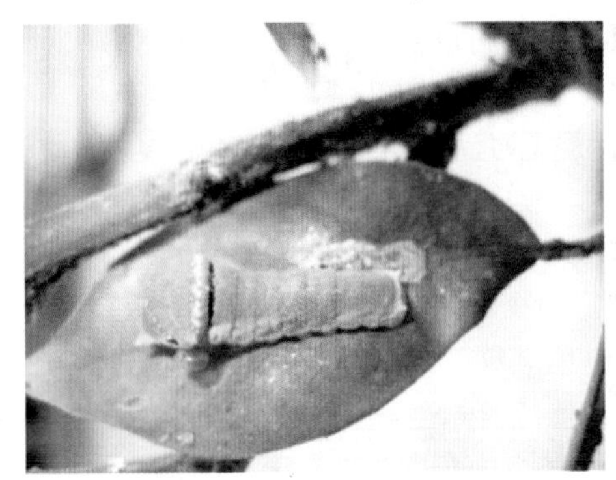

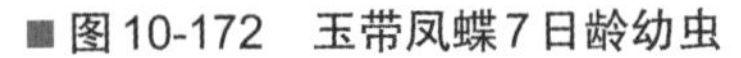

■图10-172　玉带凤蝶7日龄幼虫

■图10-173　玉带凤蝶老熟幼虫

老熟幼虫（图10-173）体长34～44毫米，深绿色。后胸前缘有齿状黑纹，其两侧各有黑色眼状纹，第2腹节前缘有黑带1条，第4、5节两侧具斜形黑、褐色间以黄绿紫灰各色的斑点花带1条，臭腺紫红色。蛹长32～35毫米，灰黑、灰黄、灰褐色或绿色。

【发生特点】长江流域每年发生4～6代，以蛹在枝梢间越冬，世代重叠。3～4月成虫出现，4～11月均有幼虫发生，以5月中下旬，6月下旬，8月上旬和9月下旬为发生高峰期。幼虫期在重庆第2代15天，第3代约12天，第4代约20天，部分可完成第5代，其幼虫期约28天。成虫白天飞翔于林间庭园，吸食花蜜或雌雄双双飞舞，相互追逐、交尾，交尾后当日或隔日产卵，卵单粒附着在柑橘嫩叶及嫩梢顶端，每雌产卵5～48粒。初孵幼虫取食叶肉，沿着叶缘啮食，常将叶肉吃尽仅剩下主脉或叶柄，受到惊动或干扰时迅速翻出臭角，挥发出芸香科的气味，以保护自卫，吓退敌害。5龄幼虫每昼夜可食叶5～6片，对幼苗、幼树和嫩梢为害极大。老熟幼虫在枯枝、叶上吐丝垫固着尾部，再系丝于腰间，悬挂在附着物上化蛹。

【防治方法】同柑橘凤蝶。

49.鸟嘴壶夜蛾

鸟嘴壶夜蛾又名葡萄紫褐夜蛾、葡萄夜蛾，属鳞翅目夜蛾科。寄主植物除柑橘外还有多种果树。

【为害症状】成虫吸食柑橘果实汁液，被害柑橘果实表面有绣花针刺

■图10-174 成虫为害果实状

■图10-175 成虫

状小孔，刚取食后小孔有果汁流出，2天后果皮刺孔处海绵层出现直径1厘米左右的淡红色圆圈，随后果实腐烂脱落，影响果实产量和品质（图10-174）。

【形态特征】成虫（图10-175）体长23～26毫米，翅展49～51毫米。头部和前胸赤橙色，中、后胸褐色，腹部黄褐色有许多鳞毛，其喙向前突出。前翅紫褐色，翅尖向外缘显著突出似鹰嘴形；外缘中部向外突出，后缘中部向内凹入较深，自翅尖斜向中部有2根并行的深褐色线纹；肾形纹较明显；后翅淡褐黄色，外半部色较深，缘毛淡褐色，端区微呈褐色。前后翅的反面均为粉橙色。足赤橙色。卵扁球形，高约0.61毫米，直径约0.76毫米，表面密布纵纹，初产时黄白色，孵化前变为灰黑色。老熟幼虫体长46～58毫米，前端较尖，体灰褐色或灰黄色，背腹面由头至尾各有一灰黑色纵纹，头部有2个黄边黑点，第二腹节两侧各有一个眼状纹。

【发生特点】鸟嘴壶夜蛾在湖北武汉和浙江黄岩每年发生4代，以成虫、幼虫或蛹越冬。9～10月为害柑橘最盛，成虫以晴天无风夜晚最多，每日黄昏开始入园取食，以22～24时最多，后逐渐减少，天亮后很难发现。

【防治方法】①在山区或近山区新建果园时，最好少种早熟品种；最好栽培晚熟品种，尽量避免混栽不同成熟期的品种及多种果树。②人工捕捉：在晚上用电筒照射进行捕杀成虫。③物理防治：在10亩柑橘园中设40瓦金黄色荧光灯或其他黄色灯6盏（也可用白炽灯），对夜蛾有一定驱避作用。在果实成熟初期，用香茅油纸片于傍晚均匀悬挂在树冠上拒避成虫。方法是用吸水性好的纸，剪成约5厘米×6厘米的小块，滴上香茅油，于傍晚挂在树冠外围，5 ～ 7年的树，每株挂5 ～ 10片，次晨收回放入塑料袋密封保存，次日晚上加滴香茅油后继续挂出。⑤ 果实套袋：对价格较高的品种，果实成熟期可套袋保护。早熟品种一般在8月中旬至9月上旬进行。

50.枯叶夜蛾

又称通草木叶蛾、通草枯叶夜蛾、番茄夜蛾，属鳞翅目夜蛾科。我国各柑橘产区都有分布。寄主范围广，以成虫吸食柑橘果实果汁。

【为害症状】成虫吸食柑橘健果汁液，以口针刺破果面成针刺小孔，插入果肉内吸食，刺孔处流出汁液，伤口软腐呈水浸状，并逐渐扩散软腐范围，或出现干疤状；果皮内层的海绵组织呈红色晕环；果瓤腐烂，颜色变浅，果实提前脱落。也有的果实受害后外表症状不明显，早期不易发现。

【形态特征】成虫体长35 ～ 42毫米，翅展98 ～ 112毫米（图10-176、图10-177）。头胸棕褐色，腹部背面橙黄色。触角丝状。前翅枯叶色，形似枯叶状，沿翅脉有1列黑点，顶角至后缘凹陷处有1条黑褐色斜线，肾形纹黄绿色。后翅橘黄色，前缘中部有1个牛角形粗大黑斑与肾形黑斑相对。卵扁球形，乳白色，底面平，卵壳外面有六角形网状花纹。老熟幼虫体长60 ～ 70毫米，身体黄褐色或黑色。

【发生特点】每年发生2～3代，第1代发生于6～8月，第2代8～10月，9月至次年5月为越冬代，多以幼虫越冬，也有蛹和成虫越冬。成虫发生高峰多在秋季。成虫夜间活动，黄昏后飞入果园为害，天黑时逐渐

图10-176 成虫

图10-177 成虫翅展开状

增多，天明后隐蔽，晴天无风夜晚最活跃。在四川，成虫于9月下旬开始为害柑橘，10月中旬达到高峰；在广东其高峰期在9月中、下旬。气温在20℃时取食最盛，10℃时不甚活动，8℃时则停止活动。

【防治方法】同鸟嘴壶夜蛾。

51.嘴壶夜蛾

别名桃黄褐夜蛾，属鳞翅目夜蛾科。我国南北方均有发生，是江浙等地吸果夜蛾中的优势种。成虫吸食近成熟和成熟的果实。

【为害症状】同枯叶夜蛾。

【形态特征】成虫体长16～21毫米，翅展36～40毫米（图10-178、图10-179），体褐色。头部红褐色，下唇须鸟嘴形，腹部背面灰色；前翅棕褐色，外缘中部突出成角状，角内侧有1个三角形红褐色纹，后缘中部凹陷，翅尖至后缘有深色斜“h”纹，肾形纹隐约可见；后翅褐灰色，端部和翅脉黑色。雌蛾触角丝状，雄蛾触角单栉齿状，前翅色较浅。卵扁圆形，初产时乳黄色，以后出现棕红色花纹，卵壳上有较密的纵走条纹。老熟幼虫体长30～52毫米，漆黑色，各体节两侧在黄色斑纹处，间有大小数目不等的白色或橙红色斑，排列成纵带。蛹体长17～20毫米，赤褐色。

【发生特点】该虫以幼虫和蛹越冬，田间各虫态极不整齐，幼虫全年可见。浙江黄岩一年发生4代，广州6代。成虫略具假死性，白天潜伏，夜晚飞来果园吸食，以针状喙刺入果内吸食汁液，以20～24时最多，晴天无风夜晚最盛。山地和近山地果园受害重；各种果树或柑橘品种混栽的受害重；早熟、皮薄的受害重，中熟的次之，晚熟的很轻。在四川，成虫

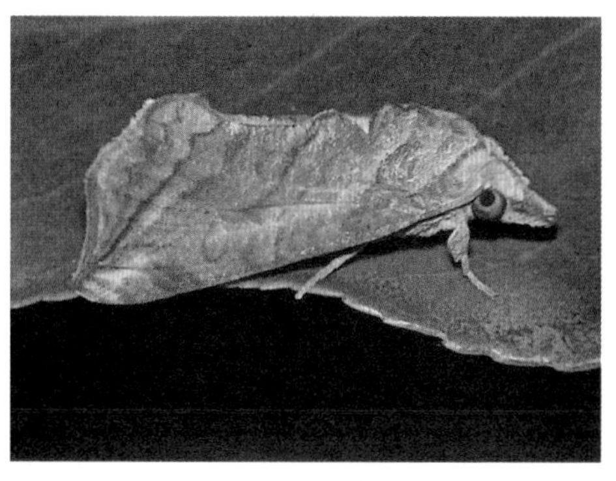

■图10-178 成虫

■图10-179 成虫翅展开状

于9月至11月到柑橘园为害成熟果，以10月上、中旬为害最烈，主要为害锦橙、脐橙等甜橙类，橘类受害较轻；在浙江9～10月数量最多，以早熟的温州蜜柑受害最重；广东以10月中旬至11月上旬为害最烈，以早熟雪柑受害最重，其次为中熟椪柑和甜橙，晚熟的蕉柑受害轻。成虫白天在杂草、间作物、篱笆、墙洞和树干等处潜伏，黄昏时为活动高峰。温度16℃以上虫口较多，13℃以下显著减少，10℃时很难发现。

【防治方法】同鸟嘴壶夜蛾。

52.柑橘大实蝇

又名柑蛆、黄果虫，其受害果又称蛆柑，属双翅目实蝇科。为害柑橘类的果实。

【为害症状】雌成虫将卵产于柑橘幼果的果瓤中，由于产卵行为的刺激，在果皮表面形成一个小突起，突起周边略高，中心略凹陷，称之为产卵痕。卵在果瓤中孵化成幼虫，取食果肉和种子；受害果未熟先黄，黄中带红，变软，后落果、腐烂。若果实中幼虫较少，果实不落，仅果瓤受害腐烂。

【形态特征】成虫（图10-180）体长12～13毫米，黄褐色。胸背无小盾片前鬃，也无翅上鬃，肩板鬃仅具侧对，中对缺或极细微，不呈黑色，前胸至中胸背板中部有栗褐色倒“Y”形大斑1对，腹基部狭小，可见5节，腹部背面中央有一黑色纵纹与第3节前缘的一黑色横纹交叉呈“十”字形。第4和第5腹节前虽有黑色横纹，但左右分离不与纵纹连接。产卵器长大，基部呈瓶状，基部与腹部约等长，其后方狭小部分长于第五腹节。卵长椭圆形，乳白色，一端稍尖细，另端较圆钝，中部略弯曲，长1.2～1.5毫米。幼虫蛆形（图10-181），前端小、尾端大而钝圆，乳白色，口钩黑色常缩入前胸内，老熟时长14～18毫米。蛹椭圆形，黄褐色，长8～10毫米。

■图10-180 柑橘大实蝇成虫

【发生特点】该虫1年发生1代，以蛹在土中越冬。越冬蛹于4月至5月

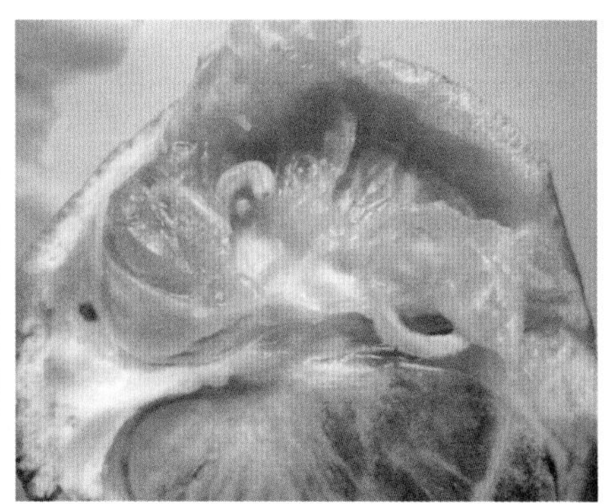

■图10-181 柑橘大实蝇幼虫及为害状

上旬晴天羽化为成虫。成虫出土后先在地面爬行待翅展开后便入附近有蜜源处（如桃林和竹林等）取食蜜露作为补充营养，直至产卵前才飞入橘园产卵，6月上旬至7月中旬为产卵期，6月中旬为盛期。7～9月卵在果中孵化为幼虫蛀食果肉，9月下旬至10月中下旬幼虫老熟，脱果入土，在土中3.3～6.6厘米深处化蛹。成虫晴天中午活动最甚，飞翔较敏捷，常栖息叶背面和草丛中。成虫一生多次交配，羽化后一个月左右才开始产卵，卵多产于枝叶茂密的树冠外围的大果中。甜橙产卵痕多在果腰处，呈乳突状；橘子产卵痕多在果脐部，不明显；柚子则多在果蒂部微下凹。卵期约1个月，果内有幼虫5～10头。受害果多在9～10月脱落。阴山和土壤湿润果园及附近蜜源多的果园受害均重。树冠枝叶茂盛的树冠外围大果受害多。土壤含水量低于10%或高于15%均会造成蛹大量死亡。远距离传播主要靠带虫果实、种子及带土苗木。甜橙和酸橙受害较重。

【防治方法】①不要从虫害发生区引进果实、种子和带土苗木。②9～10月摘除刚出现症状的果实深埋。③羽化期和幼虫入土时地面喷药，成虫羽化始盛期开始喷药防治，药液中加入2%～3%糖液，隔行条施或点喷1/3植株1/3的树冠，7～10天1次，连续喷施3～4次，药剂有1.8%阿维菌素乳油1500～2000倍液、48%毒死蜱乳油800～1000倍液、50%丙溴磷乳油1000～1500倍液、2.5%溴氰菊酯乳油或2.5%三氯氟氰菊酯乳油或10%氯氰菊酯乳油1500～2000倍液、20%丁硫克百威乳油1000～1500倍液。④释放辐射不育雄虫降低虫口。⑤冬季翻耕园土，可杀死部分越冬蛹；成虫发生期可用糖酒醋液诱杀成虫。

53. 橘小实蝇

又名东方果实蝇和黄苍蝇，属双翅目实蝇科。

【为害症状】成虫（图10-182）产卵于柑橘果实的瓤瓣和果皮之间，产卵处有针刺状小孔和汁液溢出，凝成胶状，产卵处渐变成乳突状的灰色或红褐色斑点。卵孵化后幼虫蛀食果瓣使果实腐烂脱落。

■图10-182 橘小实蝇成虫

【形态特征】雌成虫体长约7毫米、翅展16毫米，雄成虫体长6毫米、翅展14毫米，黄褐至深褐色，复眼间黄色，3个单眼黑色排列成三角形，颊黄色。触角具芒状，角芒细长而无细毛，触角第三节为第二节的2倍。胸部背面中央黑色而有明显的2条柠檬黄色条纹，前胸背板鲜黄色，中后胸背板黑色。翅透明，翅脉黄色，翅痣三角形，腹部黄至赤褐色，雄虫腹部为4节，雌虫腹部为5节，产卵管发达，由3节组成。3～5腹节背面中央有显著黑色纵纹与第二节的黑色横纹相交成T字形。卵：菱形，乳白色，稍弯曲，一端稍细而另一端略钝圆，长约1.0毫米。幼虫：1龄幼虫体长1.2～1.3毫米，半透明。2龄幼虫乳白色，长2.5～2.8毫米。3龄幼虫橙黄色，圆锥形，长7.0～11毫米，共11节，口钩黑色。蛹椭圆形，淡黄色，长约5.0毫米，由11节组成。

【发生特点】该虫1年发生3～5代，田间世代重叠，同一时期各虫态均可见。成虫早晨至中午前羽化出土，但以8时前后出土最多，成虫羽化后经性成熟后方能交配产卵，产卵前期夏季为20天，春、秋季为25～60天，冬季为3～4个月。产卵时以产卵器刺破果皮将卵产于果瓣和果皮之间，每孔产卵5～10粒，一雌成虫一生可产卵200～400粒，产卵部位以东向为多。橘小实蝇在梅州柑橘园6月下旬至9月上旬为产卵期，7月下旬为产卵盛期，9月下旬受害果开始脱落，10月下旬为脱落盛期。夏季卵期约2天，冬季3～6天。幼虫期夏季7～9天，秋季10～12天，冬季15～20天。幼虫孵出后即钻入果瓣中为害，致使果实腐烂脱落。幼虫蜕皮2次，老熟后即脱果钻入约3.0厘米深土层中化蛹。幼虫少、受害轻的果实也暂不脱落。

【防治方法】同防治柑橘大实蝇的方法。另外可在2.0毫升甲基丁香酚原液中加敌百虫滴于橡皮头内，将其装入用矿泉水瓶制成的诱捕器内挂于离地1.5米的树上，每60米挂一个，每30～60天加一次药剂诱杀成虫。

54.花蕾蛆

又名橘蕾瘿蝇、柑橘瘿蝇和包花虫，其受害花称灯笼花和算盘子，属双翅目瘿蚊科。我国各柑橘产区均有分布。仅为害柑橘类。

【为害症状】成虫在花蕾现白直径2～3毫米时从花蕾顶部将卵产于花蕾中，卵孵化后幼虫食害花器（图10-183），使花瓣短缩变厚，花蕾成白色圆球形，花瓣上有分散小绿点（图10-184）。受害花蕾的花丝呈褐色，花柱周围有许多黏液。花蕾松散而不能开放和结果，直接降低果实的产量。

【形态特征】雌成虫体长1.5～1.8毫米，翅展4.2毫米，暗黄褐色，周身密被黑褐色柔软细毛。头扁圆形，复眼黑色，无单眼，触角细长14节念珠状，每节膨大部分有2圈放射状刚毛。前翅膜质透明被细毛，在

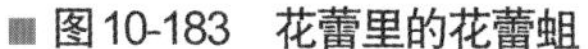

图10-183　花蕾里的花蕾蛆

图10-184　畸形花蕾

强光下有金属闪光，翅脉简单。足细长黄褐色。腹部10节，但仅能见到8节，每节有黑褐色细毛一圈，第九节成针状产卵管。雄成虫略小，体长1.2～1.4毫米，翅展3～5毫米，触角哑铃状黄褐色，腹部较小有抱握器1对。卵长椭圆形无色透明，长约0.16毫米。老熟幼虫长纺锤形橙黄色，长约3.0毫米，前胸腹面有一黄褐色Y形剑骨片。1龄幼虫较小无色，2龄幼虫体长1.6毫米略带白色。蛹纺锤形黄褐色，长约1.6毫米，快羽化时复眼和翅芽变为黑褐色，外有一层长约2.0毫米黄褐色的透明胶质蛹壳。

【发生特点】该虫1年发生1代，个别1年2代，以幼虫在土中越冬。发生时期因各地区和每年的气温不同而异，在重庆一般3月下旬至4月初柑橘现蕾时成虫出土，出土盛期往往随雨后而来，刚出土成虫先在地面爬行，白天潜伏于地面夜间交配产卵，成虫出土后1～2天即可交尾产卵，产卵后成虫很快死亡。卵期3～4天，顶端疏松的花蕾最适产卵，卵产在子房周围。4月中下旬为卵孵化盛期，幼虫食害花器使花瓣增厚变短，花丝花药成褐色。幼虫共3龄，1龄期为3～4天，2龄期6～7天。幼虫在花蕾中生活约10天，即爬出花蕾弹入土中越夏越冬。一个花蕾中最少有幼虫1～2头，最多可达200余头。蛹期8～10天。阴雨有利于成虫出土和幼虫入土，故阴湿低洼果园、阴山和隐蔽果园、沙壤土果园和现蕾期多阴雨均有利于其发生。干旱等天气不利于发生。

【防治方法】①关键是在成虫出土（花蕾现白）和幼虫入土期进行地面施药。药剂有50%辛硫磷或40%毒死蜱1000～2000倍液，20%甲氰菊酯或20%杀灭菊酯或2.5%溴氰菊酯2000～3000倍液，80%敌敌畏1000倍液，20%二嗪农颗粒剂1.1千克/亩。每7～10天1次，连用1～2次，如果同时喷树冠效果更好。②在成虫羽化出土前用塑料薄膜覆盖果园地面闷死成虫阻止其上树产卵，还可控制杂草。幼虫入土前摘除受害花蕾深埋或煮沸以杀灭幼虫。冬春翻土可杀死土中部分幼虫和蛹。

55.柑橘蓟马和茶黄蓟马

蓟马属缨翅目蓟马科。我国为害柑橘的蓟马各地种类不同。主要有柑橘蓟马、茶黄蓟马、花蓟马、稻蓟马、橙黄蓟马、温室蓟马、台湾花蓟马和中国蓟马等多种，最主要的是柑橘蓟马，茶黄蓟马和花蓟马。

【为害症状】茶黄蓟马和柑橘蓟马取食柑橘嫩叶、嫩枝和幼果。受害早而重的嫩梢呈丛生状芽，受害轻的嫩梢生长衰弱，瘦长而扭曲，受害处表面呈灰白或灰褐色，在其上抽生的梢短而弱。嫩叶受害处多在中脉附近或叶缘。未展开时受害叶多向正面纵卷，叶狭长呈柳叶状，叶硬脆而不脱落，表面呈灰白或灰褐色、无光泽，与跗线螨为害症状相似（图10-185）。果实以直径4厘米以下的幼果受害重。受害果呈灰白色，像覆盖一层浓米汤状灰白色膜（图10-186），用指甲可刮去薄膜，严重影响果实外观。

【形状特征】柑橘蓟马：成虫（图10-187）体长约1.0毫米，纺锤形，淡橙黄色，腹部较圆，体有细毛，触角8节，头上的毛较长，前翅有1条纵脉，翅上缨毛很细，卵肾形长0.18毫米。幼虫1龄体小，颜色略淡，2龄幼虫（图10-188）大小与成虫相似，无翅，未成熟时椭圆形琥珀色，经预蛹（3龄）（图10-189）和蛹（4龄）羽化为成虫。茶黄蓟马：雌成虫体长0.8～1.0毫米，头、胸部橙黄色，头部前缘和中胸背板前缘灰褐色，前翅灰色，复眼突出，单眼鲜红色呈三角形排列。触角8节，第一节黄色，其余为灰褐色。雄成虫体长0.7毫米。卵淡黄色，肾形。幼虫体似成虫，初孵时乳白色后为淡黄色。经预蛹和蛹羽化为成虫。

【发生特点】柑橘蓟马：1年发生7～8代，以卵在新叶组织内越冬，个别成虫也可越冬。次年3～4月越冬卵孵化为幼虫，取食嫩叶、嫩芽和幼果，4～10月均可见虫体，但以谢花至幼果直径4厘米时为害最重。1～2代发生较整齐，以后世代重叠。其1龄幼虫死亡较多，2龄幼虫是主要的为害虫态，也是重点防治时期。幼虫老熟后在地面或树皮裂缝内化蛹。成虫晴天中午最活跃。每雌一生可产卵25～75粒。完成一代需2～3周，

■图10-185　柑橘蓟马为害叶片状

■图10-186　柑橘蓟马为害果实状

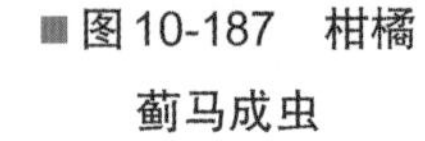

■图10-187 柑橘蓟马成虫

■图10-188 柑橘蓟马2龄幼虫

■图10-189 柑橘蓟马预蛹

主要为害期为4～6月（开花至幼果期），气温达17℃以下便停止活动。柠檬和脐橙受害重，实生苗受害重，嫁接苗轻。茶黄蓟马：1年发生5～8代，主要以蛹越冬。第一代成虫于5月达高峰，第2代于6月中下旬达高峰，以后世代重叠。成虫产卵于幼嫩组织内，幼虫吸食汁液，2龄后在树皮裂缝和地表枯叶中化蛹。温州蜜柑果顶部受害多，柚等受害处则多在果蒂部，亦以5～6月为害果蒂重。

【防治方法】①柑橘园附近不种茶、葡萄和花生等寄主植物，地面盖塑料薄膜阻止成虫出土；②在开花至幼果期，5%～10%的花、叶或幼果上平均有虫1～2头或20%的1.8厘米直径的幼果上有虫时进行防治，可使用40%毒死蜱1000～2000倍液，20%甲氰菊酯或2.5%溴氰菊酯或20%杀灭菊酯2000～3000倍液喷洒；③保护利用钝绥螨、捕食椿象和各种捕食蜘蛛等天敌。

第十一章

高接换种技术

柑橘树经过栽培管理，随着树体生长、树冠扩大、开花结果，结果后混在栽培品种中的劣质品种得以暴露，这些劣质品种需要通过高位嫁接更换为所栽培的良种。同时，随着时间推移，一些品质差、产量低的劣质品种，不适宜当地气候条件的品种，长期不结果的实生树，需要异花授粉或效益差的品种，树势严重衰退的老树，以及原本优良的品种，但随着时间的推移出现更新、更优良的品种时，都需要进行高接换种（简称高换）。

1. 对高接换种树要求

不是所有的柑橘树都适合高接换种。柑橘树要进行高接换种，首先必须保证柑橘树的主干和根系是健康的，没有天牛、爆皮虫、脚腐病等严重的病虫为害，即使有为害也不会影响柑橘树的正常生长；其次，所嫁接的品种和中间砧之间的亲和性要好，基砧必须适合当地的土壤和气候条件，与中间砧亲和性也要好，与嫁接品种相互间没有任何不利的影响；第三，树龄不大，一般树龄不超过20年，离地10厘米处的主干直径在20厘米以内（树干直径太大则皮层太厚，形成层活动能力差，嫁接成活率会受影响，而且太大的干去桩后由于伤口太大桩头很容易干枯爆裂死亡）；第四，用于高接换种的树分枝部位要低，以利于换种后控制树冠高度，以免换种后树过高而衰老快；第五，用于高接换种的树，树体营养要好，以利高接换种后萌芽抽发健壮的枝梢。

2. 高接换种时期和方法

柑橘树高接换种与柑橘苗木嫁接一样，在整个生长期都可以进行。但高接换种与小苗嫁接也有不同的地方，主要是高接换种前或高接换种后去砧的桩头大、伤口大、愈合慢，容易在高温时干枯爆裂，所以高接换种通常在春季去桩，切接与腹接相结合，在夏秋季进行腹接。去桩的时间在春季萌芽前进行。

切接在春天土壤温度开始上升，气温12℃左右，柑橘树液开始流动，但还没有发芽时进行为好，此时树通过根系从土壤中获得水分、矿质营养，通过木质部运输到地上部分供给萌芽抽梢的需要，也就是说，春季发芽前树体本身积累的营养较多，加之树的根系从土壤中再吸收的营养，萌芽所需的营养可以得到充足的保障，对嫁接后萌芽抽梢非常有利。秋季腹接是在7～8月高温过后冬季低温来临前进行，此时气温仍较高，高接后伤口愈合快、成活率高，如有嫁接没有成活的，可以在秋季及时进行补接，也可在第二年春季进行补接。

春季切接时，先选择好需要嫁接的枝，后锯掉多余的大枝，适当保留部分接口下的小枝做辅养枝。夏秋季嫁接的，可以先锯掉过密的大枝和剪掉影响嫁接操作的过密枝，留一部分位置比较低的健壮小枝做辅养枝。

切接时一定要把桩头削平整，包扎时除把接芽包扎好外，还应包扎接芽顶部有伤口部分，以防接芽干枯，同时，桩头切面应覆一层塑料膜保鲜防干，然后再用方块塑料膜覆盖接芽顶端和整个桩头，以防雨水进入，同时也防干枯死亡。高接换种除春季切接时塑料薄膜覆盖保护内的芽可以露出芽眼外，春季和夏秋季腹接的其他芽都不露芽眼，将接芽全包以防低温冻害。

柑橘高接换种不论在春季切接还是秋季腹接，用于嫁接的芽一定要饱满，最好采用枝接，用于枝接的削芽长度在1厘米以上，以保证接芽有充足的营养，有利于接芽的成活和萌芽抽出好枝。

3. 高接换种的部位

柑橘高接换种不仅要考虑更换品种，而且还要考虑充分利用高换树的分枝，以确保高接换种后适当多抽枝梢，尽快形成丰产树冠，实现早丰产早受益。在高接换种时，还必须考虑高接换种后要方便管理，结果后的高换树要尽可能长时间地继续丰产稳产，延长树的寿命。因此，在高接换种时特别要选择好高接换种的嫁接部位（图11-1）。

一般来说，高接换种嫁接的部位不要高于1.5米，最好控制在1米以内。但对于不同的树冠结构来说，其高接换种的部位是不一样的。对于有分枝、树干较矮、分枝部位也比较低的树，高接换种的部位也相对比较低；树干比较高，分枝相对较高，高接换种的部位也相对比较高；对于树干较高，分枝少或没有分枝的树，高接换种可以选择在一级分枝和主干上进行。

■图11-1 高接换种接芽嫁接部位

高接换种时，嫁接点也需要考虑。在分枝上进行嫁接时，嫁接部位距离分枝点不能太远，以近为好。如果嫁接部位离分枝点太远，经过几次抽梢后，树体内部很容易出现空膛现象，尤其对于一些生长势强旺的品种，在没有控制好枝梢长度的情况下更为明显。

高接时，根据分枝的粗度选择嫁接的具体位置。分枝直径在5厘米以上的，嫁接部位离分枝点稍远，第一个嫁接点离分枝点的距离应控制在20～30厘米以内；分枝直径在5厘米以下的，嫁接部位可以离分枝点近一些，第一个嫁接点可以控制在离分枝点10～20厘米以内。

嫁接部位选定后，嫁接点的位置尽量选择平整光滑的地方，而且方向以向上为好，这样嫁接后接芽处不易积水，接芽萌芽后抽出的枝也不易折断。切记不要把接芽嫁接在枝背光的一面（流水线一侧），这样嫁接在包膜不好的情况下，水很容易进入而让接芽积水腐烂，而且即使接芽萌发抽枝后，长出的枝梢经风吹或果实重力作用等很容易断裂。

4.高接换种的接芽数量

高接换种丰产树冠的形成，在高接部位确定后，主要取决于高接换种的接芽数量和抽枝量。接芽越多，树冠形成越快，但树冠会由于接芽过多抽生大量枝梢，造成树冠过早郁闭。接芽过少，萌芽抽枝少，树冠形成慢，进入结果期晚。因此，在高接换种时，高接换种的接芽数量对树冠的形成、产量的高低和树体寿命的长短都起着相当大的作用。

接芽的数量，由树干大小和分枝多少决定。在分枝多、树干粗的情况下，接芽数量多；树干细，则接芽数量少。在分枝少或没有分枝的情况下，接芽数量的多少主要是由主干的粗度决定的。主干粗的，为了保证成活率，在同一个切面可能会接2～3个接芽，同时由于接芽处切口较大，

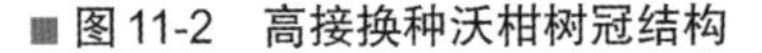
■ 图11-2　高接换种沃柑树冠结构

■ 图11-3　高接换种脐橙树冠结构

也可在同一接芽处安放2个接芽。但不论是有分枝还是没有分枝，不论是同一切面放1个芽还是放2个芽，待成活后，确保每一株树最多7～8个芽，以4～5个芽为最适合（图11-2、图11-3）。

5. 高接换种树的管理

高接换种后，必须加强树的管理。

（1）去桩修剪　高接换种嫁接成活后，夏秋腹接的，在第二年春季萌芽前必须把接口以上的枝去掉，让接芽处于顶端优势的位置，同时减少树体营养的消耗，集中营养以供接芽萌芽抽枝。去枝时，如果是小枝，可用枝剪直接剪断；如果是较大的枝，则用手锯锯掉。

夏秋腹接的树，去枝最好分两步进行。第一步是在春季萌芽前，根据去枝后留下的切面的大小确定留桩头的长度。其主要是考虑桩头散失水分的快慢问题。切面越大，水分散失得越多，桩头干裂得越快；切面越小，水分散失得越少，桩头干裂得越慢或不会干裂。因此，为了保护接芽，切面越大，留桩头的长度越长；切面越小，留桩头的长度越短。一般来说，直径2厘米以下的枝，可以不留桩直接平剪，但剪口从接芽一方斜向上呈45度角，以利接芽处不受积水的影响；桩头直径2～5厘米的，桩头留5～10厘米锯断；桩头直径5厘米以上的，留10～15厘米锯掉上部。第二步是在接芽萌发抽梢后，待新枝老熟可以覆盖住桩头切面时，留1～2厘米长桩头锯断，切面从接芽一方斜向上呈45度角。但不论是第一步去桩还是第二步去桩，都一定要保证剪口平整、没有撕裂，同时，在去掉桩后，都必须用10%～15%的石灰水或乳白胶、立邦漆、桐油等，加上600～800倍咪鲜胺涂抹桩头整个切面，以避免切面感染炭疽病而霉烂，也避免切面经日晒雨淋而干裂。

春季去桩的同时，对树体未嫁接的枝进行适当的修剪，保留下部比较小的枝做辅养枝，对留下的枝也进行适当的短剪，以集中养分供接芽萌芽生长。

（2）松土施肥 高接换种，无论是春季的切接还是夏秋季的腹接，嫁接成活去桩后，根据树体地上部分与地下部分的对应性（地上部分回缩短剪后，树冠严重缩小，枝叶变少，叶片制造的营养不能满足地下部分众多根的需要，会有部分根因此死掉），在去掉地上部分的同时，必须对树地下部分的根进行断根复壮，这主要是通过疏松土壤实现的。

断根复壮的最好办法就是对土壤进行耕翻。一般在树冠滴水线向外耕翻，深度一般为20～30厘米，当然耕翻深度达30～40厘米更好。耕翻不宜在连续阴雨天和高温期进行，最好在夏秋腹接成活后或春季萌芽前进行，也可在根系生长高峰期进行，切勿在春季发芽期进行，因为此时也是接芽萌芽抽梢期，需要大量的营养供给，树体原有的枝叶大多被修剪掉了，萌芽抽梢的营养主要来自树体贮藏的营养和根系从土壤中吸收的营养，如果此时断根，树体营养得不到及时补充，会影响高接换种树萌芽抽梢质量，进而影响树冠的快速形成。

土壤耕翻后，为加速接芽萌发抽梢，需要及时进行土壤施肥。高接换种树土壤施肥以速效氮肥为主，钾肥为辅。速效氮建议用尿素，速效钾建议用硫酸钾。速效氮2～8月每月一次，根据树干粗细，施肥量为每次每株100～150克，在雨后撒施或在下小雨时施，不能干施；速效钾一年施一次，视树体大小，一次每株施250～500克为宜。

（3）露芽除萌 高接成活后，随着春季气温的上升，接芽会慢慢萌芽抽梢。接芽萌发后，不要急于解膜，因为解膜过早，接芽容易遭受春季寒潮的低温而冻伤。当然，接芽也不能解膜过晚，因为解膜晚，芽萌发抽生的枝包在膜里，一是容易弯曲折断，二是易受高温伤害。所以，春季解膜时可先用快刀等工具将接芽的芽眼挑出以利萌芽抽枝，待接芽抽出的枝老熟后，再将用于嫁接的薄膜全部解开露出接芽。

接芽开始萌发后，要及时抹除枝干上的萌蘖。抹萌蘖时，在接芽上方的萌蘖应全部抹除，接芽下方约20厘米以内的萌蘖全部抹除，距离接芽

20厘米以上的萌蘖可以适度保留，以防树干干裂，也可以通过萌蘖的蒸腾作用和光合作用促进接芽萌芽生长。

因为柑橘的芽是复芽，抹芽后会有更多的芽萌发，所以除萌蘖时不要一次将萌蘖全部除去，而且最好留长0.5厘米左右的小桩（图11-4），这样会减少萌蘖的再次抽发。

（4）摘心整形　当芽萌发后生长到一定长度，必须通过摘心控制枝梢长度（简称摘心控梢）。摘心控梢不仅可以控制枝梢长度，可以让枝多发分枝，让树冠结构更紧凑、结果能力更强、产量更高，而且通过摘心可以提前结束枝梢的伸长生长，让枝梢粗壮，加快老熟。

普通柑橘品种，枝梢长度控在20～30厘米；生长势旺的特殊品种，枝梢长度控制在35厘米以内。

高接树萌芽抽枝后，枝梢的质量差异很大。随着枝梢数量的增加，扰乱树形的枝增多，树冠也会因枝太多而郁闭，内膛枝会因郁闭而干枯。所以，高换树枝太多太乱时，应根据树的长势，适当疏掉部分多余的枝、扰乱树冠结构的枝和干枯枝等，在修剪过程中，还可以通过拉枝、扭枝等方式调整枝的生长方向和生长角度，以利于形成更好的树冠结构。

一般在管理得当的情况下，柑橘树在高接换种1～2年后就可以实现丰产（图11-5）。

（5）病虫害防治　高接换种树的病虫害防治与幼树的病虫害防治相同，主要是预防好潜叶蛾，防治好红黄蜘蛛、蚜虫、叶甲、蜗牛、凤蝶等常见虫害，病害主要是防控好炭疽病、褐腐病、砂皮病以及疫区的溃疡病和黄龙病等。

■图11-4　高接换种除萌蘖方法

■图11-5　高接换种第二年结果树

第十二章

老柑橘园改造技术

第一节　老柑橘园的形成

柑橘树经过栽植、幼树生长、初花试果、初果期、盛果期后，品种逐渐落后、树体生长衰弱、树冠结构变差、结果枝组少、病虫害渐多、果实外观及内在品质都变差，经济效益下降，慢慢变成衰老树，急需进行更新改良。

柑橘园建成后，随着柑橘树冠的扩大和不断地结果，逐渐出现以下问题：大小年结果后树体营养生长与开花结果不平衡，导致柑橘树体高大不方便管理；树冠外密内空结果部位整体外移，内膛没有结果枝组，树体立体结果能力差，产量急剧降低，果实品质差；果园树冠郁闭，树枝交叉在一起，通风透光性差，树冠内枝梢干枯死亡；天牛、爆皮虫、脚腐病等病虫为害严重，树干受损，树体衰弱；树体营养不良，枝及枝组生长差，果小味酸，加之原本优良的品种已随时间推移被市场淘汰，致使柑橘园成为典型的老果园，有待进行改良和改造。

第二节　老柑橘园改造的方法

总体来说，老柑橘园改造有地下部分根系改造更新、树体主干更新、地上部分树冠更新、毁园重建和靠接换砧几种方式。

1. 根系改造更新

柑橘的完整根系由主根、水平和向下的侧根、须根构成。主根和侧根组成骨干根，主要作用是将树固定在土壤中；须根从土壤中吸收水分、矿质营养和其他营养物质，通过木质部向上输送满足地上部分干、枝和叶对营养的需要。各种根寿命长短不同，须根新陈代谢快，起固定作用的骨干根新陈代谢慢。骨干根一旦形成就相对固定，受伤或中毒后很难恢复。树之所以衰老，与地下部分的根系的生长与营养状况有关，如果柑橘根系受损、腐烂或营养不良，即会造成树体生长不良或死亡。

柑橘根系生长不良或死亡，柑橘叶片也会因制造的碳水化合物不能及时向下输送而积累，导致叶脉发黄，有的肿胀爆裂。因树体根系问题形成老果园的原因和改造措施如下。

（1）积水引起　由于柑橘园的地下水位比较高，在规划建园时没有进行起垄高厢栽植，致使柑橘树的根长期处于水渍状态而造成损根、烂根，形成脚腐，树的主根、侧根和须根都难以正常生长。另外，在一些产区，由于土壤比较黏重，选择的砧木也不耐涝，如遇长期雨水浸渍，也容易形成脚腐。

由积水原因形成的老果园，如果树损伤太重，并且在果园内开沟也不能解决排水问题的，最好将树挖掉重新改土栽苗；如果园地能开沟排水，并且品种优良性也不错，果园还有利用价值的，则先在果园内开深沟排水，一般2～4厢开一深沟，沟深在60～120厘米或更深，比降不得低于1‰，在树体可以恢复的情况下将树保留，加强田间及肥水管理，使树尽快更新复壮；如果即使园地能开沟排水，但由于其他原因没必要保留现有树或果园的，最好重新规划建园。

（2）肥或药物引起　在栽培管理过程中，有的柑橘园常常施肥量过大，或肥料局部积累过多，或施用未腐熟有机肥，或使用虽腐熟但是劣质的有机肥以及施用除草剂浓度过高等，都会造成柑橘地下根系坏死腐烂，树生长发育不好，开花结果不正常。

针对这种原因，栽培管理上要改变施肥习惯，施肥要施在树冠滴水线附近，不能离主干太近和太远。要科学施肥、平衡施肥；化肥少量多次，薄肥勤施，避免干施；有机肥一定要腐熟后施，而且有机肥一定要和土壤混匀。除草剂对树根存在不同程度的伤害，在果园，要尽量减少除草剂的使用次数，在保证有效的情况下，尽量降低使用浓度，以确保根系的安全。

2.树主干更新

柑橘树的主干连接树的地上部分和地下部分，起着承下载上的作用，主干的木质部是根吸收的水分和矿质营养向上运输的通道，主干的韧皮部是叶片制造的光合产物向下运输的必经之路，各种营养物质在经过主干时都会被主干消耗一小部分，但与此同时，主干支撑着整个树冠，包括枝、叶、花和果实。如果主干受损最终都会导致根不同程度的死亡，易形成衰老树，生长不良，产量低下。主干木质部受损时，叶片不会因此黄化，但树生长势弱，严重时会萎蔫干枯；如果是主干的皮层（韧皮部）受损严重，叶片制造的光合产物因难于向下输送而积累致使叶脉发黄肿大，严重时大量脱落。

（1）主干虫害　天牛、爆皮虫是为害柑橘主干的两大主要害虫。爆皮虫以取食柑橘主干的皮层为主，天牛不仅取食皮层，还打孔进入主干木质部。木质部和皮层受损都会影响树的生长结果，但皮层受损对树的危害更大。如果是受损早期，只要采取措施及时防治，对树并无大碍。木质部受害严重时，树体会因树干被蛀空而倒地死亡；皮层（韧皮部）受害严重时，叶片制造营养难于输送，会因过度积累而叶黄脱落、树体死亡。

针对这种情况，在栽培管理上，应在害虫发生初期至盛期，在树干周围喷布氟虫腈、毒死蜱等杀虫剂及时进行防控，同时，可以对受害树进行靠接换砧，避开虫害为害部分，重新建立健康的树干。如果树干受害严重已没有利用价值，可砍掉树并挖走地下根系进行重新规划建园。

（2）主干病害　主干病害主要是主干流胶病和裂皮病，影响韧皮部等的传输功能，可使叶片失去光泽、变黄，叶脉金黄色，影响树的生长结果。

针对流胶病的发生条件，采取相应的预防措施，减少主干的机械损伤；在发病轻时刮除病部，涂抹可杀得3000 1000倍液，或甲基托布津600倍液等杀菌剂，避免病菌扩散；如果树体受害严重，应挖除重新规划栽植。

柑橘裂皮病在枳砧上表现明显，在幼树期对树影响不大，但随着树的生长结果，树势明显衰弱。因为该病是病毒病，目前还没有有效药物可以防治，最好的办法是将树挖除重新规划栽植，如果树还有利用价值，可以利用红橘等对裂皮病不敏感砧木进行靠接换砧，以此来增强树体生长势，实现树体的更新复壮。

3. 树冠更新

柑橘树生长结果好坏，从树冠可以直接进行判断。树冠的枝梢生长势好、枝梢多而不影响通风透光，是丰产稳产的基础。从树冠来看，老果园表现为树冠郁闭，树高枝少且弱，外密内空，病虫害严重等，需要进行改造更新。柑橘树冠的更新复壮方法主要有隔行隔株间伐、高接换种、回缩更新和露骨更新等。

（1）隔行隔株间伐　这种更新复壮方法主要是针对建园时栽植密度比较大的树。在我国广东、广西和云南等光照比较好的柑橘产区实行密植栽培比较普遍，目的是为了提高柑橘园的前期产量，让果园尽量提早投产，实现果园土地最大化利用，也可充分发挥新品种的早期优势。密植栽培要求树矮而紧凑，密而透风透光，对修剪、病虫害防治和梢果的调控技术要求比较高，因此这种栽培法需要具有较高的栽培管理技术才能做到。

在生产上，对于密植园，随着树龄的增加，总会出现树体高大树冠郁闭。如果栽培管理过程中技术跟不上，树冠郁闭封行的时间还会大大提前。

如果郁闭的密植园品种优良，还具有市场前景，那么对这类密植果园必须进行改造更新。其改造更新的基本出发点是降低柑橘园中树的密度，让树冠能通风透光，方便管理，有利于病虫害的防控。改造方法主要是进行隔行或隔株间伐。

隔行或隔株间伐，就是在整个果园中，隔一行或隔一株将树砍掉或移走，留下果园原来一半的树作为永久树继续栽培。在间伐的同时，对永久树应进行适当的修剪，以防株间或行间再次交叉郁闭，同时，对于因郁闭而形成的过弱枝或枝组，应进行回缩修剪或适度短剪，以更新树冠结果枝组，复壮树冠。

隔行隔株间伐，由于改善了树冠的通风透光性，树冠复壮快、管理方便，虽然结果树少了，但单株树的结果量大大提高了，单位面积内的产量不但不会下降，反而还会增加。

（2）高接换种　对于品种已不适宜市场的密植生产园，在树健康的情况下，不再保留原有品种，对树直接进行高接换种，这样不仅解决了树冠郁闭的问题，也可通过高接换种，发展适于当地气候和市场的新的优质品种。

在高接换种时，可以全园一次性进行高接换种，也可以隔行隔株分两年完成，这取决于现有品种的市场价值以及果园所有者的资金状况。

（3）回缩更新　种植密度比较小的大多数稀植果园和小部分种植密度稍大的柑橘园，因为管理不善，生长与结果不平衡，大小年结果现象突出，大年结果时树冠衰败，小年结果时树枝快速生长，导致树体衰弱或树冠枝梢向外移，树冠内膛枝梢因通风透光差而干枯，形成了枝梢内空外密的空膛树，果实产量和品质下降。对这类树，必须对树冠进行回缩修剪，更新树冠枝梢和结果枝组以恢复树势，重新形成丰产的树冠，实现丰产。

回缩更新修剪以回缩为主，结合短剪同时进行。早、中熟品种一般在采果后至第二年萌芽前进行，最好在树体叶片营养向干和根回流后的10月中下旬开始，12月完成。晚熟品种的更新以在冬季相对休眠期至萌芽前回缩和每次枝梢叶片老熟、下次芽开始萌发前进行为好。

更新时，要综合考虑果园的树冠郁闭情况和对产量的影响。如果是树冠郁闭程度不严重的老果园，可以采取隔行或隔株回缩更新，在二年内完成整个果园的树冠更新，这样对果园产量的影响较小，同时也更新了整个果园，实现了更新复壮和生产结果两不误，是老果园回缩更新的最好办法。如果是郁闭程度严重，而且空膛树多、产量低、果实品质不好、效益差的果园，最好进行全园回缩更新，在一年内恢复形成丰产树冠，第二年就可以取得好的产量，对于这种树的回缩，最好10月中下旬开始，12月完成，以利于树体积累营养第二年能更好地萌芽抽梢。

不论是采取哪一种回缩更新方法，在对树进行回缩更新前，都必须对整个果园更新方法做整体考虑，总体原则是尽量在保证产量的情况下采取有效的方法在短时间内进行回缩更新。

如果是隔株回缩更新，回缩修剪开始前先观察整行树，尽量留下一行中树冠相对比较好、有可能会多结果的树。回缩时，要保留结果的树先不做修剪，先回缩与保留树交叉的枝，在满足保留树的树冠有比较好的通风透光条件下，再对需要更新的树进行回缩修剪。需要进行回缩修剪的树，必须考虑保留树冠的结构，把衰弱枝回缩到比较健壮的位置，同时对留下的枝和枝组进行合理的短剪，以重新促发健壮的枝梢。

如果是隔行回缩更新和全园回缩更新，在回缩更新时，视树冠枝的结构分布，留好树冠骨架后，对树冠内凌乱的大枝先剪除，然后再将枝和枝组回缩到健壮位置，其回缩程度要根据树冠内枝的情况决定，但无论如何回缩修剪，都要考虑回缩更新后最好一年内能重新形成丰产的树冠结构，最长也不要超过2年。在考虑形成丰产树冠的同时，还要考虑保留枝芽的位置与数量，不要让留下的枝干抽出多、密、旺的枝，以防在经过1～2年结果后又重新形成郁闭的树冠结构。

（4）露骨更新　有些老果园，树势太弱、树冠内膛太空、树冠外围枝梢少而且差，整株树主干和副主枝多而长，即使施大量肥树势也得不到改变，结果少、产量和品质都差，对这种树必须实行重度回缩，进行露骨更新恢复树势，重新形成丰产树冠（图12-1）。

■ 图12-1　脐橙树露骨更新

所谓露骨更新，就是比一般回缩更新修剪程度重一些，重到可以见到树的大枝干、副主枝或主枝。树的大枝干、副主枝或主枝就是树的骨架。

露骨更新只能在春季萌芽前锯掉衰退的大枝，保留树冠内的所有小枝留作辅养枝，并对保留的辅养分枝进行适当短截，促进萌芽、第二年恢复树势。

露骨更新时也必须考虑保留树冠的结构，以利萌芽抽梢后快速形成丰产树冠。至于露骨更新回缩到什么程度，枝干留多长，必须根据树体原有的树冠结构和树冠内的枝决定。如果树冠内膛都空而无枝，最好结合高接换种进行，既对树进行了更新，同时改换了优良品种；如果品种本身就很好，可以直接将枝干保留30～50厘米进行回缩，让树重新萌芽抽枝形成树冠；如果树冠内膛还有部分健壮枝梢，直接将枝干回缩至健壮枝梢处即可，同时对留做辅养枝的枝梢做适当的短剪。

4.毁园重建

有的老果园，由于引种苗木时没有使用脱毒苗木，引进栽植的苗木自身就带有如溃疡病、裂皮病、黄龙病、衰退病、黄脉病等病原，虽然在苗期和幼树期树生长健壮正常，但随着时间的推移、树的生长结果，树衰老极快。有的果园，虽然栽植的都是健康的脱毒苗木，但由于栽植地与病源果园距离太近，或由昆虫将病原传入果园感染，或由农事活动带入传染等，导致柑橘树发病。

柑橘树的病，都是可防不可治的，一旦出现，对树会造成很大影响。有的病一旦发生，树就会死亡，如黄龙病；有的病还具有很强的传播性，如溃疡病、黄脉病等，风、雨水和人等都会成为传播媒介，防不胜防。

因此，在生产上，对由于传播性强的病和致死性病引起的老果园，除处在病区的果园外，其他果园建议最好毁园重建，在病区的果园，在尽量控制药物使用的情况下，控制病的发生和传播。

5.靠接换砧

有些果园由于建园时没有针对土壤的营养情况进行改土，在选择苗木时也没有根据土壤的酸碱性选择适合的砧木，导致苗木栽植后砧木对土壤的适应性差，叶片缺素症状严重，树势衰弱，生长缓慢，果实产量低、品质差，对于这类树，最好的解决办法是靠接换砧（图12-2）。同时，对于根系直接受损或主干受损导致根系受损的树，如果还有挽救的价值，也可以通过靠接换砧来替换原有砧木的根系，重新用新的适合的砧木将树的地上部分和地下部分更好地连接起来，以此增强树势，进行更新复壮，提高产量。

靠接前，针对造成地下部分烂根和地上主干部分受损的原因采取相应的防治技术措施，然后再进行靠接换砧。

■图12-2　脐橙靠接换砧

靠接最好选择在春季地温升高树液开始流动时至萌芽前进行，此时树体内营养积累较多，有利于嫁接成活，砧木苗的成活率也高。

靠接用的砧木根据靠接的目的选择，砧木与品种的亲和性一定要好。砧木苗主干要直，用于嫁接的砧木苗干太粗不方便嫁接，干太细嫁接后的生长速度慢，干的营养输送量小，也起不到替换根的作用，一般用于嫁接的砧木苗干粗以1.0厘米左右为宜。

靠接砧木的数量由树的大小决定，一般1株树以在不同方向靠接2～3株砧木为宜。靠接时先找好嫁接点，然后挖好砧木栽植穴，再根据栽植穴和嫁接点的距离确定砧木干保留的长度。只要能达到目的，越过主干受损部位，砧木苗干保留的长度越短越好，因为砧木干短消耗的营养少，营养运输的距离也近，干长粗也快，替换作用也强。

靠接时先嫁接，后栽植砧木苗。主干用于靠接的嫁接点必须健康、平整，同时还要有利于嫁接操作；靠接时砧木不能弯曲，以直为好。靠接采用倒T字形嫁接，砧木苗切口呈马蹄形削面。嫁接时先将砧木与主干嫁接点包扎好，在保持砧木干笔直的情况下，将砧木苗栽植于事先挖好的栽植穴内，使根系均匀分布，压实，并灌足定根水。靠接成活后，要注意抹除砧木上的萌蘖和解除包扎的塑料薄膜，以促进砧木生长，防止塑料薄膜陷入嫁接口而形成缢痕。

第三节　老柑橘园改造后的管理

柑橘树采取更新复壮措施后，还必须加强地下部分和地上部分的管理才能真正实现更新复壮的目的。

1. 地下部分管理

对柑橘树更新复壮后地下部分的管理，主要是开沟排水、中耕松土和科学施肥。

柑橘树不怕旱，不怕瘠，但怕涝。积水过多，土壤中空气少，氧气缺乏，根便进行无氧呼吸，无氧呼吸会产生酒精，会使柑橘根中毒，所以开沟排水对柑橘的根尤为重要。柑橘的根在土表下10～20厘米分布层一般以细根为主，这层根会随温度的改变进行新陈代谢；土表下20～40厘米处是柑橘须根和侧根的主要分布处，不易受温度的影响；土表下40～60厘米处还有一层根分布，这层根以大的侧根等骨干根为主；土表60厘米以下主要是主根，基本没有具有吸收功能的须根存在。开沟排水的深度在考虑根生长位置的同时，还要考虑水的渗透和根的安全，所以一般要求沟的深度在1米以上。

更新根的最好方式就是中耕松土，土壤疏松透气有利于根的生长，还可切断受损根系促生新的根系。另外中耕松土有利于土壤中菌根菌等有益菌的活动，能增强土壤肥力。中耕松土根据更新后树冠的大小，自树冠滴水线向外耕翻，最好在更新的同时进行，也可在末次枝梢老熟后根的生长高峰进行，切勿在雨季和萌芽抽梢期进行耕翻。中耕深度一般在20～30厘米，一定要将土壤上下翻动。

科学施肥有利于根系的生长，也有利于根系吸收营养供给地上部分生长结果的需要。衰老树更新前必须先根据树体营养状况分次施肥补充营养、增强树势。更新改造后，在每次枝梢萌芽前至老熟，都应该根据树体情况施2～3次速效氮肥，每次每株施肥量控制在150克以内，在3～4月撒施一次钾肥，每株150～250克，8月后不再施速效氮肥，以免抽发晚秋梢而不能正常越冬，也避免晚秋梢分化出质量差的花芽，造成第二年花量大、结果少。除了进行土壤施肥外，还可以在萌芽抽梢期结合病虫防治喷0.2% ～ 0.3%的尿素溶液，在枝梢自剪后，结合病虫防治喷0.3%磷酸二氢钾+0.2%尿素，让枝梢既能生长健壮又能尽快老熟，为提前抽下一次枝做准备。

2.地上部分管理

地上部分的管理主要是病虫害防治、根外追肥和整形修剪等。

病虫害防治以预防潜叶蛾和炭疽病为主，其他如红黄蜘蛛、蚜虫、凤蝶、叶甲等达防治标准时再防治。

根外追肥是在树体更新复壮后和喷药防病治虫同时进行的，主要是及时补充更新后树体对氮、磷、钾的需要，一般在枝梢展叶后每10天左右喷一次0.3% ～ 0.4%磷酸二氢钾+0.1% ～ 0.2%尿素，或展叶后喷0.5% ～ 1.0%钾宝，枝梢自剪后喷0.5%磷酸二氢钾，促进枝梢生长，加快枝梢老熟。

整形修剪是树体更新复壮的一项重要措施。枝萌芽抽梢后，春梢长20厘米左右时摘心，夏秋梢长30厘米左右时摘心，每个枝抽发的新梢一般保留3个左右为宜。抽枝过多时，采取去强留中疏弱的办法，如果中等枝都还比较旺，则必须进行摘心。树冠内的枝抽生新梢后，如果枝太密，则要进行适当的疏剪。

参考文献

[1] 何天富.柑橘学[M].北京：中国农业出版社，1999.

[2] 庄伊美.柑橘营养与施肥[M].北京：中国农业出版社，1994.

[3] 彭良志.甜橙安全生产技术指南[M].北京：中国农业出版社，2013.

[4] 古汉虎，汤辛农.低产土壤改良[M].长沙：湖南科学技术出版社，1982.

[5] 侯光炯，高惠民.中国农业土壤概论[M].北京：农业出版社，1982.

[6] 桑以琳.土壤学与农作学[M].北京：中国农业出版社，2005.

[7] 熊毅，李庆逵.中国土壤[M].北京：科学出版社，1987.

[8] 中国农业科学院农田灌溉研究所.黄淮海平原盐碱地改良[M].北京：农业出版社，1977.

[9] 刘建德，柳小龙.节水灌溉技术与应用[M].兰州：兰州大学出版社，2007.

[10] 马耀光，张保军，罗志成等.旱地农业节水技术[M].北京：化学工业出版社，2004.

[11] Walter Reuthe. The Citrus Industry (Volume Ⅱ): Anatomy，Physiology，Genetic and Reproduction[M]. California: University of California Division of Agricultural Sciences，1968.

[12] 史德明.江西省兴国县紫色土地区的土壤侵蚀及其防治方法[J].土壤学报，1965，13（2）：181-193.

[13] 朱莲青.绿肥作物在利用和改良盐渍土中的效果[J].土壤通报，1965，（4）：18-21.

[14] 江才伦，彭良志，曹立等.三峡库区紫色土坡地柑橘园不同耕作方式的水土流失研究[J].水土保持学报，2011，25（8）：26-31.

[15] 马嘉伟，胡杨勇，叶正钱等. 竹炭对红壤改良及青菜养分吸收、产量和品质的影响[J]. 浙江农林大学学报，2013，30（5）：655-661.

[16] 朱宏斌，王文军，武际等. 天然沸石和石灰混用对酸性黄红壤改良及增产效应的研究[J]. 土壤通报，2004，35（1）：26-29.

[17] 全国农业技术推广服务中心编. 果树轻简栽培技术，北京：中国农业出版社，2010.

[18] 曹立，彭良志，淳长品等. 赣南不同土壤类型脐橙叶片营养状况研究[J]. 中国南方果树，2012，41（2）：5-9.

[19] 王男麒，彭良志，淳长品等. 赣南柑橘园背景土壤营养状况分析[J]. 中国南方果树，2012，41（5）：1-4.

[20] 淳长品，彭良志，凌丽俐等. 赣南产区脐橙叶片大量和中量元素营养状况研究[J]. 果树学报，2010，27（5）：678-682.

[21] 江泽普，韦广泼，蒙炎成等. 广西红壤果园土壤酸化与调控研究[J]. 西南农业学报，2003，16（4）：90-94.

[22] 王瑞东，姜存仓，刘桂东等. 赣南脐橙园立地条件及种植现状调查分析[J]. 中国南方果树，2011，40（1）：1-3.

[23] 黄功标. 龙岩市新罗区耕地土壤主要理化性状变化分析[J]. 福建农业科技，2006，（1）：44-45.

[24] 刘桂东，姜存仓，王运华等. 赣南脐橙园土壤基本养分含量分析与评价[J]. 中国南方果树，2010，39（1）：1-3.

[25] 刁莉华，彭良志，淳长品等. 赣南脐橙园土壤有效镁含量状况研究[J]. 果树学报，2013，30（2）：241-247.

[26] 唐玉琴，彭良志，淳长品等. 红壤甜橙园土壤和叶片营养元素相关性分析[J]. 园艺学报，2013，40（4）：623-632.

[27] 淳长品，彭良志，凌丽俐等. 撒施复合肥柑橘园土层剖面中氮磷钾分布特征[J]. 果树学报，2013，30（3）：416-420.

[28] 邢飞，付行政，彭良志等. 赣南脐橙园土壤有效锌含量状况研究[J]. 果树学报，2013，30（4）：597-601.

[29] 黄翼，彭良志，凌丽俐等. 重庆三峡库区柑橘镁营养水平及其影响因子研究[J]. 果树学报，2013，30（6）：962-967.

[30] 彭良志，淳长品，江才伦等. 滴灌施肥对“特罗维塔”甜橙生长结果的影响[J]. 园艺学报，2011，38（1）：1-6.

[31] 彭良志，刘生，淳长品等. 滴灌柑橘园肥料撒施对土壤pH值的影响[J]. 中国南方果树，2005，34（4）：1-5.

[32] 姜存仓. 果园测土配方施肥技术. 北京：化学工业出版社，2011.

[33] 西南大学柑橘研究所. 柑橘主要病虫害简明识别手册. 北京：中国农业出版社，2012.

[34] 冉春. 柑橘病虫害防治彩色图说. 北京：化学工业出版社，2011.